中等职业学校规划教材

化工分析例题与习题

姚金柱　张振宇　主编

化学工业出版社

·北京·

内容提要

本书是中等职业学校教材《化工分析》第三版的配套教材。书中章序和内容同第三版教材相对应，某些实用内容有所拓宽和更新，其深广度符合中等职业教育的教学需求。

各章编有内容提要、例题解析、习题荟萃和技能测试等单元，涵盖定量分析基础知识和实验技术。内容提要层次清晰，突出重点；例题指出解题思路和具体解题步骤；多样化的习题可从不同角度反复练习，融会贯通；技能测试项目典型、评分标准明确，便于操作和自检。

本书与《化工分析》第三版默契配合，互为补充。旨在促进所学知识向职业能力的转化，为学生复习、实训和获取分析检验职业资格开辟绿色通道，以满足多岗位就业的需要。

本书适用于中等职业学校化工、分析及其相关专业，也可供企业分析检验人员培训和考核使用。

图书在版编目（CIP）数据

化工分析例题与习题/姚金柱，张振宇主编. —北京：化学工业出版社，2009.8（2025.2重印）
中等职业学校规划教材
ISBN 978-7-122-05911-6

Ⅰ. 化…　Ⅱ. ①姚…②张…　Ⅲ. 化学工业-分析方法-专业学校-习题　Ⅳ. TQ014-44

中国版本图书馆CIP数据核字（2009）第091806号

责任编辑：陈有华　　文字编辑：向　东
责任校对：战河红　　装帧设计：于　兵

出版发行：化学工业出版社
（北京市东城区青年湖南街13号　邮政编码100011）
印　　装：北京科印技术咨询服务有限公司数码印刷分部
850mm×1168mm　1/32　印张9　字数241千字
2025年2月北京第1版第10次印刷

购书咨询：010-64518888　　售后服务：010-64518899
网　　址：http://www.cip.com.cn
凡购买本书，如有缺损质量问题，本社销售中心负责调换。

定　　价：24.00元

前　言

中等职业学校教材《化工分析》以简明、实用、便于教学为特色，二十多年来一直受到广大职校师生和企业分析人员的青睐，其第三版于2008年荣获“中国石油和化学工业优秀教材奖一等奖”。为了更好地使用该教材，促进所学知识向应用能力的转化，让中职学生顺利获取分析检验职业资格，培养多岗位就业需要的技能型人才，编者根据兄弟院校的需要，编写了这本《化工分析例题与习题》，作为《化工分析》第三版的配套教材与读者朋友共享。我们深信，本书对提高化工分析课程的教学质量，对职业教育的教学改革和教材建设，会起到异曲同工的有益作用。

考虑到配套教材的适用性、互补性和可操作性，《化工分析例题与习题》在编写结构和取材方面遵循以下原则。

1. 本书与《化工分析》第三版默契配合，互为补充。书中章序和内容同第三版教材相对应，某些实用内容有所拓宽，其深广度符合中等职业学校化工类和相关专业的教学需求。

2. 各章编有内容提要、例题解析、习题荟萃（包括填空题、选择题、判断题、问答题、计算题等题型）和技能测试单元，以从不同角度反复练习，融会贯通，培养学生解决问题和实际操作能力。

3. 选题涵盖定量分析基础知识和实验技术，多数题目取材自分析检验实际，突出编写其他习题类教材中少见的关于操作技能和解读分析规程方面的内容，以确保达到职业教育课程设定的知识目标和技能目标。

4. 全书采用我国法定单位制和GB/T 14666—2003推荐的分析化学术语；注重贯彻近年来新颁布的国家标准和行业标准；适当介绍相关分析仪器的进展与更新；附录中介绍了Excel软件在仪器

分析中的应用。

5. 所编例题给出解题思路和具体解题步骤，各类习题由浅入深、循序渐进、符合认知规律；书中文字叙述层次清晰，通俗易懂；习题附有参考答案，更适合于中职师生和企业分析人员培训。

本书由吉林工业职业技术学院姚金柱、张振宇主编。第一、七、八、九、十章及各章的技能测试部分和附录由姚金柱执笔，第二、三、四、五、六章由聂英斌执笔，李伸荣、王绍东提供了相关资料并校核习题答案。全书由张振宇统一修改定稿。

本书的编写出版承蒙化学工业出版社的大力支持和热忱帮助，在此表示诚挚的谢意。

限于编者水平，特别是尝试编写操作技能培养方面的题目，会有欠妥之处。我们殷切期待与从事职业教育的同行们切磋，非常欢迎广大读者批评指正。

编 者

2009 年 4 月

目　　录

第一章　称量和数据处理

内容提要

化工分析是以定量分析化学的原理和方法为基础，通过实验测定，解决化工生产和产品检验中实际分析任务的学科和技术。学习本章，要了解定量分析的一般过程、常用方法和误差的基本知识；掌握使用分析天平的称量技术、测得数据的处理规则以及如何报告分析结果等通用问题。

一、定量分析的过程和方法

对物质进行定量分析的一般过程为：

采样→试样处理→进行定量测定→计算和报告分析结果

(1) 采样　采样的关键是取得有代表性的分析试样，能够反映大宗物料成分。具体采样方法可以参考相关标准（GB/T 6678～6681—2003）。

(2) 试样处理　气体和液体试样可以直接进行定量分析；固体试样需要制备成溶液。

溶解：
- 用水作溶剂
- 用酸性溶剂（HCl、HNO_3、H_2SO_4、$HClO_4$、HF、混酸）
- 用碱性溶剂（NaOH、KOH）
- 用有机溶剂（甲醇、乙醇、氯仿、四氯化碳等）

熔融：
- 酸性熔剂（$K_2S_2O_7$ 等）
- 碱性熔剂（Na_2CO_3、NaOH、Na_2O_2）

（熔融后可用水或稀酸浸溶）

(3) 进行定量测定　根据试样中待测组分性质选择适当的定量分析方法，按操作规程进行定量测定。

- 常量组分（化学分析）
  - 称量分析（测定易挥发或能生成沉淀的物质）
  - 滴定分析
    - 酸碱滴定（测定具有酸性、碱性的物质）
    - 氧化还原滴定（测定具有氧化性、还原性的物质）
    - 配位滴定（测定能生成稳定配合物的物质）
    - 沉淀滴定（测定能生成沉淀的物质）
- 微量组分（仪器分析）
  - 直接电位分析（测定具有合适指示电极的物质）
  - 吸光光度分析（测定对光有吸收的物质）
  - 气相色谱分析（测定气体或沸点较低的液体混合物

（4）计算和报告分析结果　根据测定所得数据，计算试样中待测组分含量；按规定要求报告分析结果，并对分析结果的可靠性进行评价。

二、分析天平和称量技术

分析天平一般是指能够称量到万分之一克的天平。常用的有部分机械加码天平和电子天平。

1. 部分机械加码分析天平

在这类天平上，1g 以下的环状砝码通过机械加码器进行加减，10mg 以下的质量通过光学投影装置读取。其使用一般程序如下。

（1）准备工作　取下、折叠天平罩，砝码盒、接受称量物的器皿、记录本放在规定的地方。

（2）检查　检查天平各个部件是否都处于正常位置、砝码是否齐全、天平是否处于水平位置。察看天平秤盘和底板是否清洁。

（3）调整　调整天平零点。

（4）预称　先用托盘天平将装有被称物品的称量瓶进行预称。

（5）称量　将被称物品放在左盘中央。根据预称数据，用镊子选取合适砝码放在右盘中央，将机械加码指数盘调至适当位置，关上左右天平门。用左手轻轻开启升降旋钮半开天平，以指针偏移方向或光标移动方向判断两盘轻重，仔细调整砝码。最后将升降旋钮全部打开，准备读数。

(6) 读数与记录 待指针停止摆动后，在投影光屏上读取微分标尺读数（0～10mg范围），加上砝码和加码指数盘读数，立即用钢笔或圆珠笔记在记录本上。

(7) 结束工作 关闭天平开关旋钮，称量物和砝码放在规定的地方，将指数盘归零。检查天平零点是否有变动，如果超过2小格，则应重称。最后，切断电源，罩好天平罩，将天平台收拾干净，填写天平使用记录。

2. 电子分析天平

电子分析天平是新一代的天平，具有称量速度快、操作简便、准确度高等优点。同时具有自动调零、自动校准、数字显示、扣除皮重和输出打印等功能。电子天平使用一般程序如下。

(1) 预热 接通电源预热至少30min。

(2) 检查 检查天平盘是否清洁、天平是否水平。

(3) 校正 按下开/关键，显示屏很快出现“0.0000g”，用标准砝码或用校正按键在仪器内部自动校正。

(4) 称量 将物品放到秤盘上，关上防风门。待显示屏上的数字稳定并出现质量单位“g”后，即可读数，记录称量结果。操纵相应的按键可以实现“去皮”、“增重”、“减重”等称量功能。

(5) 结束 取下被称物，按下“开/关”键（但不拔下电源插头）；如果长时间不用，应拔下电源插头，盖上防尘罩，清扫并填写天平使用记录。

3. 称量试样的方法

(1) 固体试样的称量 称量固体试样有如下几种方法。

① 对在空气中不吸湿、不与空气反应的试样可以采取直接称样法。先称出清洁干燥的表面皿（或称样纸）的质量，再用牛角匙取试样放入表面皿，称出表面皿和试样的总质量。两次称量质量之差即为试样的质量。

② 对在空气中易吸湿、会与空气反应的试样可以采取递减称样法。首先准确称取盛装一定量试样的称量瓶的质量；然后倾出一

定量试样，再准确称其质量。两次质量之差即为倾出试样的质量。

③ 欲准确称取固定质量的试样可以采用指定质量称样法。在天平上准确称出洁净干燥的表面皿的质量后，加好所需样品量的砝码，用小药匙慢慢将试样加到表面皿上，直至达到指定的质量为止。

④ 使用电子分析天平可以用去皮称量法。将表面皿或装有试样的称量瓶放在称量盘上，去皮后，只需将样品缓慢加到表面皿上或倾出一定试样，直到天平显示所需的样品质量即可。

(2) 液体试样的称量　称量液体试样的方法与固体试样基本相同，只是盛装液体的容器不同。

① 对于不易挥发的液体试样，一般将试样放入滴瓶中称量。可以采用递减称样法或去皮称量法。

② 对于易挥发的液体试样，可将试样吸入安瓿球中称量。试样也可以吸入注射器中，用硅橡胶垫封口，再称其质量。

三、误差与数据处理

1. 误差与偏差

(1) 误差与准确度　分析的准确度是指测定结果与真实值之间相符合的程度，常用误差大小来表示。

$$\text{绝对误差}(E_a)=\text{测定值}-\text{真实值} \tag{1-1}$$

$$\text{相对误差}(E_r)=\frac{\text{绝对误差}}{\text{真实值}}\times 100\% \tag{1-2}$$

(2) 偏差与精密度　精密度是指在相同条件下，对同一样品多次重复测定时，所得值互相符合的程度，常用偏差大小来表示。偏差有几种表示方法。

① 绝对偏差

$$d_i=\text{某次的测定值}-\text{算数平均值}=x_i-\bar{x} \tag{1-3}$$

工业上一般规定某一项指标的平行测定结果的绝对偏差不得大于某一数值，这个数值称为“允许差”或“公差”。

② 平均偏差　对于 n 次测定，平均偏差（$\bar{d}$）等于各次绝对偏

差绝对值的平均值。

$$\bar{d}=\frac{\sum|d_i|}{n} \tag{1-4}$$

$$相对平均偏差=\frac{\bar{d}}{\bar{x}}\times100\% \tag{1-5}$$

③ 样本标准偏差　有时采用多次测定的均方根偏差（S）表示精密度，称为样本标准偏差，简称为样本偏差或标准偏差。

$$S=\sqrt{\frac{\sum_{i=1}^{n}(x_i-\bar{x})^2}{n-1}} \tag{1-6}$$

$$相对标准偏差=\frac{S}{\bar{x}}\times100\% \tag{1-7}$$

④ 极差　极差指一组平行测定值中最大值与最小值之差。在标定标准溶液准确浓度时，常用极差表示精密度。

（3）提高分析结果准确度的方法　误差按其来源和性质可分为系统误差和随机误差两类。系统误差是由一些固定的、规律性的因素引起的误差，造成测定结果偏高或偏低。随机误差是由于某些难以控制的偶然因素所造成的误差，这种误差无规律性，是随机出现的。

提高分析结果的准确度，必须减小整个测定过程中的误差。系统误差的减免可采取对照试验、空白试验和校正仪器等方法来实现。随机误差的减免则必须严格控制测定条件、细心操作，并适当增加平行测定次数取其平均值作为测定结果。

2. 有效数字处理规则

（1）有效数字　有效数字是指分析仪器实际能够测量到的数字。有效数字不仅表明数量的大小，而且反映测量的准确度。在有效数字中只有最末一位数字是可疑的，可能有±1的偏差。

（2）有效数字处理规则

① 直接测量值应保留一位可疑值，记录原始数据时也只有最后一位是可疑的。

② 几个数字相加、减时，应以各数字中小数点后位数最少（绝对误差最大）的数字为依据决定结果的有效位数。

③ 几个数字相乘、除时，应以各数字中有效数字位数最少（相对误差最大）的数字为依据决定结果的有效位数。若某个数字的第一位有效数字≥8，则有效数字的位数应多算一位（相对误差接近）。

④ 计算中遇到常数、倍数、系数等，可视为无限多位有效数字。弃去多余的或不正确的数字，应按“四舍六入五取双”原则，即当尾数≥6时，进入；尾数≤4时，舍去；当尾数恰为5而后面数为0时，若5的前一位是奇数则入，是偶数（包括0）则舍；若5后面还有不是0的任何数皆入。注意，数字修约时只能对原始数据进行一次修约到需要的位数，不能逐级修约。

⑤ 表示误差时无论是绝对误差还是相对误差，一般只需取一位有效数字，最多取两位有效数字。

⑥ 分析结果的数据应与技术要求量值的有效位数一致。对于高含量组分（>10%）一般要求以4位有效数字报出结果；对中等含量的组分（1%～10%）一般要求以3位有效数字报出；对于微量组分（<1%）一般只以2位有效数字报出结果。

3. 报告分析结果

(1) 分析结果的表示

① 质量分数（w_B） 混合物中物质B的质量（m_B）与混合物质量（m）之比，其比值可用小数或百分数表示。

$$w_B = \frac{m_B}{m} \tag{1-8}$$

② 体积分数（φ_B） 物质B的体积（V_B）与混合过程前总体积（V）之比，其比值可用小数或百分数表示。

$$\varphi_B = \frac{V_B}{V} \tag{1-9}$$

③ 质量浓度（ρ_B） 物质B的质量（m_B）与相应混合物的体

积（V）（包括物质B的体积）之比，其常用单位为克每升（g/L）或毫克每升（mg/L）。

$$\rho_B = \frac{m_B}{V} \qquad (1\text{-}10)$$

（2）分析数据的取舍　在一个样品的平行测定结果中，有时出现显著偏大或偏小的可疑值。对于可疑值不应随意弃去不用，采用“四倍平均偏差法”可以判断4～8个平行数据的取舍问题。

① 先将一组数据中可疑值略去不计，求出其余数据的平均值$\bar{x}$、平均偏差$\bar{d}$及$4\bar{d}$。

② 计算可疑值与平均值之差的绝对值$|可疑值-\bar{x}|$。

③ 判断。若$|可疑值-\bar{x}| \geqslant 4\bar{d}$，可疑值应舍去，若$|可疑值-\bar{x}| < 4\bar{d}$，该可疑值应保留，并参与平均值计算。

（3）分析结果的报告

① 在常规分析中，若试样的两个平行测定结果，在允许差范围内，可取平行测定的平均值报告分析结果。若出现超过允许差的情况，应初步查询误差的来源，重做测定。

② 在多次测定中，首先应该用$4\bar{d}$法判断测定结果中是否存在需要剔除的可疑值，然后再取算数平均值或中位值报告分析结果，同时报告平均偏差和相对平均偏差；或者同时报告标准偏差和相对标准偏差。

例题解析

【例1-1】 拟测定下列样品中组分含量，试选择合适的分析方法，说明理由。

工业乙酸含量、硫酸亚铁含量、纯碱中铁含量、汽油中各组分含量。

解题思路　根据待测组分含量、性质和已知的分析方法初步选择

解

测定对象	分析方法	理　由
工业乙酸含量	酸碱滴定法	工业乙酸中乙酸是常量，又具有酸性
硫酸亚铁含量	氧化还原滴定法	硫酸亚铁是常量，Fe^{2+}具有还原性
纯碱中铁含量	光度测量法	纯碱中铁是微量，铁离子和显色剂反应显色、吸光
汽油中各组分含量	气相色谱法	汽油是烃类混合物，可用气相色谱法加以分离后定量

【例 1-2】 欲用机械加码分析天平分别称取工业碳酸钠 0.2g 左右 4 份、重铬酸钾 0.4903g、正丁醇试样 0.5g 左右 4 份、工业氨水 0.4g 左右 2 份（都要求称准确至 0.0001g），试回答：样品应装入什么称量容器中？用哪种方法称量？说明理由。

解题思路 根据待称组分性质和称量要求选择盛装容器及称量方法。

解

称量对象	称量容器	称量方法	理　由
工业碳酸钠 0.2g 左右 4 份	称量瓶	递减称量法	碳酸钠易吸收空气中水分和 CO_2
重铬酸钾 0.4903g	表面皿或称量纸	固定质量直接称量法	要求称取固定质量且重铬酸钾在空气中稳定
正丁醇试样 0.5g 左右 4 份	滴瓶	递减称量法	不挥发的液体试样可以装入滴瓶称量
工业氨水 0.4g 左右	安瓿球	增量法	易挥发液体试样需装入安瓿球称量

【例 1-3】 分析天平称量的绝对误差为±0.0002mg。若称取 0.2000g Na_2CO_3，产生相对误差是多少？若称取 1.0000g Na_2CO_3，产生相对误差又是多少？这说明什么问题？

解题思路 首先分别计算出各自的相对误差，然后分析误差大小的原因，从而找出说明的问题。

解 若称取 0.2000g Na_2CO_3，产生相对误差是

$$相对误差(E_r)=\frac{0.0002}{0.2000}\times100\%=0.1\%$$

若称取 1.0000g Na_2CO_3，产生相对误差是

$$相对误差(E_r)=\frac{0.0002}{1.0000}\times100\%=0.02\%$$

通过计算可知，当绝对误差相同时，称量质量越大导致的相对误差越小。所以现行国家标准同早期国家标准比较，称样量都有所增加，以减小相对误差。

【例 1-4】 测定工业甲醛中甲醛含量，测得的甲醛质量分数为：37.45%，37.20%，37.50%，37.30%，37.25%。已知标准值为 37.41%。求分析结果的绝对误差、相对误差、平均偏差、相对平均偏差。

解题思路 先计算出测定结果的平均值，和标准值（真实值）比较求出误差，再由各次测定的绝对偏差求出平均偏差和相对平均偏差。

解 将测得数据按大小顺序列成下表：

顺序	$x/\%$	$d=x-\bar{x}/\%$
1	37.20	−0.14
2	37.25	−0.09
3	37.30	−0.04
4	37.45	+0.11
5	37.50	+0.16
$n=5$	$\Sigma x=186.7$	$\Sigma\|d\|=0.54$

由此得出

$$算术平均值\bar{x}=\frac{\Sigma x}{n}=\frac{186.7\%}{5}=37.34\%$$

$$绝对误差=37.34\%-37.41\%=-0.07\%$$

$$相对误差=\frac{绝对误差}{标准值}\times100\%=\frac{-0.07\%}{37.41\%}\times100\%=-0.19\%$$

$$平均偏差=\frac{0.54\%}{5}=0.11\%$$

$$相对平均偏差=\frac{平均偏差}{平均值}\times100\%=\frac{0.11\%}{37.34\%}\times100\%=0.29\%$$

【例 1-5】 测定工业硝酸含量时，测得数据为：70.45%，70.30%，

70.20%，70.50%，70.25%。试计算平均偏差、相对平均偏差、标准偏差、相对标准偏差？

解题思路 首先计算出平均值，然后计算出各个测得值的偏差，即可计算出所有问题。

解 将测得数据列成下表，计算出偏差：

顺序	$x/\%$	$d=x-\bar{x}/\%$
1	70.50	+0.16
2	70.45	+0.11
3	70.30	−0.04
4	70.25	−0.09
5	70.20	−0.14
$n=5$	$\sum x=351.70$	$\sum\|d\|=0.54$

由此得出

$$算术平均值\bar{x}=\frac{\sum x}{n}=\frac{351.70\%}{5}=70.34\%$$

$$平均偏差=\frac{0.54\%}{5}=0.11\%$$

$$相对平均偏差=\frac{0.11\%}{70.34\%}\times 100\%=0.16\%$$

$$标准偏差(S)=\sqrt{\frac{0.16^2+0.11^2+0.09^2+0.14^2}{5-1}}=0.13\%$$

$$相对标准偏差=\frac{0.13\%}{70.34\%}\times 100\%=0.18\%$$

【例 1-6】 按有效数字规则计算

(1) $1.212\times 3.18+4.8\times 10^{-4}-0.0121\times 0.008142$

(2) $\dfrac{0.0983}{1.050\times \dfrac{25}{250}}$

解题思路 (1) 题是加法和乘法混合运算，计算结果的有效数字位数由 3.18 这个数决定（3 位）。(2) 题是乘法运算，因为 25 和 250 可以看成无穷多位，计算结果应保留 4 位有效数字。

解 （1）$1.212 \times 3.18 + 4.80 \times 10^{-4} - 0.0121 \times 0.008142$

$= 3.85 + 4.8 \times 10^{-4} - 0.0000985$

$= 3.85$

（2）$\dfrac{0.0983}{1.050 \times \dfrac{25}{250}} = \dfrac{0.0983}{0.1050} = 0.9362$

【例 1-7】 测定尿素中氮的质量分数，平行测定 5 次，测得数据如下：46.65%，46.59%，46.64%，46.66%，46.61%。试用 $4\bar{d}$ 法判断是否有可疑值，并求出尿素中氮的质量分数。

解题思路 将测得的数据按大小排列，计算出 $\bar{x}$、$\bar{d}$ 和 $4\bar{d}$，再判断可疑值是否舍去

解 按顺序列表：

单位：%

测定值	$\bar{x}$	$\lvert d \rvert$	$\bar{d}$	$4\bar{d}$	$\lvert$可疑值$-\bar{x}\rvert$
46.59(可疑值)					0.05
46.61	46.64	0.03	0.015	0.06	
46.64		0.00			
46.65		0.01			
46.66		0.02			

从上表可知：初步怀疑 46.59% 为可疑值。

① 求可疑值以外其余数据的平均值

$$\bar{x} = \frac{(46.61 + 46.64 + 46.65 + 46.66)\%}{4} = 46.64\%$$

② 求可疑值以外其余数据的平均偏差 $\bar{d}$ 及 $4\bar{d}$

$$\bar{d} = \frac{|d_1| + |d_2| + |d_3| + |d_4|}{4}$$

$$= \frac{(0.03 + 0.00 + 0.01 + 0.02)\%}{4} = 0.015\%$$

$$4\bar{d} = 4 \times 0.015\% = 0.06\%$$

③ |可疑值$-\bar{x}$|=|46.59%−46.64%|=0.05%

④ 比较：0.05<$4\bar{d}$，故46.59不应弃去，应参加计算。

$$w(N)=\frac{46.59\%+46.61\%+46.64\%+46.65\%+46.66\%}{5}=46.63\%$$

【例1-8】 测定工业氨水中NH_3含量，测得NH_3的质量分数分别为：28.56%，28.52%，28.88%，28.60%，28.55%。如何报告分析结果？平均偏差和相对平均偏差是多少？

解题思路 首先判断测定结果有无可疑值，剔除可疑值后取平均值报告结果。

解 （1）判断测定结果有无可疑值

按顺序列表：

单位：%

测定值	$\bar{x}$	$\lvert d\rvert$	$\bar{d}$	$4\bar{d}$	|可疑值$-\bar{x}$|
28.88(可疑值)					0.32
28.60	28.56	0.04	0.02	0.08	
28.56		0.00			
28.55		−0.01			
28.52		−0.04			

① 求可疑值以外其余数据的平均值

$$\bar{x}=\frac{(28.52+28.55+28.56+28.60)\%}{4}=28.56\%$$

② 求可疑值以外其余数据的平均偏差$\bar{d}$及$4\bar{d}$

$$\bar{d}=\frac{|d_1|+|d_2|+|d_3|+|d_4|}{4}=\frac{(0.04+0.00+0.01+0.04)\%}{4}=0.02\%$$

$$4\bar{d}=4\times0.02\%=0.08\%$$

③ |可疑值$-\bar{x}$|=|28.88%−28.56%|=0.32%

④ 判断：因为0.32%>0.08%即|可疑值$-\bar{x}$|>$4\bar{d}$，所以可疑值28.88%应弃去。

（2）计算平均值和相对平均偏差

① 由于28.88%是可疑值不参加结果计算，故28.56%即是平均值。

② 相对平均偏差$=\frac{0.02\%}{28.56\%}\times 100\%=0.07\%$

(3) 报告结果　氨水中NH_3的质量分数是28.56%，平均偏差是0.02，相对平均偏差是0.07%。

【例 1-9】 GB/T 17529.1—2008 工业丙烯酸含量测定，规定允许差为0.05%，而样品平行测定结果分别为99.60%和99.56%，应如何报告分析结果？

解题思路　首先判断测定结果是否超差，不超差取平均值报告结果。

解　因$99.60\%-99.56\%=0.04\%<2\times 0.05\%$

故应取平均值$\frac{99.60\%+99.56\%}{2}=99.58\%$报告分析结果

【例 1-10】 GB/T 1628—2008 工业冰乙酸中甲酸含量测定，规定允许差为0.005%，而样品平行测定结果分别为0.020%和0.040%，能否取平均值报告结果？若再测定一次为0.028%，应该如何报告结果？

解题思路　先判断测定结果是否超差；若超差需要重新测定。

解　因$0.040\%-0.020\%=0.020\%>2\times 0.005\%$，已超差，不能取平均值报告结果。

而$0.028\%-0.020\%=0.008\%<2\times 0.005\%$

故应取平均值$\frac{0.028\%+0.020\%}{2}=0.024\%$报告分析结果

【例 1-11】 标定$c(NaOH)=1.0mol/L$的氢氧化钠溶液，按GB/T 601—2002规定，标定标准溶液必须两人进行实验，分别各做4平行，测定结果的相对极差$<0.15\%$，两人共8平行的相对极差$<0.18\%$。若甲标定结果为0.9998、0.9993、0.9995、1.0000 (mol/L)；乙标定结果为1.0005、1.0001、1.0009、1.0013 (mol/L)。试计算两人各自的相对极差和两人共8平行的相对极差是多少？两人标定结果是否符合要求？

解题思路 计算各自相对极差，判断是否合格。如果合格再计算两人8次标定的极差，再判断是否符合要求。

解 甲的相对极差$\frac{1.0000-0.9993}{0.9996}\times100\%=0.07\%$（0.07%＜0.15%符合要求）

乙的相对极差$\frac{1.0013-1.0001}{1.0007}\times100\%=0.12\%$（0.12%＜0.15%符合要求）

甲乙8次的相对极差$\frac{1.0013-0.9993}{1.0002}\times100\%=0.20\%$（0.20%＞0.18%不符合要求）

习题荟萃

一、填空题

1. 定量分析一般过程包括______、试样处理、______、______四大步骤。

2. 定量分析常用方法可以分为______和______两大类。

3. 滴定分析通常又分为______、______、______和沉淀滴定四类。

4. 在化工分析中经常使用的仪器分析方法有______、______和______。

5. 目前经常使用的分析天平按称量原理不同有______和______两类。

6. 使用部分机械加码分析天平称量的一般程序是：准备工作、______、预称、______、读数、记录和结束工作。

7. 使用电子天平进行去皮称量一般程序是：______、______、______、______、加样或减样、读数，结束工作。

8. 使用分析天平称量时不准用手直接拿取______

和__________。

9. 使用分析天平称量时，加减砝码或取放称量物必须把天平盘__________。

10. 减量法适用于称量易__________、易氧化和易__________的样品。

11. 分析天平是指分度值为______________的天平。

12. 天平分度值__________，天平灵敏度是__________。

13. 分析结果准确度用__________表示，__________越小，准确度__________。

14. 分析结果精密度用__________表示，__________越小，精密度__________。

15. 误差是指测得值与真实值之间____________，误差的表示方法有____________和____________。

16. 分析误差的来源包括__________、试剂误差、__________、__________和环境误差。消除相应误差的方法有____________、______________、______________、增加平行测定次数和减少__________误差。

17. 两个实验室对同一种试样10个样品进行分析，甲实验室测定结果总是比乙实验室测定结果高，说明两个实验室之间存在__________误差。

18. 天平砝码和移液管没有校正将产生__________误差；滴定时不慎溶液溅出将产生__________误差。

19. 分析天平的绝对误差是0.1mg，用减量法称取一个试样将产生__________误差，若要求称量相对误差＜0.1%，要求称取试样的质量最低是__________。

20. 有效数字是指分析仪器____________________的数字。滴定管读数35.10有__________有效数字，$c(NaOH)=0.1002mol/L$标准溶液浓度有__________有效数字，用分析天平称取0.1025g有__________有效数字。

21. 有效数字不仅表示__________的大小，而且也表示测量的__________。

22. 根据试样不同，定量分析结果可以用质量分数__________、体积分数__________或质量浓度__________表示。

23. 在常规分析中，在允许差范围内可取平行测定的__________报告分析结果；在多次测定中，可取算数__________或中位值报告分析结果，同时报告__________和相对平均偏差。

24. 化工分析采样的关键是取得具有__________的分析试样，特别是组成不均匀的__________试样，采样和制样尤为重要。

25. 大多数定量分析方法要求将固体试样处理成__________，必要时还需分离有__________的物质，然后才能测定。

二、选择题

1. 分析工作中实际能够测量到的数字称为（　　）。

A. 精密数字　　B. 准确数字

C. 可靠数字　　D. 有效数字

2. 在不加样品的情况下，用测定样品同样的方法、步骤进行的试验称之为（　　）。

A. 对照试验　　B. 空白试验

C. 平行试验　　D. 预试验

3. 用测定样品同样的方法、步骤对标准样进行的测定称之为（　　）。

A. 对照试验　　B. 空白试验

C. 平行试验　　D. 预试验

4. 递减法称取试样时，适合于称取（　　）。

A. 剧毒的物质

B. 易吸湿、易氧化、易与空气中 CO_2 反应的物质

C. 多组分不易吸湿的样品

D. 易挥发的物质

5. 下列关于平行测定结果准确度与精密度的描述正确的有（　　）。

A. 精密度高则没有随机误差

B. 精密度高则准确度一定高

C. 精密度高表明方法的重现性好

D. 存在系统误差则精密度一定不高

6. 系统误差的性质是（　　）。

A. 随机产生　　B. 具有单向性

C. 呈正态分布　　D. 难以测定

7. 使用分析天平时，加减砝码和取放物体必须休止天平，这是为了（　　）。

A. 防止天平盘的摆动　　B. 减少玛瑙刀口的磨损

C. 增加天平的稳定性　　D. 加快称量速度

8. 对某甲醛试样进行三次平行测定，测得平均含量为 38.6%，已知真实含量为 38.3%，则 38.6%－38.3%＝0.3%为（　　）。

A. 相对误差　　B. 相对偏差

C. 绝对误差　　D. 绝对偏差

9. 由计算器算得的$\frac{2.236\times1.1124}{1.036\times0.2000}$结果为 12.004471，按有效数字运算规则应将结果修约为（　　）。

A. 12　　B. 12.0　　C. 12.00　　D. 12.004

10. 表示一组测量数据的精密度时，其最大值与最小值之差叫做（　　）。

A. 绝对误差　　B. 相对误差

C. 极差　　D. 平均偏差

11. 有效数字是指实际上能测量到的数字，只保留末尾一位（　　）数字，其余数字均为准确数字。

A. 可疑　　B. 准确　　C. 不可读　　D. 可读

12. （　　）是指在相同条件下，对同一试样的平行测定值互相符合的程度。

A. 精密度　　B. 偏差　　C. 误差　　D. 准确度

13. 一个样品分析结果的准确度不好，但精密度好，可能的原因是（　　）。

A. 操作失误　　　　B. 记录有差错

C. 使用试剂不纯　　　　D. 随机误差大

14. 用分析天平称量试样时，容器（　）不能放在天平盘上。

A. 滴瓶　B. 锥形瓶　C. 称量瓶　D. 表面皿

15. 选择天平的原则不正确的是（　）。

A. 不能使天平超载　　　　B. 不应使用精度不够的天平

C. 不应滥用高精度天平　　　　D. 天平精度越高越好

16. 用质量约为20g的容器盛装样品，拟称出样品量0.2g，要求称准至0.0002g，应选择天平（　）。

A. 最大载荷200g，分度值0.01g

B. 最大载荷100g，分度值0.1mg

C. 最大载荷100g，分度值0.1g

D. 最大载荷2g，分度值0.01mg

17. 天平的灵敏度与（　）成正比。

A. 横梁的质量　　　　B. 臂长

C. 重心距　　　　D. 稳定性

18. 当电子天平显示（　）时，可进行称量。

A. 0.0000　B. CAL　C. TARE　D. OL

19. 当电子天平超载时，天平显示（　）。

A. －OL　B. ＋OL　C. OL　D. 0.000

20. 电子天平在安装后，称量之前必不可少的一个环节是（　）。

A. 清洁各部件　　　　B. 清洗样品盘

C. 校准　　　　D. 稳定

21. 下列有关电子天平使用的说法正确的有（　）。

A. 环境湿度大时应经常通电，以保持电子元件干燥

B. 电子天平开机后可立即进行称量

C. 电子天平称量值与所处纬度和海拔高度有关

D. 电子天平不必像机械天平一样，每年都进行校准

22. 用沉淀滴定法测纯 NaCl 中 Cl^- 的含量，测得结果为

59.98%，则绝对误差为（　　）。[M(NaCl)＝58.44g/mol，M(Cl)＝35.45g/mol]

A. －0.68%　B. 0.68%　C. －1.12%　D. 无法计算

23. 称量样品A的质量为1.4567g，该样品的真实值为1.4566g；称量样品B的质量为0.1432g，该样品的真实值为0.1431g。称量准确度高的是（　　）。

A. A高　B. B高　C. 同样高　D. 无法比较

24. 在分析化学中通常不能将（　　）当作真值处理。

A. 理论真值　B. 计量学约定的真值

C. 相对真值　D. 算术平均值

25. 有效数字的计算一般遵从（　　）原则。

A. 先修约，再计算　B. 先计算，后修约

C. 可先修约，也可先计算　D. 都一样

三、判断题

1. 天平灵敏度是指天平的一个秤盘上增加1mg质量时所引起指针偏转的格数。（　　）

2. 电子天平一般开机即可使用。（　　）

3. 天平的分度值越大，天平的灵敏度越高。（　　）

4. 天平精度越高，天平灵敏度越高，稳定性越好。（　　）

5. 分析天平称量绝对误差是0.0002g，若使称量相对误差小于0.1%，称量物质的质量应该小于0.1g。（　　）

6. 天平室要经常敞开通风，以防室内过于潮湿。（　　）

7. 电子天平一定比普通电光天平的精度高。（　　）

8. 天平灵敏度越高，天平稳定性也越高。（　　）

9. 天平和砝码应定时检定，按照规定最长检定周期不超过一年。（　　）

10. 化验室选择什么样的天平应在了解天平的技术参数和各类天平特点的基础上进行。（　　）

11. 绝对误差有正有负，相对误差永远是正的。（　　）

12. 测定的精密度好，但准确度不一定好，消除了系统误差

后，精密度好的，结果准确度就好。（　）

13. 分析测定结果的偶然误差可通过适当增加平行测定次数来减免。（　）

14. 系统误差是有规律的、恒定的，但是，不能消除。（　）

15. 用标准偏差表示精密度可以使大偏差更显著地反映出来。（　）

16. 测定值与真实值之差称为误差，个别测定结果与多次测定的平均值之差称为偏差。（　）

17. 系统误差影响分析结果的准确度，随机误差影响分析结果的精密度。（　）

18. 将 4.73550 修约为四位有效数字的结果是 4.735。（　）

19. 有效数字的位数应该根据检验方法和仪器的准确度来决定。（　）

20. 两位分析者同时测定某一试样中硫的质量分数，称取试样均为 4.4g，分别报告结果如下：

甲 0.033%，0.031%；乙 0.03098%，0.03202%。乙的报告是合理的。（　）

21. 在比较和判断分析结果之间是否吻合或超差时，标准偏差起着判断数据标准的作用。（　）

22. 如果分析结果超出允许公差范围，就称为超差，必须重新进行该项分析。（　）

23. 一个试样经过多次测定，可以去掉一个最大值和一个最小值后，取平均值计算结果。（　）

24. 液体试样测定的结果能以质量分数、质量浓度、体积分数和物质的量浓度表示。（　）

25. 在一个样品的平行测定结果中，对于可疑值不应随意弃去不用，应采用四倍平均偏差法判断是否取舍。（　）

四、问答题

1. 采样的原则是有代表性，如何采取固体试样？

2. 怎样测定机械加码天平的灵敏度？达不到要求怎么办？

3. 怎样判断电子天平是否准确？如何校正电子天平？

4. 什么是系统误差？产生系统误差的原因有哪些？如何消除？

5. 什么是偶然误差？如何减少偶然误差？

6. 简述使用电子天平称量试样的一般程序。

7. 什么是有效数字？举例说明使用分析天平称量、滴定管读数、移液管量取能准确到小数点后几位。

8. 定量分析结果有几种表示方法？各适用什么物态试样？

9. 化工分析中如何报告分析结果？

10. 分析过程中出现如下情况，试回答将引起什么性质的误差？

(1) 砝码被腐蚀；

(2) 称量时样品吸收了少量水分；

(3) 读取滴定管读数时，最后一位数字估测不准；

(4) 称量过程中，天平零点稍有变动；

(5) 试剂中含有少量待测组分。

11. 什么是分析结果的准确度和精密度？二者关系如何？

12. 什么叫空白试验？什么情况下需要做空白试验？

13. 在一个样品的多次测定中，以中位数和算数平均值报告分析结果各有什么优点？

14. 什么是允许差（或公差）？如何用允许差衡量常规分析结果的可靠性？

15. 四倍平均偏差法判别可疑值取舍的步骤如何？

五、计算题

1. 在部分机械加码分析天平右盘上加入 1mg 砝码，天平光标移动 9.9 个小格，试计算该天平的灵敏度和分度值。

2. 测定工业硫酸试样进行三次平行测定，结果分别为 98.65％、98.62％、98.60％，该试样的真值是 98.63％，试计算绝对误差、相对误差、绝对偏差、相对偏差。

3. 指出下列各数有效数字位数。

35.03mL　1.0000g　25.00mL　pH＝6.80　$k_a=1.8\times10^{-5}$　0.0998mol/L

4. 按有效数字修约规则，将下列数值保留3位有效数字。

1.8642　0.23461　21.3500　4.3850　1.24511　1.3657

5. 按有效数字运算规则进行计算。

(1) $\dfrac{(50.00\times1.010-30.00\times0.1002)\times\dfrac{1}{2}\times100.09}{2.500\times1000}$

(2) $\sqrt{\dfrac{1.5\times10^{-3}\times6.1\times10^{-8}}{3.3\times10^{-5}}}$

(3) $\dfrac{1.20\times(112-1.240)}{5.4375}$

6. 某分析天平称量的最大绝对误差为±0.1mg，要使称量的相对误差不大于0.2%，问至少应称多少样品？

7. 测定铜合金中铜含量，5次测得数据为72.32%、72.30%、72.25%、72.22%、72.21%，求其平均偏差、相对平均偏差。

8. 测定铜合金中铜含量，5次测得数据为62.54%、62.46%、62.50%、62.48%、62.52%，求其标准偏差、相对标准偏差。

9. 测定某化合物氮含量，平行测定4次其结果分别是32.98%、33.01%、32.97%、33.07%，用$4\bar{d}$法判断33.07%能否应该舍去，并报告分析结果。

10. 测定氯化钠中氯含量，进行了5次平行测定，其测定数据为60.41%、60.39%、60.54%、60.62%、60.86%，试用$4\bar{d}$法判断60.86%是否应舍弃，并求出测定结果的平均值和中位值。

11. GB/T 17529.1—2008工业丙烯酸中水分含量测定，规定允许差为0.02%，而样品平行测定结果分别为0.14%、0.16%，应如何报告分析结果？

12. GB/T 1628—2008工业冰乙酸含量测定，规定允许差为0.15%，而样品平行测定结果分别为99.85%、99.50%，能否取平均值报告结果？若再测定一次为 99.80%，结果应该报告多少？

13. 滴定管的读数误差为±0.01mL。若滴定用去标准滴定溶液 35.00mL，相对误差是多少？若用去标准滴定溶液 20.00mL，相对误差又是多少？这说明什么问题？

14. GB 1616—2003 规定，工业过氧化氢含量两次平行测定的允许差是 0.1%，若第一次测定结果是 30.20%，第二次测定数值是多少才能符合要求？

15. 标定 $c(HCl)=0.1mol/L$，按 GB/T 601—2002 规定，标定标准溶液必须两人进行实验，分别各做 4 平行，测定结果的相对极差<0.15%，两人共 8 平行的相对极差<0.18%。若甲标定结果为 0.1003、0.1002、0.1003、0.1002（mol/L）；乙标定结果为 0.1004、0.1004、0.1003、0.1003（mol/L）。试计算两人各自的相对极差和两人共 8 平行的相对极差是多少？两人标定结果是否符合要求？

技能测试

一、测试项目 部分机械加码天平称量

1. 测试要求

本次测试在 1h 内完成，并递交完整报告。

2. 操作步骤

（1）准备与检查天平 按照称量的一般程序检查分析天平，并调好天平的零点。

（2）递减法称量固体样品 将干燥清洁的称量瓶先放在托盘天平上预称，加入约 1g 固体碳酸钠粉末，盖好瓶盖。然后拿到分析天平上准确称量，记下质量（m_1）。按递减称样法向已编号的锥形瓶中敲入 0.2～0.3g 碳酸钠，再准确称出称量瓶和剩余试样的质量（m_2）。以同样的方法连续称出三份试样。

二、技能评分

细目	评分要素	分值	说明	扣分	得分
准备工作(8分)	操作者戴上细纱手套,穿工作服	2	位置不对或不符合要求每小项扣1分		
	取下天平罩,折叠整齐放在规定的地方	2			
	面对天平端坐,记录本放在天平前面	2			
	器皿放在天平左侧的台面上,砝码盒放在右侧的台面上	2			
检查天平(16分)	检查天平吊耳、秤盘、砝码等部件是否处于正常位置,指数盘内外圈是否对准零位	4	每漏检一小项扣1分		
	检查天平盘、底板等部件是否清洁,有污物需要清扫	4	每漏检一项扣1分 未清扫扣1分		
	检查天平砝码是否齐全配套	2	未检查扣2分		
	检查天平是否处于水平状态,若不水平应该调节至水平	2	未检查和调整扣2分		
	检测天平零点,若不在零点要调好零点	4	未检查和调整扣4分		
天平称量(45分)	预称	2	未预称扣2分		
	称量物及砝码分别放在天平左盘和右盘中央	2	位置不对扣2分		
	天平开关动作轻、缓、慢	4	每违反一项扣1分		
	取放物品或砝码时天平应关闭	4	不关闭扣2分		
	砝码选择要从大到小	4	砝码选择随意扣1分		
	圈码选择要中间截取	4	圈码随意选择扣1分		
	称量过程是否洒落样品	4	洒落样品扣4分		
	未平衡时天平半开启程度	4	不符合要求扣2分		
	天平达平衡时全开启	2	未全开启扣2分		
	读数时两侧门是否关闭	2	不关侧门扣2分		
	开始称量时间	5	(6min称一个样)每超出1min扣1分		
	结束称量时间				
	平均称量每个样所用时间				
	称样量范围在规定量±10%	4	每超出5%扣1分		
	称量失败	4	重称扣4分		

续表

细目	评分要素		分值	说明	扣分	得分
数字记录（15分）	读数正确		3	不正确扣2分		
	数据及时、直接记录在报告单上		4	不及时、转抄扣2分		
	记录采用仿宋字、无涂改，符合有效数字规则		8	不按要求每项扣2分		
结束工作（10分）	关闭天平，取出天平盘上的物体和砝码，砝码放在规定的空位中，将指数盘归零		4	位置不对或不符合要求每小项扣1分		
	检查天平零点变动情况，切断电源		2			
	砝码盒放回天平箱顶部，罩好天平罩，将大平台收拾干净		2			
	填写天平使用记录本，凳子放回原处		2			
测试时间（6分）	开始时间		6	测试总时间60min，每超5min扣1分		
	结束时间					
	实验总用时					
总分	100分					

第二章 滴定分析

内容提要

滴定分析是使用已知准确浓度的标准溶液，通过滴定操作，测定出试液中被测组分含量的分析方法。学习本章，要了解滴定分析的概念、方法类型、操作过程和常用仪器的使用方法；掌握标准溶液的制备方法；学会运用等物质的量规则进行分析的有关计算。

一、基本概念

1. 滴定分析术语

(1) 标准溶液　已知准确浓度的溶液。通常标准溶液是装在滴定管中的，又称为滴定剂。

(2) 滴定　将滴定剂通过滴定管加到试样溶液中，与待测组分进行化学反应，达到化学计量点时，根据所需滴定剂的体积和浓度计算待测组分含量的操作。

(3) 化学计量点　在滴定过程中，滴定剂物质的量浓度与被滴定组分物质的量浓度达到相等时的点（实际上定量反应完全），也称为等当点。

(4) 滴定终点　用指示剂或终点指示器判断滴定过程中化学反应终了时的点。

(5) 指示剂　随着滴定终点的到达而能发生颜色变化的一种辅助试剂。

(6) 终点误差　滴定终点和化学计量点不完全吻合而带来的误差。

2. 滴定方法类型

根据滴定过程发生的化学反应不同，滴定分析法有 4 种类型，见表 2-1。

表 2-1 滴定方法类型和常用滴定剂

方法类型	滴定过程的化学反应	常用滴定剂
酸碱滴定法	酸碱中和反应	强酸（HCl、H_2SO_4）或强碱（$NaOH$）
配位滴定法	配位反应	乙二胺四乙酸二钠盐（EDTA）
氧化还原滴定法	氧化还原反应	氧化剂（$KMnO_4$、$K_2Cr_2O_7$、I_2），还原剂（$Na_2S_2O_3$）
沉淀滴定法	沉淀反应	滴定卤化物用 $AgNO_3$

二、滴定分析仪器和操作技术

滴定操作常用的仪器有滴定管、容量瓶和吸管。滴定管和吸管是按“量出”计量溶液体积，计量放出的溶液体积；容量瓶是按“量入”计量溶液体积，计量装入的溶液体积。

1. 滴定管

酸式滴定管的操作包括：洗涤→涂油→检漏→装溶液→赶气泡→调零→滴定操作→读数。碱式滴定管除不需要涂油外，其他与酸式滴定管基本相同。

（1）洗净滴定管　依次用自来水、洗涤剂或铬酸洗液、自来水，洗涤至不挂水珠并用蒸馏水淋洗 3 次以上。

（2）滴定管的涂油（酸式滴定管）和试漏　酸式滴定管如漏水需重新涂油，碱式滴定管漏水需更换玻璃珠。

（3）滴定管的使用

① 用待装溶液润洗三次，以免装入溶液后浓度改变。

② 装溶液，赶气泡。

③ 调零。每次滴定最好都从读数 0.00 开始。

④ 滴定。滴定起初可以稍快，滴至接近终点前的 1～2mL 必须慢速，每次一滴或者半滴。当指示剂使溶液颜色 30s 内不再变化即到达滴定终点。熟练操作滴定管的技术包括：a. 使溶液逐滴流出；b. 只放出一滴溶液；c. 使液滴悬而未落（当在瓶上靠下来时即为半滴）。安装有聚四氟乙烯活塞的滴定管还可转动活塞来使溶液流出，快速旋转活塞一次可放出半滴溶液（更快旋转会使放出的溶液更少），并且放出的溶液直接落下，不用靠壁或洗瓶吹洗，节

省滴定时间。

⑤ 读数。滴定管读数时，眼睛平视，和凹液面下缘水平面平齐；使用带有蓝色衬背的滴定管时，液面呈现三角交叉点，应对准交叉点处的刻度，平视读数；颜色太深看不清凹液面的溶液，可读取液面两侧的最高点。眼睛偏高或偏低都会造成读数误差。

2. 容量瓶

容量瓶的使用包括：洗涤→检漏→转移溶液→稀释→平摇→定容→混匀。

(1) 容量瓶的洗涤　洗涤过程同滴定管。

(2) 容量瓶的检漏　将瓶倒立 2min 以后不应有水渗出，转动瓶塞 180°后，再倒立 2min，不应渗水。

(3) 配制溶液

① 在小烧杯中用少量水溶解所称量的固体样品。

② 转移溶液。将样品溶液沿玻璃棒注入容量瓶中，洗涤烧杯并将洗涤液也注入到容量瓶中。

③ 初步摇匀。加水稀释至总体积的 3/4 左右时（不要盖瓶塞，不能颠倒），水平摇动容量瓶数圈。

④ 定容。注水至刻度线稍下方，放置 1～2min，调定弯月面最低点和刻度线上缘相切（注意容量瓶垂直，视线水平）。

⑤ 混匀。塞紧瓶塞，颠倒摇动容量瓶 14 次以上（注意要数次提起瓶塞），混匀溶液。

(4) 用毕后洗净，在瓶口和瓶塞间夹一纸片，放在指定位置。

3. 吸管

吸管包括单标线吸管（移液管）和分度吸管（吸量管）两类。单标线吸管更精确，但只能吸取对应体积的溶液；分度吸管准确度稍差，但可以吸取不同体积的溶液。

吸管的操作包括：洗涤→润洗→吸液→调液面→放液。

(1) 吸管的洗涤　洗涤过程同滴定管。

(2) 移液操作

① 用待吸液润洗 3 次。

② 吸取溶液。吸液时管尖插入液面下 1～2cm，不能太深也不能太浅。用洗耳球将待吸液吸至刻度线稍上方，用食指堵住管口，用滤纸擦干外壁。

③ 调定液面。将弯月面最低点调至与刻度线上缘相切，观察视线应水平，移液管要保持垂直，用一小烧杯在流液口下接取并注意处理管尖外的液滴。

④ 放出溶液。将移液管移至另一接受器（如锥形瓶）中，保持移液管垂直，接受器倾斜，移液管的流液口紧触接受器内壁。微松食指让液体自然流出，液面平稳下降，流完后停留 15s，保持触点，将管尖在靠点处靠壁左右转动几下。

三、标准滴定溶液的制备

1. 标准滴定溶液的浓度

常用表示方法有物质的量浓度和滴定度。

物质的量（n）在数值上等于物质的质量（m）除以该物质的摩尔质量（M）。某物质的物质的量与相应混合物的体积（V）之比称为物质的量浓度（c）。滴定度 T（被测组分/滴定剂）指 1mL 标准滴定溶液相当于被测组分的质量。

对于 B 物质，有下列公式：

$$\text{物质的量 } n_B=\frac{m_B}{M_B}\text{（单位：mol）} \tag{2-1}$$

$$\text{物质的量浓度 } c_B=\frac{n_B}{V}\text{（单位：mol/L）} \tag{2-2}$$

$$\text{滴定度 } T(\text{被测组分/滴定剂})=\frac{m(\text{被测组分})}{V(\text{滴定剂})}\text{（单位：g/mL）} \tag{2-3}$$

2. 标准滴定溶液的制备

（1）直接配制法　准确称量一种高纯物质，如重铬酸钾，溶解后，在容量瓶中稀释至一定体积，计算得到其准确浓度。这种高纯物质称为基准物。符合以下条件的物质才能作为基准物：①纯度高，杂质总含量小于 0.1%；②组成与化学式相符；③性质稳定；

④使用时易溶解；⑤最好是摩尔质量较大，称样量大可以减小称量误差。

（2）间接配制法　很多物质不符合基准物条件，可以将这些物质配制成近似浓度的溶液，再用相应的基准物测定它的准确浓度，这种确定标准溶液准确浓度的操作称为“标定”，间接配制法又叫做标定法。

在酸碱滴定中，标准酸溶液常用盐酸或硫酸溶液，标准碱溶液常用氢氧化钠溶液，都必须采用间接法配制，用基准物标定其准确浓度。标定酸溶液的基准物质是无水碳酸钠或硼砂；标定碱溶液的基准物质是邻苯二甲酸氢钾。酸碱标准滴定溶液的常用浓度为0.1mol/L、0.5mol/L及1mol/L。各种标准溶液的配制规程见GB/T 601—2002。

四、滴定分析的计算规则

1. 选取基本单元

在考虑化学反应中反应物之间的计量关系时，以实际参加反应的最小粒子作为基本单元计算十分方便，现已普遍被接受。

滴定分析中，确定反应物质的基本单元时，首先要配平化学反应方程式，然后根据滴定剂与被测物的化学计量关系，确定参加反应的最小粒子，确定基本单元。基本单元可以是原子、分子、离子、电子及其他粒子，或是这些粒子的特定组合。选取基本单元方法为：

① 酸碱反应，参加反应的最小粒子是 H^+ 和 OH^-，以能给出或接受1个 H^+ 或 OH^- 的物质作为基本单元；

② 氧化还原反应，实际是电子转移过程，反应的最小粒子是电子，以能给出或接受1个电子的物质作为基本单元；

③ EDTA配位反应和卤化银沉淀反应，反应的最小粒子是参与配位和沉淀反应的分子或离子，通常以反应物质含有的这些分子或离子作为基本单元。

在表示物质的量、物质的量浓度和摩尔质量时，必须同时指明基本单元。

2. 等物质的量规则及其在滴定分析中的应用

在上述规定选取基本单元原则下，可以得出：滴定达到化学计量点时，待测组分基本单元的物质的量 n_B 与滴定剂基本单元的物质的量 n_A 必然相等。这就是等物质的量规则。

$$n_A = n_B \tag{2-4}$$

代入式(2-2) 得

$$c_A V_A = c_B V_B \tag{2-5}$$

当待测组分 B 与滴定剂 A 反应完全时，由式(2-1) 得

$$c_A V_A = \frac{m_B}{M_B} \tag{2-6}$$

应用式(2-5) 和式(2-6)，可以计算滴定分析中所有计算问题。其中两种溶液之间的计算可应用式(2-5)；溶液与固体物质之间计算可应用式(2-6)。具体应用如下。

(1) 配制溶液

① 用基准物配制成标准溶液。按式(2-6) 计算，其中 A、B 代表同一基准物质。配制前后含有的基本单元粒子数量不变。

② 稀释计算。按式(2-5)，其中 A、B 代表稀释前后溶液的两种状态。稀释前后含有的基本单元粒子数量不变。

(2) 标准溶液的标定

① 用基准物标定滴定剂。按式(2-6) 计算，其中 B 代表基准物，A 代表待标滴定剂。

② 用标准溶液滴定待标滴定剂。按式(2-5) 计算，其中 A、B 分别代表两种溶液。

(3) 试样的测定

① 求待测组分质量和含量。按式(2-6) 计算，其中 A 代表滴定剂，B 代表待测组分

$$m_B = c_A V_A M_B$$

由质量分数的定义还可得：

$$w_B = \frac{m_B}{m_{样品}} = \frac{c_A V_A M_B}{m_{样品}} \tag{2-7}$$

② 估算滴定剂用量或称样量。若已知被测物质大约含量，应用式(2-7) 还可以估算大约消耗标准溶液体积，也可以估算称取试样质量的范围。

(4) 溶液浓度换算

① 质量分数 w_B 与物质的量浓度 c_B。按式(2-6) 和质量分数的定义可导出

$$c_B=\frac{1000\rho_B w_B}{M_B} \tag{2-8}$$

式中　ρ_B——溶液的密度，g/mL。

② 滴定度 $T_{B/A}$与物质的量浓度。按式(2-6) 和滴定度的定义可导出

$$T_{B/A}=\frac{m_B}{V_A}=c_A\,\frac{M_B}{1000} \tag{2-9}$$

例题解析

【例 2-1】 下列物质参加酸碱反应时（假定完全反应生成正盐），其基本单元是什么？

(1) H_2SO_4　(2) $Fe(OH)_3$　(3) ZnO

(4) CH_3COOH　(5) H_3PO_4　(6) $(NH_4)_2SO_4$

(7) $Zn(NO_3)_2$　(8) $Na_2B_4O_7$　(9) $H_2C_2O_4$

(10) Na_2CO_3

解题思路　酸碱反应中，以能给出或接受 1 个 H^+ 或 OH^- 的物质作为基本单元。

解　(1) $\frac{1}{2}H_2SO_4$　(2) $\frac{1}{3}Fe(OH)_3$　(3) $\frac{1}{2}ZnO$

(4) CH_3COOH　(5) $\frac{1}{3}H_3PO_4$　(6) $\frac{1}{2}(NH_4)_2SO_4$

(7) $\frac{1}{2}Zn(NO_3)_2$　(8) $\frac{1}{2}Na_2B_4O_7$　(9) $\frac{1}{2}H_2C_2O_4$

(10) $\frac{1}{2}Na_2CO_3$

【例 2-2】 500mL H_2SO_4 溶液中含有 4.904g H_2SO_4，求 $c(H_2SO_4)$ 及 $c\left(\frac{1}{2}H_2SO_4\right)$。

解题思路 摩尔质量 M、物质的量 n、物质的量浓度 c 与基本单元的选取有关，而质量 m 和体积 V 与基本单元的选择无关。

解

$$c(H_2SO_4)=\frac{n(H_2SO_4)}{V}=\frac{m(H_2SO_4)}{M(H_2SO_4)V}$$

$$=\frac{4.904}{98.07\times0.5}=0.1000\ (\text{mol/L})$$

$$c\left(\frac{1}{2}H_2SO_4\right)=\frac{n\left(\frac{1}{2}H_2SO_4\right)}{V}=\frac{m(H_2SO_4)}{M\left(\frac{1}{2}H_2SO_4\right)V}$$

$$=\frac{4.904}{49.035\times0.5}=0.2000\ (\text{mol/L})$$

【例 2-3】 欲配制 $c\left(\frac{1}{6}K_2Cr_2O_7\right)=0.1000\text{mol/L}$ 标准溶液 500mL，如何配制？

解题思路 在 120℃ 干燥后的基准 $K_2Cr_2O_7$ 固体符合基准物条件，可以直接配制标准溶液。

解 计算根据式(2-6) 计算需要称量的 $K_2Cr_2O_7$ 质量：

$$m\left(\frac{1}{6}K_2Cr_2O_7\right)=c\left(\frac{1}{6}K_2Cr_2O_7\right)V\times\frac{M\left(\frac{1}{6}K_2Cr_2O_7\right)}{1000}$$

$$=0.1000\times500\times\frac{49.03}{1000}=2.4515\ (\text{g})$$

配制：准确称取基准物 $K_2Cr_2O_7$ 2.4515g，于 100mL 烧杯中，加少量水溶解后，定量转移至 500mL 容量瓶中，加水稀释至刻度，摇匀，即得。

【例 2-4】 将 $c(NaOH)=5\text{mol/L}$ 的 NaOH 溶液 100mL，加水稀释至 500mL，问稀释后的溶液 $c(NaOH)$ 为多少？

解题思路 稀释前后溶液含有的基本单元粒子的物质的量不变。

解 根据式(2-5)

$$c_2=\frac{c_1V_1}{V_2}=\frac{5\times100}{500}=1\ (\text{mol/L})$$

【例 2-5】 实验室欲将浓度为 0.20mol/L 的 H_2SO_4 溶液 75mL，配制成浓度为 0.35mol/L 的溶液，问需向其中加入浓度为 0.5mol/L 的 H_2SO_4 溶液多少毫升？

解题思路 配制所需的两个硫酸溶液物质的量之和应等于配制后溶液中硫酸的物质的量。

解 设所需加入 0.5mol/L 的 H_2SO_4 溶液的体积为 V，结合式(2-5) 得：

$$0.35\times(75+V)=0.20\times75+0.5V$$

$$V=\frac{0.35-0.20}{0.50-0.35}\times75=75\ (\text{mL})$$

【例 2-6】 实验室需要配制 0.5mol/L 的 H_2SO_4 溶液 1000mL，问应取密度为 1.84g/mL、质量分数为 96%的浓 H_2SO_4 溶液多少毫升？说明如何配制。

解题思路 换算得到浓硫酸溶液的物质的量浓度，再应用稀释问题的公式计算需浓硫酸溶液的体积。

解 根据式(2-8) 和式(2-5)

$$c(\text{浓 } H_2SO_4)=\frac{1000\rho(\text{浓 } H_2SO_4)w(\text{浓 } H_2SO_4)}{M(H_2SO_4)}$$

$$=\frac{1000\times1.84\times96\%}{98.07}=18.01\ (\text{mol/L})$$

$$V(\text{浓 } H_2SO_4)=\frac{c(\text{稀 } H_2SO_4)V(\text{稀 } H_2SO_4)}{c(\text{浓 } H_2SO_4)}$$

$$=\frac{0.5\times1000}{18.01}=27.8\ (\text{mL})$$

配法：用量筒取约 28mL 浓 H_2SO_4，缓慢加入到 972mL 蒸馏水中，混合均匀。

【例 2-7】 $T(\text{NaOH/HCl})=0.004420\text{g/mL}$ 的 HCl 溶液，相当于物质的量浓度 $c(\text{HCl})$ 为多少？换算成 $T(Na_2CO_3/\text{HCl})$ 应

为多少？

解题思路 滴定度 $T(B/A)$ 与物质的量浓度之间换算。

解 根据式(2-9)

$$c(HCl)=\frac{T(NaOH/HCl)\times 1000}{M(NaOH)}$$

$$=\frac{0.004420\times 1000}{40.00}=0.1105\ (mol/L)$$

$$T(Na_2CO_3/HCl)=c(HCl)\times\frac{M\left(\frac{1}{2}Na_2CO_3\right)}{1000}$$

$$=0.1105\times\frac{53.00}{1000}=0.005857\ (g/mL)$$

【例 2-8】 根据下列条件，判断两种物质是否完全反应。

（1）100mL 的 0.5000mol/L H_2SO_4 溶液与 4g NaOH；

（2）50mL 的 0.5000mol/L $BaCl_2$ 溶液与 50mL 的 0.5000mol/L $AgNO_3$ 溶液；

（3）100mL 的 0.1000mol/L $Na_2S_2O_3$ 溶液与 2.538g I_2。

解题思路 按照等物质的量反应规则，两个反应物质的基本单元的物质的量相等，即能够反应完全。

解 根据式(2-1) 和式(2-2)

（1）$n\left(\frac{1}{2}H_2SO_4\right)=0.1\times 0.5000\times 2=0.1\ (mol)$

$n(NaOH)=\frac{4}{40}=0.1\ (mol)$

（2）$n\left(\frac{1}{2}BaCl_2\right)=0.05\times 0.5000\times 2=0.05\ (mol)$

$n(AgNO_3)=0.05\times 0.5000=0.025\ (mol)$

（3）$n(Na_2S_2O_3)=0.1\times 0.1000=0.01\ (mol)$

$n\left(\frac{1}{2}I_2\right)=\frac{2.538}{126.9}=0.02\ (mol)$

结论：（1）能完全反应；（2）和（3）不能反应完全。

【例 2-9】 标定氢氧化钠溶液时，准确称取基准物质邻苯二甲酸氢钾 0.4182g 溶于水中，用氢氧化钠溶液滴定至酚酞终点，用去 20.20mL，求 $c(NaOH)$。

解题思路 邻苯二甲酸氢钾（KHP）符合基准物条件，与 NaOH 反应时给出一个 H^+，可以取 KHP 为基本单元。

解 根据式(2-6)

$$c(NaOH)=\frac{m(KHP)\times1000}{VM(KHP)}=\frac{0.4182\times1000}{20.20\times204.2}=0.1014\ (mol/L)$$

【例 2-10】 测定酒石酸 $C_4H_6O_6\cdot H_2O$ 含量时，称取试样 1.2871g，置于锥形瓶中，加 40mL 经煮沸并冷却的水溶解后，加 2～3 滴酚酞指示剂，用 0.5031mol/L 的 NaOH 标准溶液滴定至微红色，消耗 30.02mL。问试样中 $C_4H_6O_6\cdot H_2O$ 的含量是多少？滴定反应为：

$$2NaOH+C_4H_6O_6\longrightarrow Na_2C_4H_4O_6+2H_2O$$

解题思路 酒石酸是二元酸，与 NaOH 反应时给出 2 个 H^+，应取 $\frac{1}{2}C_4H_6O_6\cdot H_2O$ 为基本单元。

解 根据式(2-6) 和式(2-7)

样品中待测组分 $C_4H_6O_6\cdot H_2O$ 的质量：

$$m(C_4H_6O_6\cdot H_2O)=c(NaOH)V(NaOH)M\left(\frac{1}{2}C_4H_6O_6\cdot H_2O\right)$$

$$=0.5031\times30.02\times10^{-3}\times84.05=1.2694\ (g)$$

样品中待测组分 $C_4H_6O_6\cdot H_2O$ 的含量：

$$w=\frac{m(C_4H_6O_6\cdot H_2O)}{m_{样品}}\times100\%=\frac{1.2694}{1.2871}\times100\%=98.62\%$$

【例 2-11】 密度 ρ 为 1.055g/mL 的醋酸样品 20.00mL，需 40.30mL $c(NaOH)=0.3024mol/L$ 的 NaOH 溶液滴定至终点，求样品中 CH_3COOH 的质量分数。

解题思路 计算滴定分析测得的醋酸质量和样品的总质量，二者相除可得醋酸的质量分数。

解 根据式(2-6)

$$m(CH_3COOH)=c(NaOH)V(NaOH)M(CH_3COOH)$$
$$=0.3024\times40.30\times10^{-3}\times60.05=0.7318\ (g)$$
$$m(\text{样品})=\rho(\text{样品})V(\text{样品})=1.055\times20.00=21.10\ (g)$$
$$w(CH_3COOH)=\frac{0.7318}{21.10}\times100\%=3.47\%$$

【例 2-12】 欲标定近似浓度 $c(HCl)$ 为 0.05mol/L 的 HCl 溶液，应称取基准试剂硼砂 $Na_2B_4O_7\cdot10H_2O$ 多少克？从减少称量误差考虑，称取硼砂的量是否合适？

解题思路 用 HCl 溶液滴定基准物硼砂时，其消耗量应控制在 30～40mL 之间，依此值算出称样量来判断误差大小。

解 滴定反应为 $2HCl+Na_2B_4O_7+5H_2O \longrightarrow 2NaCl+4H_3BO_3$

已知 $M(Na_2B_4O_7\cdot10H_2O)=381.4g/mol$，$V(HCl)=0.03\sim0.04L$，$c(HCl)=0.05mol/L$。

根据式(2-6)：

消耗滴定剂 30mL 对应所需称样量

$$m(Na_2B_4O_7\cdot10H_2O)=c(HCl)V(HCl)M\left(\frac{1}{2}Na_2B_4O_7\cdot10H_2O\right)$$
$$=0.05\times30\times10^{-3}\times381.4\times\frac{1}{2}=0.2860\ (g)$$

消耗滴定剂 40mL 对应所需称样量

$$m(Na_2B_4O_7\cdot10H_2O)=c(HCl)V(HCl)M\left(\frac{1}{2}Na_2B_4O_7\cdot10H_2O\right)$$
$$=0.05\times40\times10^{-3}\times381.4\times\frac{1}{2}=0.3814\ (g)$$

可见，只要准确称取 0.29～0.39g 范围内任一质量的硼砂即可达到题意要求。分析天平称量的绝度误差是±0.2mg，占硼砂质量的相对误差最大是$\frac{\pm0.2}{0.29\times1000}\times100\%=\pm0.07\%$，国家标准规定，称量引起的相对误差应小于千分之一。只要称样量大于 0.29g，可保证相对误差小于千分之一，就保证了称量准确度。

习题荟萃

一、填空题

1. 在滴定分析中，已知准确浓度的溶液称为__________。滴定剂与被测组分恰好反应完全时称为____________；而观察到反应完全的点称为____________，二者不完全吻合而带来的误差称为__________。

2. 滴定分析对化学反应的要求是：滴定反应必须按__________关系定量进行，滴定反应必须进行__________，滴定反应速度__________，具有确定__________的方法。

3. 进行滴定分析要具备能准确称量试样质量的__________和准确计量溶液__________的玻璃器皿，可用于滴定的__________溶液和__________溶液，具有确定滴定终点的__________。

4. 滴定管和吸管是按“__________”计量溶液体积；容量瓶是按“__________”计量溶液体积。

5. 酸式滴定管的准备包括：洗涤→涂油→__________→装溶液→__________→__________。

6. 普通滴定管读数时，眼睛平视，和______________水平面平齐；使用带有蓝色衬背的滴定管时，眼睛应对准______________的刻度，平视读数。当颜色太深看不清凹液面的溶液，可读取______________的最高点。

7. 容量瓶的使用包括：洗涤→____________→转移溶液→__________→平摇→__________→调液面至标线→摇匀。

8. 吸管包括__________吸管和__________吸管两类。__________吸管更精确，但只能吸取标示体积的溶液；__________吸管准确度稍差，但可以吸取不同体积的溶液。

9. 标准溶液配制方法有__________和__________两种。

10. 对基准物的要求有：纯度__________；组成与__________相符；性质__________；使用时易溶解；最好是摩尔质量较

__________，使称样量大可以减少称量误差。

11. 间接法配制标准溶液，先配制出近似浓度的溶液，再用__________测定得到它的准确浓度，这个操作称作__________。

12. 正确选取基本单元的情况下，滴定达到化学计量点时，__________基本单元的物质的量 n_B 与__________基本单元的物质的量 n_A__________，这就是__________规则。

13. 滴定度 T（被测组分/滴定剂）是指每 1mL 标准溶液相当的____________。

二、选择题

1. 要配制 0.1000mol/L $K_2Cr_2O_7$ 溶液，适用的玻璃量器是（　　）。

A. 容量瓶　　B. 量筒　　C. 刻度烧杯　　D. 酸式滴定管

2. 滴定管在记录读数（mL）时，小数点后应保留（　　）位有效数字。

A. 1　　B. 2　　C. 3　　D. 4

3. 欲配制 0.2mol/L 的 H_2SO_4 溶液和 0.2mol/L 的 HCl 溶液，应选用（　　）量取浓酸。

A. 量筒　　B. 容量瓶　　C. 酸式滴定管　　D. 移液管

4.（　　）只能量取一定体积的溶液。

A. 吸量管　　B. 移液管　　C. 量筒　　D. 量杯

5. 下面不宜加热的仪器是（　　）。

A. 试管　　B. 坩埚　　C. 蒸发皿　　D. 移液管

6. 当滴定管中有油污时，可用（　　）洗涤后，依次用自来水冲洗、蒸馏水洗涤三遍备用。

A. 去污粉　　B. 铬酸洗液　　C. 强碱溶液　　D. 都不对

7. 实验室中常用的铬酸洗液是由（　　）两种物质配制的。

A. K_2CrO_4 和浓 H_2SO_4　　B. K_2CrO_4 和浓 HCl

C. $K_2Cr_2O_7$ 和浓 HCl　　D. $K_2Cr_2O_7$ 和浓 H_2SO_4

8. 下列滴定分析操作中，规范的操作是（　　）。

A. 滴定之前，用待装标准溶液润洗滴定管三次

B. 滴定时始终保持匀速

C. 在滴定前，锥形瓶应用待测液淋洗三次

D. 滴定管加溶液距零刻度 1cm 时，用滴管加溶液到溶液弯月面最下端与"0"刻度相切

9. 优级纯试剂的标签颜色是（　）。

A. 红色　　B. 蓝色　　C. 玫瑰红色　　D. 深绿色

10. 直接法配制标准溶液必须使用（　）。

A. 基准试剂　　B. 化学纯试剂

C. 分析纯试剂　　D. 优级纯试剂

11. 可用于直接配制标准溶液的是（　）。

A. $KMnO_4$　　B. $K_2Cr_2O_7$

C. $Na_2S_2O_3 \cdot 5H_2O$　　D. $NaOH$

12. 以下物质必须用间接法制备标准溶液的是（　）。

A. $NaOH$　　B. As_2O_3　　C. $K_2Cr_2O_7$　　D. Na_2CO_3

13. 基准物质最好摩尔质量较大，目的是（　）。

A. 试剂颗粒大，容易称量　　B. 称量样较少

C. 计算容易　　D. 称量样较多，减少称量误差

14. 滴定分析对所用基准试剂的要求不是（　）。

A. 在一般条件下性质稳定

B. 主体成分含量为 99.95%～100.05%

C. 实际组成与化学式相符

D. 杂质含量≤0.5%

15. 下列物质能用来做基准试剂的是（　）。

A. $NaOH$　　B. H_2SO_4　　C. Na_2CO_3　　D. HCl

16. 标定还原剂标准溶液的基准物不能选（　）。

A. $K_2Cr_2O_7$　B. As_2O_3　　C. $KBrO_3$　　D. KIO_3

17. 标定 $KMnO_4$ 溶液，用到的 $Na_2C_2O_4$ 不纯，那么标出的 $KMnO_4$ 溶液浓度将（　）。

A. 偏低　　B. 偏高　　C. 准确　　D. 不能确定

18. 欲配制 250mL 0.1mol/L 的 NH_4SCN 溶液，可称取（　）g

分析纯的 NH_4SCN。[$M(NH_4SCN)=76.12g/mol$]

A. 1　　B. 2　　C. 3　　D. 4

三、判断题

1. 所谓化学计量点和滴定终点是一回事。(　)

2. 凡是优级纯的物质都可用于直接法配制标准溶液。(　)

3. 直接法配制标准溶液必须使用基准试剂。(　)

4. 所谓终点误差是由于操作者终点判断失误或操作不熟练而引起的。(　)

5. 滴定分析相对误差一般小于0.1%，滴定消耗的标准溶液体积应控制在10～15mL。(　)

6. 滴定管属于量出式容量仪器。(　)

7. 将20.000g Na_2CO_3 准确配制成1L溶液，其物质的量浓度为0.1887mol/L。[$M(Na_2CO_3)=106g/mol$] (　)

8. 用过的铬酸洗液应倒入废液缸，不能再次使用。(　)

9. 锥形瓶使用前需要用将注入的溶液润洗或烘干。(　)

10. 溶解基准物质时要用移液管移取20～30mL水加入。(　)

11. 对于准确度要求较高时，容量瓶在使用前应进行体积校正。(　)

12. 使用吸管时，决不能用未经洗净的同一吸管插入不同试剂瓶中吸取试剂。(　)

13. 配制硫酸、盐酸和硝酸溶液时都应将酸注入水中。(　)

14. 滴定管、容量瓶、移液管在使用之前都需要用试剂溶液进行润洗。(　)

15. 用移液管移取溶液经过转移后，残留于移液管管尖处的溶液应该用洗耳球吹入容器中。(　)

16. 滴定管内壁不能用去污粉清洗，以免划伤内壁，影响体积准确测量。(　)

17. 1L溶液中含有98.08g H_2SO_4，则 $c\left(\frac{1}{2}H_2SO_4\right)=2mol/L$。(　)

18. 用浓溶液配制稀溶液的计算依据是稀释前后溶质的物质的量不变。（ ）

19. 玻璃器皿不可盛放浓碱液，但可以盛酸性溶液。（ ）

20. 分析纯 NaCl 试剂，如不做任何处理，用来标定 $AgNO_3$ 溶液的浓度，结果会偏高。（ ）

四、问答题

1. 说明下列名词的含义：

质量　物质的量　物质的量浓度　摩尔质量　滴定度

化学计量点　滴定终点　标准溶液

2. 如何制备标准溶液？配制溶液所用的化学试剂纯度越高越好吗？

3. 基准物必须具备的条件是什么？为什么基准物应具有较高的摩尔质量？

4. 滴定分析的条件有哪些？

5. 如何洗涤滴定管？洗净的标志是什么？

6. 酸式滴定管涂油应该怎样进行？滴定管尖端有油脂堵塞时，怎样排除？

7. 碱式滴定管胶管中藏有气泡对滴定有什么影响？如何将气泡排出？

8. 滴定管装入溶液之前为什么要先用此溶液洗内壁 2～3 次？用于滴定的锥形瓶是否需要干燥？

9. 滴定管读数时眼睛如果不是平视，而是过高或过低，对数据分别有何影响？

10. 滴定管为什么每次都应从最上面的刻度为起点？

11. 容量瓶如何检漏？用容量瓶配制基准物溶液如何操作？

12. 滴定管装有色溶液时如何读数？对于蓝线衬背滴定管应如何读数？

13. 在标定溶液时，如何确定基准物质的称样量？

14. 什么是等物质的量规则？各种滴定反应如何选取基本单元？

五、计算题

1. 计算下列溶液的物质的量浓度：

（1）6.00g NaOH 配制成 0.200L 溶液；

（2）0.315g $H_2C_2O_4 \cdot 2H_2O$ 配制成 50.0mL 溶液；

（3）21.0g CaO 配制成 2.00L 溶液；

（4）49.0mg H_2SO_4 配制成 10.0mL 溶液；

（5）2.48g $CuSO_4 \cdot 5H_2O$ 配制成 500mL 溶液。

2. 下列物质参加酸碱反应（假定这些物质完全起反应）时，它们的基本单元是其分子的几分之几？

（1）H_2SiF_6；（2）SO_3；（3）H_3AsO_4；（4）$(NH_4)_2SO_4$；（5）$Na_2B_4O_7 \cdot 10H_2O$；（6）$CaCO_3$。

3. 计算下列溶液的物质的量浓度：

（1）4.74g $KMnO_4$ 配制成 3.00L 溶液，求 $c\left(\frac{1}{5}KMnO_4\right)$；

（2）14.71g $K_2Cr_2O_7$ 配制成 200.0mL 溶液，求 $c\left(\frac{1}{6}K_2Cr_2O_7\right)$；

（3）2.538g I_2 配制成 500.0mL 溶液，求 $c\left(\frac{1}{2}I_2\right)$；

（4）744.6mg $Na_2S_2O_3 \cdot 5H_2O$ 配制成 30.00mL 溶液，求 $c(Na_2S_2O_3)$。

4. 如何配制下列溶液：

（1）100mL 含 NaCl 为 0.095g/mL 的水溶液；

（2）1000mL 含 I_2 为 0.01g/mL 的乙醇溶液；

（3）500g w=10%的葡萄糖水溶液；

（4）200g w=5.0%的 NH_4CNS 水溶液；

（5）200mL $\varphi_{水}$=30%的乙醇水溶液。

5. 配制下列各溶液需多少克溶质？

（1）1.00L 0.2000mol/L 的 $Ba(OH)_2$；

（2）50.0mL 0.2500mol/L 的 KI；

（3）250mL 0.5000mol/L 的 $Cu(NO_3)_2$；

（4）100mL 0.0485mol/L 的 $(NH_4)_2SO_4$；

（5）500mL 0.500mol/L 的 Na_2SO_4，用 $Na_2SO_4 \cdot 10H_2O$ 配制。

6. 计算下列溶液的物质的量浓度：

（1）HCl 溶液，密度为 1.06g/mL，$w(HCl)=12.0\%$，求 $c(HCl)$；

（2）NH_4OH 溶液，密度为 0.954g/mL，$w(NH_4OH)=11.6\%$，求 $c(NH_4OH)$；

（3）H_2SO_4 溶液，密度为 1.30g/mL，$w(SO_3)=11.6\%$，求 $c\left(\frac{1}{2}H_2SO_4\right)$。

7. 12.5mL 溶液冲稀到 500mL，测其物质的量浓度是 0.125mol/L，问原溶液的物质的量浓度。

8. 欲配制 1000mL 0.1mol/L HCl 溶液，应取浓盐酸（12mol/L HCl）多少毫升？

9. 准确称量基准物 $K_2Cr_2O_7$ 2.4530g，溶解后在容量瓶中配成 500mL 溶液，计算此溶液的物质的量浓度 $c\left(\frac{1}{6}K_2Cr_2O_7\right)$。

10. 多少毫升 0.50mol/L H_2SO_4 溶液加到 65mL 0.20mol/L H_2SO_4 溶液中，可得到一个 0.35mol/L 的 H_2SO_4 溶液？（假设体积是可以加和的）

11. 有 0.150mol/L HCl 溶液，计算每毫升该溶液分别对 CaO、$Ca(OH)_2$、Na_2O 和 NaOH 的滴定度，以 g/mL 表示。

12. 每升含 5.442g $K_2Cr_2O_7$ 的标准溶液，问该溶液用 Fe_3O_4 的毫克数表示的滴定度是多少？

13. 以 BaO（mg/mL）表达 0.100mol/L EDTA 溶液对 BaO 的滴定度。

14. 以 Fe_2O_3（mg/mL）表达 0.0500mol/L $KMnO_4$ 溶液的滴定度。

15. 称取优级纯无水 Na_2CO_3 0.1500g 溶于水后，加甲基橙指示剂，用待标定 HCl 滴定至溶液由黄色变为橙色，消耗 28.00mL，求 HCl 溶液物质的量浓度。

16. 滴定 25.00mL 氢氧化钠溶液，用去 0.1050mol/L HCl 标准溶液 26.50mL，求该氢氧化钠溶液物质的量浓度和质量浓度。

17. 用无水 Na_2CO_3 标定某一 HCl 溶液时，要使近似浓度为 0.1mol/L HCl 溶液消耗的体积约为 30mL，应称取无水 Na_2CO_3 约多少克？

18. 标定 NaOH 溶液时，为使 0.1mol/L NaOH 溶液消耗 30～40mL，应称取邻苯二甲酸氢钾的质量范围是多少？

19. 配制 250mL $c(Ag^+)=0.050mol/L$ 的 $AgNO_3$ 溶液，需称取含 3.95%杂质的银多少克？

20. 不纯的 $BaCl_2 \cdot 2H_2O$ 样品 0.372g，用 0.100mol/L $AgNO_3$ 溶液滴定时用去 27.2mL，计算样品中氯和 $BaCl_2 \cdot 2H_2O$ 的质量分数。

21. 称取工业硫酸 1.740g，以水定容于 250.0mL 容量瓶中，摇匀。移取 25.00mL，用 $c(NaOH)=0.1044mol/L$ 的氢氧化钠溶液滴定，消耗 32.41mL，求试样中 H_2SO_4 的质量分数。

22. 称取已在 250～270℃ 灼烧至恒重的工业碳酸钠试样 1.7524g，加 50mL 水溶解，加 10 滴溴甲酚绿-甲基红混合指示剂，用 1.0246mol/L 的 HCl 滴定剂滴至溶液由绿色变为暗红色，煮沸 2min，冷却后继续滴定至暗红色，消耗 HCl 31.44mL，求试样中 Na_2CO_3 的质量分数。

23. 测定柠檬酸 $C_6H_8O_7 \cdot H_2O$ 含量时，准确称取试样 1.0376g，加 40mL 刚煮沸并冷却的水，待试样溶解后加 3 滴酚酞指示剂，用 0.4913mol/L 的 NaOH 滴定剂滴定至淡红色，消耗 30.05mL，问试样中柠檬酸的质量分数是多少？(反应为 $3NaOH + H_3C_6H_5O_7 \longrightarrow Na_3C_6H_5O_7 + 3H_2O$)

技能测试

一、测试项目　滴定分析基本操作

1. 测试要求

本次测试在 2h 内完成，并递交完整报告。

2. 操作步骤

① 滴定管、移液管和锥形瓶的洗涤。

② 滴定管和移液管的润洗。

③ 用移液管移取 25.00mL NaOH 溶液，置于 250mL 锥形瓶中，加 1 滴甲基橙指示液，然后用 $c(HCl)=0.1mol/L$ 盐酸标准滴定溶液滴定至溶液由黄色变为橙色为终点，记录读数。平行测定三次。

二、技能评分

细目		评分要素	分值	说明	扣分	得分
移液管洗涤与使用(24分)	检查与洗涤(8分)	检查。管口应平整、流液口没有破损	2	按仪器检查、洗涤规范评分，每出现一次不符合要求扣1分		
		顺次用自来水、洗涤剂或铬酸洗液、自来水、蒸馏水洗涤，以不挂水珠为标准	3			
		用待吸量溶液无回流润洗，废液放入废液杯	3			
	移液管使用(16分)	握法。左手握洗耳球，右手持移液管的姿势	2	按移液管标准操作规范评分，每错一次扣1分		
		吸液时管尖插入液面的深度(1～2cm)	2			
		吸液高度(刻度线以上少许)	2			
		插入溶液前后擦干外壁	2			
		调节液面。手指动作规范、视线水平，废液放入废液杯，管尖无气泡	2			
		调节好液面后管尖处液滴的处理	1			
		放溶液时移液管垂直、管尖靠壁	1			
		放溶液时接受器倾斜约30°～45°	2			
		溶液自然流出，流完后停靠15s	1			
		最后管尖靠壁左右旋转	1			

续表

细目		评分要素	分值	说明	扣分	得分
滴定管洗涤与使用(36分)	检查与洗涤(10分)	检查。滴定管的质量、涂油，试漏	2	按滴定管洗涤标准规范评分，每错一次扣1分		
		顺次用自来水、洗涤剂或铬酸洗液、自来水、蒸馏水洗涤	3			
		润洗。方法、次数、溶液用量	2			
		润洗后废液的排放	1			
		赶气泡	1			
		调节液面前放置1～2min	1			
	滴定管使用(20分)	从0.00开始	1	按滴定管使用标准规范评分，每错一次扣1分		
		滴定前管尖悬挂液滴的处理	1			
		滴定管的握持姿势	2			
		滴定时管尖置入锥形瓶口的距离	2			
		滴定时摇动锥形瓶的动作	2			
		滴定时左右手的配合	2			
		没有挤松活塞漏液的现象	2			
		没有滴出锥形瓶外的现象	4			
		终点判断正确、终点控制滴定管尖没有悬挂液亦没有气泡	4	颜色不能过深或过浅，否则每次扣2分		
	读数(6分)	停30s读数	1	按滴定管读数标准评分，每错一次扣1分，读数不准扣4分		
		读数时取下滴定管，可以用读数卡读数	1			
		读数姿态(滴定管垂直，视线水平，读数准确)	4			
记录、数据处理和报告(25分)	数据记录及时、真实、清晰、无涂改		6	不符合要求每处扣2分		
	使用法定计量单位		1			
	使用仿宋字		3			
	有效数字运算符合规则		2	不符合每处扣1分		
	计算方法(公式、校正值)		3	不正确每处扣1分		
	报告(完整、明确、清晰)规范		3	不规范每处扣1分		
	报告项目齐全		4	每缺一项扣1分		
	计算结果正确		3			

续表

细目	评分要素		分值	说明	扣分	得分
文明操作(10分)	实验过程中台面整洁、仪器排放有序		4	一项不符合扣2分		
	不乱扔废纸和乱倒废液		2			
	实验结束及时洗涤玻璃仪器		2			
	所有仪器、试剂摆放原位		2			
考核时间(5分)	开始时间		5	考核时间 120min，每超过 5min 扣 1 分		
	结束时间					
	考核时间					
总分	100 分					

第三章 酸碱滴定法

内容提要

酸碱滴定法是利用酸碱中和反应进行滴定分析的方法，其本质是相同物质的量的 H^+ 和 OH^- 中和生成难电离的 H_2O。滴定剂采用强酸或强碱溶液，被测物质可以是碱类或酸类试样，也可间接测定通过化学反应能定量生成酸或碱的物质。

学习本章，要了解酸碱水溶液的电离平衡和酸碱指示剂的基本知识；能够运用简化公式计算滴定曲线。掌握不同类型酸碱滴定曲线的特征和选择指示剂方法；掌握不同滴定方式分析结果的计算方法；学会正确使用滴定仪器和判断滴定终点。

一、溶液酸度的计算

1. 溶液酸度和酸的总浓度

(1) 溶液酸度　当浓度不大时，酸度是指溶液中 H^+ 的物质的量浓度，溶液的酸度经常用 pH 表示。类似地，碱度常用 pOH 来表示，且二者可以互相换算。

$$pH=-\lg[H^+],\ pOH=-\lg[OH^-],\ pH+pOH=14.0\quad(25℃)\qquad(3\text{-}1)$$

(2) 酸的总浓度　溶液中酸的总浓度（c）即酸的分析浓度，以酸的物质的量浓度来表示，包括溶液中未离解的酸的浓度和已离解的酸的浓度。

2. 溶液酸度的计算

水溶液中含有的酸、碱、盐等物质发生不同程度电离，引起溶液中 H^+ 和 OH^- 浓度变化，产生不同的酸碱性效应。表 3-1 归纳出不同类型溶液酸碱度的简化计算公式。

表 3-1 溶液酸碱度的计算

溶液类型	电离程度	简化计算公式
n 元强酸	完全电离	$[H^+]=nc_a$
n 元强碱	完全电离	$[OH^-]=nc_b$
一元弱酸	部分电离，存在电离平衡	$[H^+]=\sqrt{K_a c_a}$
一元弱碱	部分电离，存在电离平衡	$[OH^-]=\sqrt{K_b c_b}$
强酸弱碱盐	盐完全电离后，产生的弱碱离子发生水解，存在水解电离平衡	$[H^+]=\sqrt{\frac{K_w}{K_b}c_s}$
强碱弱酸盐	盐完全电离后，产生的弱酸离子发生水解，存在水解电离平衡	$[OH^-]=\sqrt{\frac{K_w}{K_a}c_s}$
弱酸＋弱酸盐（酸性缓冲溶液）	盐完全电离，弱酸部分电离，存在水解和电离平衡	$[H^+]=K_a\frac{c_a}{c_s}$
弱碱＋弱碱盐（碱性缓冲溶液）	盐完全电离，弱碱部分电离，存在水解和电离平衡	$[OH^-]=K_b\frac{c_b}{c_s}$

其中，溶液中酸、碱和盐的分析浓度分别以 c_a、c_b 和 c_s 表示，电离常数分别为 K_a 和 K_b，水的离子积常数为 K_w。

应用表 3-1 的公式不仅能计算某种类型酸碱水溶液的酸度，而且可以应用于计算酸碱滴定过程中不同阶段溶液的酸度变化，从而绘制滴定曲线，确定化学计量点，选择指示剂。

3. 缓冲溶液

缓冲溶液具有控制溶液酸度的能力，当溶液加入少量酸或碱，或进行稀释时，溶液酸度变化很小。一般类型有弱酸＋弱酸盐、弱碱＋弱碱盐或多种酸式盐的混合溶液。应用组成不同的缓冲溶液可以在 pH 为 2～12 之间控制溶液的酸碱度保持稳定。缓冲溶液中各组分的浓度一般为 0.1～1.0mol/L。缓冲组分的浓度比一般为 $\frac{1}{10}$～10。

(1) 弱酸＋弱酸盐——酸性缓冲溶液

酸度：
$$pH=pK_a-\lg\frac{c_a}{c_s} \tag{3-2}$$

缓冲范围：　　　　　　$pH \approx pK_a \pm 1$　　　　　　(3-3)

(2) 弱碱＋弱碱盐——碱性缓冲溶液

碱度：　　　　　　$pOH = pK_b - \lg \frac{c_b}{c_s}$　　　　　　(3-4)

缓冲范围：　　　　　　$pOH \approx pK_b \pm 1$　　　　　　(3-5)

当分析实验中需要控制稳定的酸碱度时，可配制相应酸碱度的缓冲溶液，加入到反应溶液中。

二、酸碱指示剂

1. 指示剂作用原理

酸碱指示剂一般是有机弱酸或弱碱，它们的分子和离子具有不同的颜色。酸碱指示剂的电离方程式可表示如下：

$$\text{指示剂分子(A色)} \rightleftharpoons \text{指示剂离子(B色)} + H^+ (\text{或} OH^-) \qquad (3\text{-}6)$$

随着 pH 值改变，指示剂本身结构发生改变，分子和离子的含量比例改变，使溶液颜色在 A 色和 B 色之间转变。

指示剂的变色范围大约是 $pH = pK_a \pm 1$（K_a 是指示剂的离解常数）。其转变中点 $pH = pK_a$，显然，为使指示剂在化学计量点处变色，所选指示剂的 pK_a 应接近化学计量点的 pH 值。

有时，将两种指示剂混合，或与某种染料混合制成混合指示剂，利用颜色之间的互补作用，使变色更敏锐，缩小变色范围，利于观察。

2. 酸碱滴定曲线

酸碱滴定过程中，以溶液 pH 作纵坐标、以加入酸或碱溶液的体积作横坐标来作图，可以得到滴定曲线。接近化学计量点时，溶液 pH 变化较大，甚至加入一滴滴定剂就可引起 pH 的显著变化，称为 pH 突跃。突跃的大小，随着参加中和反应的酸或碱的强度增大（K_a 或 K_b 增大）而增大，随着参加反应物质的浓度增大而增大。显然，弱酸、弱碱和水解性盐具有较小的 pH 突跃。

测绘滴定曲线的目的是：①确定 pH 突跃范围；②指出化学计量点；③选择合适的指示剂。

3. 指示剂的选择和应用

若所选指示剂的变色范围在某滴定反应的 pH 突跃范围内，加入几滴指示剂到滴定液中，当滴定接近化学计量点时，发生 pH 突跃，指示剂的颜色也同时发生改变，根据观察到的颜色变化可以判断到达滴定终点。选择指示剂的方法有三种。

① 通过理论计算得出加入不同体积滴定剂时的 pH，绘制出滴定曲线，从中显示 pH 突跃范围，选择在此突跃范围内变色的指示剂。

② 通过实验测定滴定过程 pH 变化数据，作出滴定曲线，根据 pH 突跃范围选择指示剂。或用仪器分析的方法确定滴定终点（详见第七章）。

③ 计算出化学计量点处溶液的 pH，使所选指示剂的变色范围涵盖化学计量点的 pH。

对于常见的酸碱滴定反应，表 3-2 归纳了常用指示剂的应用情况。当遇到水解性盐的滴定时，可按弱酸或弱碱处理，强酸弱碱盐按弱酸处理，强碱弱酸盐按弱碱处理。

表 3-2 常用指示剂的选择

酸碱中和反应类型	酸碱反应成盐的性质	化学计量点处的 pH	常用指示剂
强碱→强酸	正盐	7	酚酞、甲基橙
强酸→强碱	正盐	7	甲基橙、酚酞
强碱→弱酸	强碱弱酸盐	>7	酚酞、百里酚酞
强酸→弱碱	强酸弱碱盐	<7	甲基红、甲基橙

三、滴定方式和应用

1. 直接滴定

不同强度的酸碱溶液在滴定过程中，产生的 pH 突跃大小也不同。只有 pH 突跃足够大时，才可以用指示剂或仪器方法观察到滴定终点。因此，为使直接滴定能够顺利进行，被滴定的溶液要满足一定的条件。表 3-3 归纳了不同类型酸碱溶液的直接滴定可行性。其中，水解性盐用组成它的弱酸或弱碱的电离常数来衡量。

表 3-3 不同类型酸碱溶液的滴定可行性

酸碱溶液类型	产生 pH 突跃范围	直接滴定可行性条件
强酸或强碱	较大	一般条件都可进行
弱酸	较小	$c_a K_a \geqslant 10^{-8}$
弱碱	较小	$c_b K_b \geqslant 10^{-8}$
多元酸	多级电离，多处突跃点	$K_{a1}/K_{a2} \geqslant 10^4$ 能分步滴定
多元碱	多级电离，多处突跃点	$K_{b1}/K_{b2} \geqslant 10^4$ 能分步滴定
水解性盐	较小	对应的 K_a(或 K_b)$\leqslant 10^{-6}$

2. 返滴定

当待测组分的滴定反应有以下情况时，直接滴定不易进行，或会带来很大误差：①待测组分易挥发；②待测组分难溶于水；③反应速率慢；④反应需要加热；⑤反应缺乏适当的指示剂。此时可采用返滴定法，也称为滴定剩余量或回滴法，即先加入过量的滴定剂 A 让其与待测组分 B 完全反应，剩余的滴定剂 A 再用另外一种滴定剂 A_1 进行滴定，通过计算滴定剂 A 的消耗量来确定待测组分 B 的量。

滴定过程：

$$\underset{\text{滴定剂 A（过量）}}{a\text{A}} + \underset{\text{待测组分 B}}{b\text{B}} \longrightarrow \text{反应产物} \tag{3-7}$$

$$\underset{\text{滴定剂 }A_1}{a_1\text{A}_1} + \underset{\text{滴定剂 A（剩余量）}}{a'\text{A}} \longrightarrow \text{反应产物} \tag{3-8}$$

待测组分 B 的物质的量浓度是：

$$c_B = \frac{c_A V_A - c_{A1} V_{A1}}{V_B} \tag{3-9}$$

由式(3-9) 与式(2-7) 可求出样品中待测组分 B 的质量分数：

$$w_B = \frac{M_B(c_A V_A - c_{A1} V_{A1})}{m_{样}} \tag{3-10}$$

3. 间接滴定

对于非酸非碱性物质，或酸碱性很弱而不能直接滴定的，可利用某些化学反应使其转化为可滴定的酸或碱，进行间接滴定。间接滴定的计算方法原则上与直接滴定法相同，重点在于转化过程。根据等物质的量规则，在正确选取基本单元前提下，待测物质的物质的量必然等于最后被滴定的酸或碱的物质的量。

(1) 加入反应物 A_1　$a_1A_1+bB \longrightarrow cC+dD$
$\Downarrow$
(2) 加入反应物 A_2　$a_2A_2+c'C \longrightarrow eE+fF$
$\Downarrow$
(3) 酸碱滴定　　酸或碱的滴定

转换过程（可能是一步或两步）

整个过程可表达为

$$B \xrightarrow{\text{完全反应}} C \xrightarrow{\text{完全反应}} E \longrightarrow \text{酸碱滴定}$$

$n_B=n_C=n_E$，通过滴定求 n_E 即可求出待测物 n_B。

四、技能训练环节

通过配制酸碱标准溶液和测定实际样品，应确保完成下列环节的技能训练，以达到预期的技能目标。

① 用移液管准确计量液体试样。

② 用分析天平减量法称量固体试样。

③ 用分析天平减量法称量液体试样。

④ 容量瓶和移液管配合定量分取溶液。

⑤ 酸式、碱式滴定管的操作：逐滴加入、加入一滴、只加半滴。

⑥ 观察、判断常用酸碱指示剂的滴定终点。

例题解析

【例 3-1】 计算下列各溶液的 pH：

(1) 0.2mol/L H_2SO_4；

(2) 0.01mol/L KOH；

(3) 0.12mol/L $CH_3NH_2 \cdot H_2O$；

(4) 0.05mol/L C_6H_5COOH；

(5) 0.1mol/L NH_4NO_3；

（6）0.0001mol/L NaCN。

解题思路　判断酸碱类型，查出 K_a 或（K_b），按表 3-1 的公式计算。

解　(1) H_2SO_4 是二元强酸，$[H^+]=nc_a=2\times0.2=0.4$（mol/L）

$$pH=-\lg0.4=0.40$$

(2) KOH 是一元强碱，$[OH^-]=nc_b=0.01\text{mol/L}$　$pOH=-\lg0.01=2$

$$pH=14-pOH=12$$

(3) $CH_3NH_2\cdot H_2O$ 是一元弱碱，$[OH^-]=\sqrt{K_bc_b}=\sqrt{4.2\times10^{-4}\times0.12}$

$$=0.0071\ (\text{mol/L})$$

$$pOH=-\lg0.0071=2.15$$

$$pH=14-pOH=11.85$$

(4) C_6H_5COOH 是一元弱酸，$[H^+]=\sqrt{K_ac_a}=\sqrt{6.2\times10^{-5}\times0.05}$

$$=1.76\times10^{-3}$$

$$pH=-\lg(1.76\times10^{-3})=2.75$$

(5) NH_4NO_3 是强酸弱碱盐，$[H^+]=\sqrt{\frac{K_w}{K_b}c_s}=\sqrt{\frac{10^{-14}}{1.8\times10^{-5}}\times0.1}$

$$=7.45\times10^{-6}$$

$$pH=-\lg(7.45\times10^{-6})=5.13$$

(6) NaCN 是强碱弱酸盐，$[OH^-]=\sqrt{\frac{K_w}{K_a}c_s}=\sqrt{\frac{10^{-14}}{6.2\times10^{-10}}\times0.0001}$

$$=4.02\times10^{-5}$$

$$pH=14-pOH=14+\lg(4.02\times10^{-5})=9.60$$

【例 3-2】　欲配制 pH＝10.0 的缓冲溶液 1L，用了 15mol/L 氨水 350mL，还需加 NH_4Cl 多少克？

解题思路　求出缓冲溶液中氨水和氯化铵的物质的量浓度，即可折算成所需氯化铵的质量。

解　配制的缓冲溶液中氨水浓度为 $15\times\frac{350}{1000}=5.25$（mol/L）

根据式(3-4)

$$pOH = pK_b - \lg \frac{c_b}{c_s}$$

$$14 - 10 = -\lg(1.8 \times 10^{-5}) - \lg \frac{5.25}{c_s}$$

$$c_s = 0.946 mol/L$$

需 NH_4Cl 质量：$m = cVM = 0.946 \times 1 \times 53.49 = 50.6$（g）

【例 3-3】 下列各种溶液 $c = 1.0 mol/L$，试判断能否用酸碱滴定法直接滴定？如果可以，应选哪种指示剂？

（1）一氯乙酸（$CH_2ClCOOH$）；（2）苯酚；（3）吡啶；

（4）苯甲酸；（5）三乙醇胺；（6）苯甲酸钠

（7）苯酚钠（C_6H_5ONa）；（8）盐酸羟胺（$NH_2OH \cdot HCl$）

解题思路 先查出各种物质的解离常数，再运用滴定的可行性条件判断能否直接滴定，并根据酸碱滴定反应类型选用合适的指示剂。

解 由附录二查得各种物质的离解常数，根据表 3-3 和表 3-2 进行判断，结果列表如下。

物质	酸碱类型	cK_a 或 cK_b	判断结果	指示剂
一氯乙酸	弱酸	$1.4 \times 10^{-3} > 10^{-8}$	可以直接滴定	酚酞或百里酚酞
苯酚	弱酸	$1.1 \times 10^{-10} < 10^{-8}$	不可以直接滴定	
吡啶	弱碱	$1.7 \times 10^{-9} < 10^{-8}$	不可以直接滴定	
苯甲酸	弱酸	$6.2 \times 10^{-5} > 10^{-8}$	可以直接滴定	酚酞或百里酚酞
三乙醇胺	弱碱	$5.8 \times 10^{-7} > 10^{-8}$	可以直接滴定	甲基橙或甲基红
苯甲酸钠	强碱弱酸盐	$6.2 \times 10^{-5} > 10^{-6}$	不可以直接滴定	
苯酚钠	强碱弱酸盐	$1.1 \times 10^{-10} < 10^{-6}$	可以直接滴定	甲基橙或甲基红
盐酸羟胺	强酸弱碱盐	$9.1 \times 10^{-9} < 10^{-6}$	可以直接滴定	酚酞或百里酚酞

【例 3-4】 用 0.016mol/L HCl 滴定 20mL 0.024mol/L 氨水溶液，试计算滴定前、化学计量点溶液的 pH 和 pH 突跃范围。

解题思路 正确判断滴定前、化学计量点和化学计量点后体系组成，按相应的公式计算酸碱度。

解 滴定反应：$HCl + NH_3 \cdot H_2O \longrightarrow NH_4Cl + H_2O$

① 滴定前，体系是弱碱。

$$[OH^-] = \sqrt{K_b c_b} = \sqrt{1.8 \times 10^{-5} \times 0.024} = 6.57 \times 10^{-4}$$

$$pH = 14 - pOH = 14 + \lg(6.57 \times 10^{-4}) = 10.82$$

② 化学计量点时，氨水全部生成NH_4Cl，体系是强酸弱碱盐。

加入的HCl体积为：

$$V(HCl) = \frac{c(NH_3 \cdot H_2O)V(NH_3 \cdot H_2O)}{c(HCl)} = \frac{0.024 \times 20}{0.016} = 30\ (mL)$$

$$c(NH_4Cl) = \frac{n(NH_4Cl)}{V_{总}} = \frac{c(NH_3 \cdot H_2O)V(NH_3 \cdot H_2O)}{V_{总}}$$

$$= \frac{0.024 \times 20}{20 + 30} = 0.0096\ (mol/L)$$

根据表3-1的公式：$[H^+] = \sqrt{\frac{K_w}{K_b} c_s} = \sqrt{\frac{10^{-14}}{1.8 \times 10^{-5}} \times 0.0096}$

$$= 2.31 \times 10^{-6}$$

$$pH = -\lg(2.31 \times 10^{-6}) = 5.64$$

③ 化学计量点前后相差±0.02mL引起的pH变化是突跃范围。

加入的HCl体积为29.98mL时

$$c(NH_4Cl) = \frac{n(NH_4Cl)}{V_{总}} = \frac{c(HCl)V(HCl)}{V_{总}}$$

$$= \frac{0.016 \times 29.98}{20 + 29.98} = 0.009597\ (mol/L)$$

$$c(NH_3 \cdot H_2O) = \frac{n(NH_3 \cdot H_2O)}{V_{总}}$$

$$= \frac{c(NH_3 \cdot H_2O)V(NH_3 \cdot H_2O) - c(HCl)V(HCl)}{V_{总}}$$

$$= \frac{0.024 \times 20 - 0.016 \times 29.98}{20 + 29.98} = 6.4 \times 10^{-6}\ (mol/L)$$

根据式(3-4)

$$pOH = pK_b - \lg \frac{c_b}{c_s} = -\lg(1.8\times10^{-5}) - \lg \frac{6.4\times10^{-6}}{0.009597} = 7.92$$

④ 化学计量点后，溶液的 pH 主要由过量的 HCl 决定，加入的 HCl 体积为 30.02mL 时，HCl 过量 0.02mL，

$$c(H^+) = \frac{c(HCl)V(HCl)}{V_{总}} = \frac{0.016\times0.02}{20+30.02} = 6.4\times10^{-6}(mol/L)$$

$$pH = -\lg(6.4\times10^{-6}) = 5.19$$

根据以上计算得：滴定前 pH＝10.82，化学计量点 pH＝5.64，pH 突跃范围 5.19～7.08，ΔpH 为 1.89。

【例 3-5】 用 0.1000mol/L NaOH 溶液滴定 20.00mL 0.1000mol/L 甲酸溶液时，化学计量点 pH 是多少？应选用何种指示剂？

解题思路 正确判断化学计量点时溶液体系的类型，按其 pH 值选择合适的指示剂。

解 计算化学计量点 pH。

化学计量点时，即加入了 20.00mL NaOH 溶液，甲酸完全被中和生成 0.0500mol/L 甲酸钠溶液，溶液体系是强碱弱酸盐。根据表 3-1：

$$[OH^-] = \sqrt{\frac{K_w}{K_a}c_s} = \sqrt{\frac{10^{-14}}{1.77\times10^{-4}}\times0.0500} = 1.68\times10^{-6}(mol/L)$$

$$pH = 14 - pOH = 14 + \lg1.68\times10^{-6} = 8.22$$

选用指示剂：查常用酸碱指示剂表，酚酞变色范围 8.0～9.8，涵盖此项滴定的化学计量点 pH，故可选用酚酞指示剂。

【例 3-6】 有一碳酸氢铵试样 1.506g，溶于水后，以甲基橙为指示剂，用 1.034mol/L HCl 溶液直接滴定，耗去 HCl 溶液 17.55mL。计算试样中含氮量（%）、含氨量（%）以及碳酸氢铵的质量分数（%）。

解题思路 化工产品的分析结果可用不同的化学式表示，以什么化学式表示结果，计算公式中摩尔质量（M）要与之对应。

解 滴定化学反应：$NH_4HCO_3 + HCl \longrightarrow NH_4Cl + H_2O + CO_2\uparrow$

根据式(2-7)

含氮量：

$$w(N)=\frac{m(N)}{m_{样}}=\frac{c(HCl)V(HCl)M(N)}{m_{样}}\times 100\%$$

$$=\frac{1.034\times 17.55\times 10^{-3}\times 14.01}{1.506}\times 100\%$$

$$=16.88\%$$

含氨量：

$$w(NH_3)=\frac{m(NH_3)}{m_{样}}=\frac{c(HCl)V(HCl)M(NH_3)}{m_{样}}\times 100\%$$

$$=\frac{1.034\times 17.55\times 10^{-3}\times 17.03}{1.506}\times 100\%$$

$$=20.52\%$$

碳酸氢铵的质量分数：

$$w(NH_4HCO_3)=\frac{m(NH_4HCO_3)}{m_{样}}=\frac{c(HCl)V(HCl)M(NH_4HCO_3)}{m_{样}}\times 100\%$$

$$=\frac{1.034\times 17.55\times 10^{-3}\times 79.06}{1.506}\times 100\%$$

$$=95.26\%$$

【例 3-7】 溶解氧化锌试样 0.1000g 于 50.00mL $c\left(\frac{1}{2}H_2SO_4\right)=$ 0.1101mol/L 硫酸溶液中。用 $c(NaOH)=0.1200$mol/L 氢氧化钠溶液滴定过量的硫酸，用去 25.50mL。求试样中氧化锌的质量分数。

解题思路 返滴定试样中所含氧化锌物质的量等于硫酸与氢氧化钠物质的量（按照基本单元选取）之差值。

解 样品中氧化锌的质量：

$$m(ZnO)=\left[c\left(\frac{1}{2}H_2SO_4\right)V(H_2SO_4)-c(NaOH)V(NaOH)\right]M\left(\frac{1}{2}ZnO\right)$$

$$=(0.1101\times 50.00\times 10^{-3}-0.1200\times 25.50\times 10^{-3})\times 40.695$$

$$=0.09949\ (g)$$

试样中 ZnO 的质量分数：

$$w(ZnO)=\frac{m(ZnO)}{m_{样}}=\frac{0.09949}{0.1000}\times 100\%=99.49\%$$

【例 3-8】 解析填空题

有一碱液，可能是 NaOH、$NaHCO_3$ 或 Na_2CO_3，或它们的混合物溶液。今用盐酸标准溶液滴定，先以酚酞为指示剂，耗去盐酸的体积为 V_1，再继续加入甲基橙指示剂，用盐酸标准溶液滴定，又耗去盐酸的体积为 V_2。试由 V_1 与 V_2 的关系判断碱液的组成：

(1) 当 $V_1=V_2$ 时，组成是$\underline{Na_2CO_3}$；

(2) 当 $V_1>V_2$ 时，组成是$\underline{NaOH 与 Na_2CO_3}$；

(3) 当 $V_1<V_2$ 时，组成是$\underline{Na_2CO_3 与 NaHCO_3}$；

(4) 当 $V_1>0$，$V_2=0$ 时，组成是$\underline{NaOH}$；

(5) 当 $V_1=0$，$V_2>0$ 时，组成是$\underline{NaHCO_3}$。

解题思路 NaOH 与 $NaHCO_3$ 不能共存，它们之间会发生中和反应，按“双指示剂法”可以判断各种情况下的溶液组成。

解 酚酞变色范围是 8.0～9.8，甲基橙变色范围是 3.1～4.4，按题中的规程操作时：

当溶液中只有 NaOH 时，用盐酸滴定到酚酞变色 NaOH 已全部被中和完全，再加入甲基橙不会有变色点，即 $V_1>0$，$V_2=0$；

当溶液中只有 $NaHCO_3$ 时，其化学计量点在甲基橙变色点处，之前加入酚酞时没有变色点，$V_1=0$，$V_2>0$；

当溶液中只有 Na_2CO_3 时，中和反应具有两个化学计量点，第一化学计量点在酚酞变色点处，此时 Na_2CO_3 完全被反应生成 $NaHCO_3$，产生 V_1；第二化学计量点在甲基橙变色点处，此时 $NaHCO_3$ 完全被反应生成 NaCl，产生 V_2。通过反应化学计量系数可知 $V_1=V_2$。

通过上述分析可以推论：

当 $V_1>V_2$ 时，组成是$\underline{NaOH 与 Na_2CO_3}$；当 $V_1<V_2$ 时，组成是$\underline{Na_2CO_3 与 NaHCO_3}$。

【例 3-9】 用移液管准确量取甲醛溶液样品 3.00mL，加入酚酞指示剂，以 0.1000mol/L NaOH 标准溶液滴定至淡红色，耗碱

0.35mL。然后加入中性的1mol/L Na_2SO_3 溶液 30mL，用1.0000mol/L HCl标准溶液滴定至无色，耗酸24.78mL。若样品密度为1.065g/mL，求其中HCHO和游离酸（以HCOOH计）的质量分数。

解题思路 题意中的操作分两步，第一步是用NaOH溶液滴定甲醛样品中的游离酸，第二步是用亚硫酸钠法间接测定甲醛含量。

解 游离酸（以HCOOH计）的质量分数：

$$w_{游离酸}=\frac{m_{游离酸}}{m_{样}}=\frac{c(NaOH)V(NaOH)M(HCOOH)}{\rho_{样}V_{样}}\times100\%$$

$$=\frac{0.1000\times0.35\times10^{-3}\times46.03}{1.065\times3.00}\times100\%$$

$$=0.05\%$$

甲醛与亚硫酸钠的反应：

$$H_2C{=}O+Na_2SO_3+H_2O\longrightarrow H_2C(OH)(SO_3Na)+NaOH$$

滴定反应：　$NaOH+HCl\longrightarrow NaCl+H_2O$

由反应方程式可知　$n_{甲醛}\approx n_{NaOH}\approx n_{HCl}$

甲醛的质量分数：

$$w_{甲醛}=\frac{m_{甲醛}}{m_{样}}\times100\%=\frac{c(HCl)V(HCl)M(HCHO)}{\rho_{样}V_{样}}\times100\%$$

$$=\frac{1.000\times24.78\times10^{-3}\times30.03}{1.065\times3.00}\times100\%$$

$$=23.29\%$$

【例3-10】 甲醛法测定铵盐纯度的操作规程如下。

称取1.5g硝酸铵化肥试样（称准至0.0002g）于250mL锥形瓶中，用100mL水溶解。加1滴甲基红指示液，用0.1mol/L NaOH溶液或0.1mol/L HCl溶液调节至溶液呈橙色。加入20mL中性甲醛（1+1）溶液，再加入3滴酚酞指示液，混匀，放置5min。用 $c(NaOH)=0.5mol/L$ 氢氧化钠标准滴定溶液滴定至淡红色（甲基红的黄色和酚酞的粉红色之复合色）持续 1min 不褪为终点。

试解读该操作规程，回答下列问题。

(1) 为什么称取 1.5g 硝酸铵化肥试样（称准至 0.0002g）？用什么天平和方法称取？

(2) 说明带有下划线部分操作的目的。

(3) 加入的中性甲醛（1+1）溶液 20mL，应采用什么玻璃仪器量取？可否改为加入甲醛（1+1）溶液？为何放置 5min？

(4) 为什么用氢氧化钠标准滴定溶液滴定时持续 1min 不褪为终点？

(5) 此分析方法采用的滴定方式是什么？化学反应原理是什么？

解题思路 首先明确试样的组成和发生的化学反应，再按照对准确度的要求和间接滴定方式逐步解读分析规程。

解 (1) 为减小纯度测定的相对误差，后序滴定操作消耗的标准溶液应为 30～40mL，可取 35mL 来推算所需要称量的样品质量大约为 1.5g。试样要精确称量（称准至 0.0002g），可采用分析天平或电子天平，为防止样品在空气中吸湿宜用减量法称取。

(2) 加入甲基红指示液，用稀 NaOH 或 HCl 溶液调节至溶液呈橙色，目的是中和样品中含有的游离酸碱，为后序的酸碱滴定消除误差。因为硝酸铵为强酸弱碱盐，采用甲基红指示剂使溶液 pH 偏弱酸性，不会消耗待测组分硝酸铵。

(3) 加入中性甲醛（1+1）溶液与硝酸铵发生反应，转化出相当量的酸。甲醛过量加入，不需精确量取，可用量筒量取；必须加入中性甲醛溶液，否则引入带有酸碱性的试剂将会给后序酸碱滴定带来误差。放置 5min 使反应充分。

(4) 在没有达到化学计量点之前，产生的淡红色不能持续存在，将随着搅拌而消失，达到化学计量点时，才具有稳定的淡红色，因而持续 1min 不褪为终点。超过 1min 以后溶液吸收空气中 CO_2，可能使酚酞褪色。

(5) 此分析方法采用的滴定方式是间接滴定法；化学反应原理是：

中和游离酸　$HNO_3+NaOH \longrightarrow NaNO_3+H_2O$

转化反应　$4NH_4NO_3+6CH_2O \longrightarrow 4HNO_3+(CH_2)_6N_4+6H_2O$

滴定反应　$NaOH+HCl \longrightarrow NaCl+H_2O$

习题荟萃

一、填空题

1. 酸碱滴定涉及的是________反应，其本质是相同物质的量的______和______中和生成________。

2. 酸碱滴定的滴定剂总是______或______，被分析的物质可以是______或______，也可以间接测定通过化学反应能定量________的物质。

3. 酸度是指溶液中______的浓度，衡量溶液酸度常用______表示，碱度常用______来表示。

4. 溶液中酸的总浓度以酸的物质的量浓度来表示，包括溶液中________的酸的浓度和________的酸的浓度。

5. 酸碱指示剂一般是有机____酸或____碱，随着溶液______改变，指示剂由于______的改变而发生______改变。

6. 酸碱指示剂从一种颜色完全转变到另一种颜色的 pH 范围，称为指示剂的________，其值大约 pH＝________。

7. 滴定曲线上 pH 突跃的大小，随着参加中和反应的酸或碱的________增大而增大，随着参加反应物质的______增大而增大。

8. 绘制滴定曲线的目的是：①确定________范围；②指出________点；③选择合适的________。

9. 酸碱滴定的滴定方式有________、________、________。

10. 用强碱滴定弱酸时，要求弱酸的 cK_a ______，用强酸滴定弱碱时，要求弱碱的 cK_b ______。

11. 标定 HCl 溶液常用的基准物有______和________，滴定时应选用在______范围内变色点指示剂；标定 NaOH 溶液，最常用的基准物是邻苯二甲酸氢钾，滴定时用______作指示剂。

12. 以 HCl 标准溶液滴定 $NH_3 \cdot H_2O$ 时，分别以甲基橙和酚酞作指示剂，耗用 HCl 的体积分别以 $V_{甲}$、$V_{酚}$ 表示，则 $V_{甲}$ 与 $V_{酚}$ 的关系是________。

13. 返滴定法测定氨水含量需用________称量试样，称量后置入______标准溶液中。

14. 化工分析中常用的酸碱标准溶液浓度是________、________和________，在计算分析结果的公式中需要代入______浓度值。

二、选择题

1. 中性溶液严格地讲是指（　）。

A. pH＝7.0 的溶液　　B. $[H^+]=[OH^-]$ 的溶液

C. pOH＝7.0 的溶液　　D. pH＋pOH＝14.0 的溶液

2. 需要 pH＝9.0 左右的缓冲溶液，选择下列哪一组缓冲溶液最合适（　）。

A. $HAc(K_a=1.8\times10^{-5})$-NaAc

B. $NH_3(K_b=1.8\times10^{-5})$-$NH_4Cl$

C. $NaHCO_3$-Na_2CO_3

D. NaOH

3. 标定 NaOH 溶液常用的基准物是（　）。

A. 无水碳酸钠　　B. 硼砂

C. ZnO　　D. 邻苯二甲酸氢钾

4. 欲配制 pH＝5 的缓冲溶液应选用（　）。

A. $HCOOH(K_a=5.6\times10^{-5})$-HCOONa

B. 10^{-5} mol/L HCl

C. $HAc(K_a=1.8\times10^{-5})$-NaAc

D. $NH_3(K_b=1.8\times10^{-5})$-$NH_4Cl$

5. 标定酸用的基准物如 $NaHCO_3$、Na_2CO_3、$KHCO_3$ 均应在（　）干燥并恒重。

A. 90～105℃　　B. 110～115℃

C. 250～270℃　　D. 270～300℃

6. 硼砂（$Na_2B_4O_7 \cdot 10H_2O$）作为基准物质用于标定HCl溶液的浓度，若事先将其置于有干燥剂的干燥器中，将导致所标定的HCl的浓度（　　）。

A. 偏高　　B. 偏低　　C. 无影响　　D. 不能确定

7. 标定氢氧化钠标准溶液不能选用的试剂有（　　）。

A. 邻苯二甲酸氢钾　　B. 草酸

C. 标准盐酸溶液　　D. 硼砂

8. 标定氢氧化钠溶液使用的基准物邻苯二甲酸氢钾需在（　　）干燥并恒重。

A. 90～105℃　　B. 105～110℃

C. 100～105℃　　D. 110～115℃

9. 物质的量浓度相同的下列物质的水溶液，其pH最大的是（　　）。

A. NaCl　　B. NH_4Cl

C. NH_4Ac　　D. Na_2CO_3

10. 将pH＝13.0的NaOH溶液与pH＝1.0的HCl溶液以等体积混合，混合后的溶液pH为（　　）。

A. 12.0　　B. 10.0　　C. 7.0　　D. 6.5

11. 将pH＝5.0和pH＝3.0的两种强酸溶液等体积混合，混合后溶液的pH为（　　）。

A. 1.3　　B. 1.5　　C. 2.5　　D. 3.3

12. 某酸碱指示剂的$K_{HIn}=1.0\times10^{-5}$，从理论上推算，其变色范围pH是（　　）。

A. 4～5　　B. 5～6　　C. 4～6　　D. 5～7

13. 下列物质中，不可以作为缓冲溶液的是（　　）。

A. 氨水-氯化铵溶液　　B. 醋酸-醋酸钠溶液

C. 碳酸氢钠溶液　　D. 醋酸-氯化钠溶液

14. NH_4^+ 的 $K_a=10^{-9.26}$，则0.1mol/L NH_3水溶液的pH为

(　　)。

A. 9.26　　B. 11.13　　C. 4.74　　D. 2.87

15. 用 0.1000mol/L HCl 滴定 Na_2CO_3 至第一化学计量点，体系的 pH（　　）。

A. >7　　B. <7　　C. 约等于 7　　D. 难以判断

16. 以甲基橙为指示剂，能用 NaOH 标准溶液直接滴定的酸是（　　）。

A. $H_2C_2O_4$　　B. HAc　　C. HCOOH　　D. H_3PO_4

17. 用 HCl 滴定 Na_2CO_3 的第一、二个化学计量点可用的两种指示剂是（　　）。

A. 甲基红和甲基橙　　B. 酚酞和甲基橙

C. 甲基橙和酚酞　　D. 酚酞和甲基红

18. 有一碱液，可能是 NaOH、$NaHCO_3$ 或 Na_2CO_3，或它们的混合物，用盐酸标准溶液滴定至酚酞终点时，耗去盐酸的体积为 V_1，继续以甲基橙为指示剂，又耗去盐酸的体积为 V_2，且 $V_1 < V_2$，则此碱液为（　　）。

A. Na_2CO_3　　B. $NaHCO_3$

C. NaOH　　D. $NaHCO_3 + Na_2CO_3$

19. 下列有关指示剂变色点的叙述正确的是（　　）。

A. 指示剂的变色点就是滴定反应的化学计量点

B. 指示剂的变色点随反应的不同而改变

C. 指示剂的变色点与指示剂的本质有关，其 pH 等于其 pK_a

D. 指示剂的变色点一般是不确定的

20. 用 0.1000mol/L NaOH 滴定含有 0.10mol/L NH_4Cl 和 0.1000mol/L HCl 混合溶液中的 HCl，宜采用的指示剂为（　　）。

A. 甲基橙　　B. 百里酚酞　　C. 酚酞　　D. 二甲酚橙

21. 以 NaOH 滴定 H_3PO_4（$K_{a1} = 7.5 \times 10^{-3}$，$K_{a2} = 6.2 \times 10^{-8}$，$K_{a3} = 5 \times 10^{-13}$）至生成 NaH_2PO_4 时溶液的 pH 为（　　）。

A. 2.3　　B. 2.6　　C. 3.6　　D. 4.7

三、判断题

1. 标定盐酸用的硼砂在使用前必须在 270～300℃干燥。（　）

2. 标定碱或高锰酸钾的基准物二水合草酸应在 105～110℃干燥。（　）

3. 酸碱滴定法测定有机弱碱，当碱性很弱（$K_b<10^{-8}$）时可采用非水溶剂。（　）

4. 用酸碱滴定法测定工业醋酸中的乙酸含量，应选择的指示剂是酚酞。（　）

5. 酸碱滴定中有时需要用颜色变化明显或变色范围较窄的指示剂即混合指示剂。（　）

6. 盐酸标准滴定溶液可用精制的草酸标定。（　）

7. 在纯水中加入一些酸，则溶液中的 $c(OH^-)$ 与 $c(H^+)$ 的乘积增大了。（　）

8. $H_2C_2O_4$ 的两步离解常数为 $K_{a1}=5.6\times10^{-2}$，$K_{a2}=5.1\times10^{-5}$，因此不能分步滴定。（　）

9. 双指示剂法测定混合碱含量，已知试样消耗标准滴定溶液盐酸的体积 $V_1>V_2$，则混合碱的组成为 Na_2CO_3+NaOH。（　）

10. 强酸滴定弱碱达到化学计量点时 pH>7。（　）

11. 已知在一定温度下，HAc 的 $K_a=1.8\times10^{-5}$，则 0.1mol/L HAc 溶液的 pH 为 2.54。（　）

12. NaAc 溶解于水中，溶液的 pH 大于 7。（　）

13. 双指示剂法测混合碱的特点是变色范围窄、变色敏锐。（　）

14. 酸碱溶液浓度越小，滴定曲线化学计量点附近的滴定突跃越长，可供选择的指示剂越多。（　）

15. 强酸滴定弱碱时，只有当 $cK_b\geqslant10^{-8}$，此弱碱才能用标准酸溶液直接目视滴定。（　）

四、问答题

1. 溶液酸度和酸的总浓度是否是同一个概念？有何区别？

2. 一元弱酸、弱碱溶液的 pH 如何计算？

3. 缓冲溶液为什么具有稳定 pH 的作用？怎样选用酸性或碱性的缓冲溶液？

4. 在常温下，酚酞、甲基橙的 pH 变色范围各为多少？

5. 混合指示剂对提高酸碱滴定的准确度有何益处？

6. 选择酸碱指示剂的基本原则是什么？举例说明。

7. 有一种溶液，滴入甲基橙时溶液显黄色，滴入酚酞时呈无色，该溶液的 pH 范围是多少？

8. 用 HCl 滴定 NH_3 的合适的指示剂是什么？用 NaOH 滴定 HAc 的合适的指示剂是什么？

9. 怎样判断酸或碱溶液是否能采用直接滴定方式来测定？

10. 何种情况需采用反滴定和间接滴定的方式来测定待测物质？

11. 什么是酸碱滴定曲线？如何测绘？

12. 什么是双指示剂法？有哪些实际应用？

13. 如何配制和标定 0.1mol/L NaOH 标准滴定溶液？

14. 如何配制和标定 0.5mol/L HCl 标准滴定溶液？

15. 如何制备无 CO_2 的蒸馏水？有何应用？

五、计算题

1. 求下列溶液的 pH

（1）0.0020mol/L 的 H_2SO_4 溶液；

（2）0.020mol/L 的 $Ba(OH)_2$ 溶液；

（3）0.010mol/L 的 HAc 溶液；

（4）0.010mol/L 的氨水溶液；

（5）0.200mol/L 的氯化铵溶液；

（6）50mL 0.30mol/L HAc 与 25mL 0.20mol/L NaOH 混合后的溶液；

（7）150mL 0.10mol/L NH_3 溶液与 50mL 0.10mol/L HCl 溶液混合后的溶液；

（8）0.10mol/L 的 HAc 和 0.1mol/L 的 NaAc 等体积混合的溶液；

(9) 0.10mol/L 的氨水和 0.010mol/L 的 NH_4Cl 等体积混合的溶液。

2. 计算 $c(HAc)=0.10mol/L$ HAc 溶液的 pH，若将此溶液稀释一倍，计算稀释后溶液的 pH。

3. 欲配制缓冲溶液 1.0L，需加 NH_4Cl 多少克才能使 350mL 浓氨水（15mol/L）的 pH 为 10.0？

4. 实验室需要配制 pH=5.0 缓冲溶液 500mL，已取 6mol/L HAc 溶液 34mL，需加入 $CH_3COONa \cdot 3H_2O$ 多少克？

5. 已知 $NH_3 \cdot H_2O$ 的 $pK_b=4.74$，如将它与 NH_4Cl 配制成缓冲溶液，其缓冲范围是多少？

6. 三个烧杯中分别盛有 100mL 0.30mol/L HAc 溶液，欲分别调节 pH 至 4.50、5.00 及 5.50，问应分别加入 2.0mol/L 的 NaOH 溶液多少毫升？

7. 标定下列溶液浓度时，设消耗滴定剂约为 35mL，计算基准物质应称多少克？

(1) 用 Na_2CO_3 标定 0.10mol/L HCl 溶液；

(2) 用 $Na_2B_4O_7 \cdot 10H_2O$ 标定 0.080mol/L HCl 溶液；

(3) 用 $H_2C_2O_4 \cdot 2H_2O$ 标定 0.15mol/L NaOH 溶液。

8. 某弱酸型指示剂在 pH=4.5 的溶液中呈现蓝色，在 pH=6.5 的溶液中呈现黄色，这个指示剂的离解常数约为多少？

9. 计算以 0.5000mol/L HCl 溶液滴定 20.00mL 0.5000mol/L $NH_3 \cdot H_2O$ 溶液时，滴定过程中各阶段的 pH，画出滴定曲线，确定其等当点及突跃范围，并说明何种指示剂适用。

10. 以 0.1000mol/L NaOH 溶液滴定 20.00mL 0.1000mol/L HAc 溶液，计算滴定前、化学计量点、pH 突跃范围的 pH，采用何种指示剂？

11. 试判断 $c=1.0mol/L$ 的（1）甲酸；（2）氨水；（3）氢氰酸；（4）NaF；（5）NaAc 能否用酸碱滴定法直接滴定？

12. 称取 0.4830g $Na_2B_4O_7 \cdot 10H_2O$ 基准物，标定 H_2SO_4 溶液

的浓度，以甲基红作指示剂，消耗 H_2SO_4 溶液 20.84mL，求 $c\left(\frac{1}{2}H_2SO_4\right)$ 和 $c(H_2SO_4)$。

13. 称取工业品碳酸钠 0.9753g，用水溶解，以 $c\left(\frac{1}{2}H_2SO_4\right)=$ 0.5000mol/L 的硫酸标准溶液滴定，以甲基橙为指示剂，滴定至终点，消耗硫酸标准溶液 35.00mL，计算碳酸钠的纯度。

14. 用酸碱滴定法测定工业硫酸的含量。称取硫酸试样 7.6521g，配成 250mL 的溶液，移取 25mL 该溶液，以甲基橙为指示剂，用浓度为 0.7500mol/L 的 NaOH 标准滴定溶液滴定，到终点时消耗 NaOH 标准滴定溶液 20.00mL，试计算该工业样品中硫酸的质量分数。

15. 某混合碱试样可能含有 NaOH、Na_2CO_3、$NaHCO_3$ 中的一种或两种。称取该试样 0.6839g，用酚酞为指示剂，滴定用去 0.2000mol/L 的 HCl 标准滴定溶液 23.10mL；再加入甲基橙指示液，继续以同一 HCl 标准滴定溶液滴定，一共用去 HCl 溶液 49.91mL。试判断混合碱试样的组成及各组分的含量。

16. 把 1.000g 原油中的硫转化成 SO_3，用 50.00mL 0.01000mol/L NaOH 溶液吸收，其过量未作用的 NaOH 用 0.01400mol/L HCl 溶液滴定，耗用 22.65mL，计算原油中 S 的质量分数。

技能测试

一、测试项目　0.1mol/L 氢氧化钠标准滴定溶液的标定

1. 测试要求

本次测试在 2h 内完成，并递交完整报告。

2. 操作步骤（参照 GB/T 601—2002）

称取 0.75g 于 105～110℃ 电烘箱中干燥至恒重的工作基准试剂邻苯二甲酸氢钾，加 50mL 无二氧化碳的水溶解，加 2 滴酚酞指

示液（10g/L），用待标定的氢氧化钠溶液滴定至溶液呈粉红色，并保持30s；同时做空白试验。平行标定4次，计算标定结果和极差，完成报告。

二、技能评分

<table>
<tr><th>细目</th><th>评分要素</th><th>分值</th><th>说明</th><th>扣分</th><th>得分</th></tr>
<tr><td rowspan="4">天平称量（14分）</td><td>天平检查(水平、清扫、调零)</td><td>2</td><td rowspan="2">按机械加码天平考核标准进行，不符合要求的每小项扣1分，重称扣4分</td><td></td><td></td></tr>
<tr><td>天平称量(预称、天平开关动作、取放物品、读数)</td><td>6</td><td></td><td></td></tr>
<tr><td>称量时间(4min一个样)</td><td>4</td><td>每超过1min扣1分</td><td></td><td></td></tr>
<tr><td>称量范围在规定量±10%</td><td>2</td><td>每超出10%扣1分</td><td></td><td></td></tr>
<tr><td rowspan="14">滴定管使用操作（22分）</td><td>滴定管试漏</td><td>1</td><td rowspan="6">按滴定管使用规范评分，出现1次错误扣1分</td><td></td><td></td></tr>
<tr><td>滴定管洗涤方法正确</td><td>1</td><td></td><td></td></tr>
<tr><td>润洗方法(润洗三次)</td><td>1</td><td></td><td></td></tr>
<tr><td>装液后赶气泡</td><td>1</td><td></td><td></td></tr>
<tr><td>调零方法正确(液面、静止)</td><td>1</td><td></td><td></td></tr>
<tr><td>滴定管尖残液处理</td><td>1</td><td></td><td></td></tr>
<tr><td>滴定速度6～8mL/min</td><td>2</td><td rowspan="4">不符合标准扣2分</td><td></td><td></td></tr>
<tr><td>滴定操作正确、熟练</td><td>2</td><td></td><td></td></tr>
<tr><td>滴定与摇瓶操作配合默契</td><td>2</td><td></td><td></td></tr>
<tr><td>终点控制(半滴控制技术)</td><td>2</td><td></td><td></td></tr>
<tr><td>滴定过程是否溅失溶液</td><td>3</td><td rowspan="2">溅失溶液和滴定终点判断不准每次扣3分</td><td></td><td></td></tr>
<tr><td>终点判断正确</td><td>3</td><td></td><td></td></tr>
<tr><td>读数前放置1～2min</td><td>1</td><td rowspan="2">按读数标准评分，不符合标准扣1分</td><td></td><td></td></tr>
<tr><td>读数方法</td><td>1</td><td></td><td></td></tr>
<tr><td rowspan="4">文明操作（8分）</td><td>实验过程台面整洁有序</td><td>2</td><td>脏乱扣2分</td><td></td><td></td></tr>
<tr><td>废液、纸屑等按规定处理</td><td>2</td><td>乱扔乱倒扣2分</td><td></td><td></td></tr>
<tr><td>实验后清理台面及试剂架</td><td>2</td><td>未清理扣2分</td><td></td><td></td></tr>
<tr><td>实验后试剂、仪器放回原处</td><td>2</td><td>未放原处扣2分</td><td></td><td></td></tr>
</table>

续表

细目	评分要素	分值	说明	扣分	得分
记录、数据处理和报告(20分)	原始记录完整、规范、无涂改	2	不符合要求每处扣1分,最多扣4分		
	使用法定计量单位	1			
	使用仿宋字	1			
	有效数字运算符合规则	2	不符合每处扣1分		
	计算方法(公式、校正值)	6	不正确每处扣2分		
	报告(完整、明确、清晰)规范	3	不规范每处扣1分		
	报告项目齐全	2	每缺一项扣1分		
	数字计算正确	3	不正确扣3分		
结果评价(30分)	结果精密度(极差/平均值)	20	<0.2%		
		16	0.2%～0.4%		
		12	0.4%～0.6%		
		8	0.6%～0.8%		
		4	0.8%～1.2%		
		0	>1.2%		
	结果准确度(相对误差)	10	<0.2%		
		8	0.2%～0.4%		
		6	0.4%～0.6%		
		4	0.6%～0.8%		
		2	0.8%～1.2%		
测试时间(6分)	开始时间	6	考核时间120min,每超过5min扣1分		
	结束时间				
	测试时间				
总分		100			

第四章　配位滴定法

内容提要

配位滴定是利用生成稳定配合物的滴定分析法，主要用于测定金属离子或与金属离子定量反应的物质。常用的配位剂是 EDTA。学习本章，要了解 EDTA 和金属离子配位反应的特点；理解酸度对配位滴定的影响，会使用酸效应曲线选择滴定的酸度条件；了解金属离子指示剂的作用原理和常用的指示剂；掌握配位滴定方式、操作技术和有关计算。

一、EDTA 的酸效应

1. EDTA 配位反应特点

乙二胺四乙酸（H_4Y）及其二钠盐（$Na_2H_2Y \cdot 2H_2O$），简称 EDTA，是目前应用最为广泛的配位剂。

EDTA 配位反应具有以下特点：①能与大多数金属离子形成稳定性强的配合物；②EDTA 与大多数金属离子以 1∶1 的配位比反应，化学计量关系简单；③配位反应速率快；④滴定终点易于判断。

2. EDTA 配位反应的离解平衡

若以 M 代表金属离子，Y 代表 EDTA，配位反应通常可表示为

$$M+Y \longrightarrow MY$$

反应达到平衡时配合物的稳定常数为

$$K_{MY}=\frac{[MY]}{[M][Y]} \tag{4-1}$$

与 EDTA 发生配位反应的金属离子电荷数越高，离子半径越

大，电子层结构越复杂，形成配合物的稳定常数越大，越有利于滴定反应的进行。EDTA 与一些金属离子配合物的稳定常数可在相应的常数表中查得。

3. 酸度对配位滴定影响

（1）酸效应　EDTA 是多元弱酸，存在多级电离。当酸度很强时，EDTA 转变为六元酸，能以 H_6Y^{2+}、H_5Y^{+}、H_4Y、H_3Y^{-}、H_2Y^{2-}、HY^{3-}、Y^{4-} 七种形式存在，但其中只有 Y^{4-} 能与金属离子直接配位，而 Y^{4-} 的浓度决定于溶液的酸度。溶液的酸度越弱（pH 越大），Y^{4-} 与 H^{+} 的结合越少，EDTA 以 Y^{4-} 的形式存在的越多，EDTA 的配位能力越强。这种由于 H^{+} 与 Y^{-} 之间的副反应，使 EDTA 参加主反应的能力下降的现象称为酸效应。

（2）酸效应曲线　酸效应越严重，EDTA 配位滴定的准确度越差。要保证金属离子被准确滴定，溶液的酸度就必须有一个最高限值（最低 pH），使酸效应控制在较小。根据有关公式可以算出，不同的金属离子用 EDTA 滴定时所允许的最低 pH。以金属离子的 $\lg K_{MY}$ 值作横坐标，以其滴定所允许的最低 pH 作纵坐标，绘制成曲线显示不同的金属离子滴定所允许的最低 pH，即为酸效应曲线。酸效应曲线的应用如下。

① 选择滴定某种金属离子的酸度条件。从曲线上直接可以查得各种金属离子配位滴定所要求的最低 pH。

② 判断某一金属离子在配位滴定中可能存在的干扰离子情况。位于酸效应曲线上某金属离子 M 下面的金属离子，其 $\lg K_{MY}$ 更大，形成的配合物更稳定，会对 M 的测定产生干扰；曲线上位于 M 离子上方的金属离子 N，当 $\lg K_{MY}-\lg K_{NY}<5$ 时，N 会干扰 M 的测定。

③ 选择多种金属离子在同一溶液中进行连续配位滴定的酸度条件。若溶液中两种金属离子 M 和 N，浓度相近，且 $\lg K_{MY}-\lg K_{NY}\geqslant 5$ 时，可通过控制酸度条件，先滴定离子 M，再调整酸度滴定离子 N。同理可在同一溶液中进行多种金属离子的顺次滴定。

二、金属离子指示剂

1. 变色过程

金属离子指示剂多是有机染料（In），也是金属离子的一种配位剂。滴定前，待测金属离子（M）先与加入的少量指示剂反应显B色：

$$\underset{\text{(A色)}}{\mathrm{M} + \mathrm{In}} \rightleftharpoons \underset{\text{(B色)}}{\mathrm{MIn}}$$

在滴定至化学计量点前，加入的EDTA与未和指示剂反应的游离金属离子发生配位反应，使溶液中的游离金属离子的浓度不断下降。当反应将达计量点时，游离的金属离子已消耗殆尽，再滴入的EDTA就会夺取MIn中的金属离子，释放出指示剂，溶液由B色变为A色，表示终点到达：

$$\underset{\text{(B色)}}{\mathrm{MIn}} + \mathrm{Y} \rightleftharpoons \mathrm{MY} + \underset{\text{(A色)}}{\mathrm{In}}$$

2. 必须具备的条件

① 指示剂本身的颜色同与金属离子形成的配合物的颜色有明显区别。

② 形成配合物的稳定性要小于金属离子与EDTA形成配合物的稳定性，但稳定性不能太差，否则终点提前到达。一般，金属离子-指示剂配合物的稳定性比金属离子-滴定剂配合物的稳定性低10～100倍。

③ 金属指示剂应易溶于水。

3. 封闭与僵化现象

(1) 指示剂的封闭　当指示剂与金属离子形成的配合物过于稳定，以致到达化学计量点时，指示剂没有被释放出来，溶液颜色变化不明显。这种封闭现象若是由溶液中其他金属离子造成的，可加入少量掩蔽剂消除其干扰；若是由被测离子本身造成的，可加入过量EDTA，再用返滴定法测定。

(2) 指示剂的僵化　当指示剂-金属离子配合物在水中的溶解度小，使EDTA与指示剂-金属离子配合物的置换作用缓慢，终点颜色变化不明显。消除这种僵化现象可加入适当的有机溶剂或加热，以增大配合物的溶解度。

三、配位滴定方式和应用

1. 测定单组分的滴定方式

(1) 直接滴定法　待测溶液经过调节酸度，加入指示剂，有时还需加入掩蔽剂等辅助试剂之后，直接用 EDTA 标准溶液滴定。能采用直接滴定的金属离子可在相关参考书中查得。

(2) 返滴定法　先定量加入过量的 EDTA 标准溶液，与待测离子完全反应，剩余的 EDTA 用另一种金属离子的标准溶液滴定，根据两种标准溶液物质的量之差计算待测离子物质的量。

(3) 置换滴定法　在待测液中加入另一种金属的配合物或者用 EDTA 滴定后再加入另一种配位剂，与待测离子或与所形成的配合物之间发生置换反应，置换出等物质的量的另一种金属离子或 EDTA，然后对它们进行滴定，并由滴定数据计算出相应待测物的量。

(4) 间接滴定法　待测离子经过某些化学反应定量转化，反应产物可由 EDTA 标准溶液滴定，并由此间接求出待测离子的量。以上几种滴定方式的适用情况见表 4-1。

表 4-1　EDTA 各种滴定方式的适用情况

滴定方式	适用情况	测定举例
直接滴定法	配位反应符合滴定要求	Mg^{2+}、Pb^{2+}等多数金属离子
返滴定法	配位反应缓慢；直接滴定时发生水解；对指示剂有封闭；无合适指示剂	Al^{3+}、Cr^{3+}等
置换滴定法	金属离子与 EDTA 形成的配合物不稳定；干扰离子与 EDTA 形成配合物；缺乏变色敏锐的指示剂	Ag^{+}、Ba^{2+}、Sr^{2+}等
间接滴定法	不能与 EDTA 形成配合物；与 EDTA 形成的配合物不稳定	PO_4^{3-}、SO_4^{2-}等

2. 多组分含量测定

(1) 控制酸度分步滴定　在酸效应曲线上，一种离子由开始部分被配位到全部定量配位的过渡，大约相当于 5 个 lg$K$ 单位。如图 4-1 所示，A、N、E、M、B 为酸效应曲线上的点，N 与 E 在横坐标上相差 5 个 lg$K$ 单位，当 pH=G 时，EB 线上的金属离子可以定量配位反应，EN 线上的金属离子部分配位反应，AN 线上的金属离子不能发生配位反应。

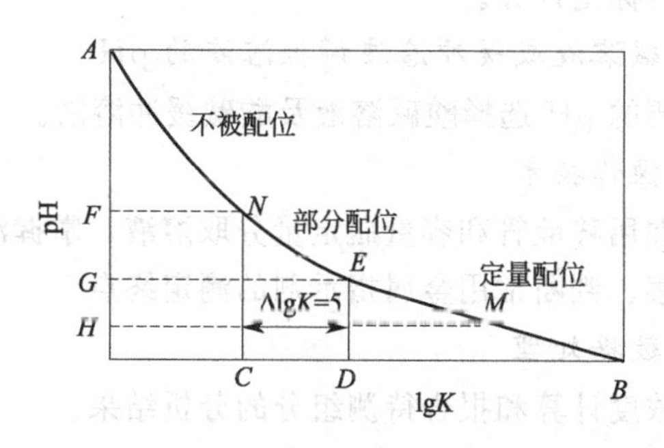

图 4-1　滴定 M 离子和 N 离子的酸度条件分析

当两种离子浓度相近，若其配合物 Δlg$K \geqslant 5$ 时，通过控制酸度可以分别对下方的 M 离子和上方 N 离子进行分步滴定，其步骤如下。

① 控制 pH 在 H 点和 G 点之间滴定 M 金属离子。H 点的 pH 是滴定 M 金属离子的最低 pH 条件，低于此值则 M 的配位反应不完全；G 点是滴定 M 金属离子的最高 pH 条件，高于此点则 N 离子也会发生配位反应，要干扰 M 离子的测定。

② 滴定 M 离子后，控制 pH 高于 F 点，F 点的 pH 是滴定 N 金属离子的最低 pH 条件，低于此值则 N 离子不能配位完全。

因而，当有数种离子共存时，可利用控制溶液酸度的方法，进行选择滴定或连续滴定。先控制酸度使下方金属离子滴定后，再调整酸度滴定上方金属离了。

(2) 利用掩蔽剂消除干扰　当 $\lg K_{MY} - \lg K_{NY} < 5$，甚至 $\lg K_{MY} < \lg K_{NY}$时，欲消除 N 离子的干扰、准确滴定 M 离子需要加入掩蔽剂，让 N 离子与掩蔽剂生成稳定的配合物，而不干扰 M 离子的测定。待 M 离子滴定后，加入解蔽剂释放 N 离子，再进行

N 离子的滴定。

四、技能训练环节

1. 直接法和间接法配制标准溶液的操作与计算

配制金属离子标准溶液（例如锌标准溶液）和 EDTA 标准溶液，进行溶液标定计算。

2. 用酸碱溶液或缓冲溶液调控溶液的 pH

根据需要的 pH 选择酸碱溶液及酸碱缓冲溶液。

3. 滴定操作技术

熟练掌握用移液管和容量瓶定量分取溶液，掌握滴定管的使用和控制，观察、判断常用金属指示剂的滴定终点。

4. 分析数据处理

以质量浓度计算和报告待测组分的分析结果。

例题解析

【例 4-1】 现有 EDTA 标准滴定溶液的浓度为 0.1000mol/L。计算该溶液 1.00mL 相当于多少毫克 Al_2O_3？

解题思路 EDTA 与 Al^{3+} 配位反应计量关系为 1∶1，Al_2O_3 的基本单元是 $\frac{1}{2}Al_2O_3$。

解

$$m(Al_2O_3)=c(EDTA)V(EDTA)M\left(\frac{1}{2}Al_2O_3\right)$$

$$=0.1000\times 1.00\times 50.98$$

$$=5.098\ (mg)$$

【例 4-2】 欲连续滴定溶液中 Fe^{3+}、Al^{3+}、Ca^{2+} 的含量，试利用 EDTA 的酸效应曲线拟定滴定的酸度条件（pH）和步骤。

解题思路 首先按 $\lg K_{MY}-\lg K_{NY}\geqslant 5$ 的规律确定滴定每个离子的酸度范围，然后控制酸度分别滴定。

解 查出各配合物的稳定常数，在酸效应曲线上找出滴定每个离子的最高允许酸度（最低 pH）：

$\lg K_{FeY}=25.10$，对应 pH=1.0

$\lg K_{AlY}=16.10$，对应 pH=4.1

$\lg K_{CaY}=10.69$，对应 pH=7.6

计算 $\lg K$（相邻干扰离子）+5，再从酸效应曲线上查出最低允许酸度（最高 pH），从而确定滴定各个离子的酸度范围。

$\lg K_{AlY}+5=21.1$，对应 pH=2.2

$\lg K_{CaY}+5=15.69$，对应 pH=4.6

滴定步骤：①先控制 pH 为 1.0～2.2 的范围滴定 Fe^{3+}；②再控制 pH 为 4.1～4.6 的范围滴定 Al^{3+}；③最后在 pH>7.6 的酸度条件滴定 Ca^{2+}。

【例 4-3】 欲用 EDTA 滴定含 Bi^{3+}、Pb^{2+}、Al^{3+} 和 Mg^{2+} 溶液中 Pb^{2+} 含量，问其他三种离子是否有干扰？拟出测定的简要方案。

解题思路 先从酸效应曲线查看是否有干扰，再提出消除干扰的方法

解 在酸效应曲线上位于 Pb^{2+} 下方的离子和位于上方但与 Pb^{2+} 相比 $\Delta\lg K<5$ 的离子对其测定都有干扰。

（1）Bi^{3+} Bi^{3+} 位于 Pb^{2+} 下方，测定 Pb^{2+} 的最低 pH=3.3，此时 Bi^{3+} 也满足滴定条件，干扰测定。由于铅与铋的 $\Delta\lg K>5$，可以采用连续滴定法，在滴定 Pb^{2+} 之前，先进行 Bi^{3+} 的滴定，从而去除它的干扰。滴定 Bi^{3+} 的最低 pH=0.7，$\lg K_{PbY}+5=23.04$，对应 pH=1.6，所以可在 pH=0.7～1.6 滴定 Bi^{3+} 后，在 pH>3.3 滴定 Pb^{2+}。

（2）Al^{3+} 位于 Pb^{2+} 上方，与 Pb^{2+} 比较 $\Delta\lg K<5$，滴定 Pb^{2+} 时 Al^{3+} 也部分配位，产生干扰，应加入掩蔽剂消除其干扰。

（3）Mg^{2+} 位于 Pb^{2+} 上方。$\lg K_{MgY}+5=8.7+5=13.7$，此点相当于 pH=5.5，说明在 pH<5.5 时，Mg^{2+} 不干扰 Pb^{2+} 的测定。

结论：控制 pH 在 1 左右滴定 Bi^{3+}，加入适当量掩蔽剂掩蔽 Al^{3+}，调节 pH=3.3～5.5，滴定 Pb^{2+}，此时 Mg^{2+} 不干扰 Pb^{2+}

的测定。

【例 4-4】 测定某装置冷却用水中钙镁总量时，吸取水样 100mL，以铬黑 T 为指示剂，在 pH = 10，用 c(EDTA) = 0.0200mol/L 标准滴定溶液滴定，到终点时消耗了 5.26mL。求以 $CaCO_3$(g/L) 表示的钙镁总量？

解题思路 消耗 EDTA 的物质的量与钙镁离子总物质的量相等，并将其换算成 $CaCO_3$ 的质量浓度。

解 根据质量浓度定义和相关公式

$$\rho=\frac{m}{V_{样}}=\frac{c(\mathrm{EDTA})V(\mathrm{EDTA})M(\mathrm{CaCO_3})}{V_{样}}$$

$$=\frac{0.0200\times5.26\times10^{-3}\times100.09}{100\times10^{-3}}$$

$$=0.1053\ (\mathrm{g/L})$$

【例 4-5】 称取 0.1005g 纯 $CaCO_3$，溶解后，用容量瓶配成 100mL 溶液，用移液管吸取 25mL，在 pH＞12 时，加入钙指示剂，用 EDTA 标准滴定溶液滴定，用去 24.90mL。试计算 EDTA 标准滴定溶液的准确浓度。

解题思路 用 Ca^{2+} 溶液标定 EDTA，25mL 中含有的 Ca^{2+} 的物质的量与消耗 EDTA 物质的量相等。

解

$$c(\mathrm{EDTA})=\frac{n(\mathrm{EDTA})}{V(\mathrm{EDTA})}=\frac{\dfrac{m(\mathrm{CaCO_3})}{M(\mathrm{CaCO_3})}\times稀释倍数}{V(\mathrm{EDTA})}$$

$$=\frac{\dfrac{0.1005}{100.09}\times\dfrac{25}{100}}{24.90\times10^{-3}}$$

$$=0.01008\ (\mathrm{mol/L})$$

【例 4-6】 测定无机盐中 SO_4^{2-}，取样品 3.000g，溶解于水并稀释至 250.0mL，取其 25.00mL，加入 0.05000mol/L $BaCl_2$ 溶液 25.00mL，加热沉淀完全后，用 0.02000mol/L EDTA 滴定未反应的 Ba^{2+}，用去 17.15mL。计算该无机盐中 SO_4^{2-} 的含量。

解题思路 间接滴定问题，将 SO_4^{2-} 的测定转化为测定 Ba^{2+}。加入 $BaCl_2$ 物质的量与滴定所用 EDTA 物质的量之差，即为试液中 SO_4^{2-} 物质的量。

解 由质量分数定义和相关公式

$$w(SO_4^{2-})=\frac{n(SO_4^{2-})M(SO_4^{2-})}{m_{样品}}$$

$$=\frac{[c(BaCl_2)V(BaCl_2)-c(EDTA)V(EDTA)]M(SO_4^{2-})}{m_{总}\times 稀释倍数}$$

$$=\frac{(0.05000\times 25.00\times 10^{-3}-0.02000\times 17.15\times 10^{-3})\times 96.054}{3.000\times \frac{25.00}{250.0}}$$

$$=0.2904$$

【例 4-7】 称取不纯氯化钡试样 0.2000g，溶解后加入 40.00mL 浓度为 0.1000mol/L 的 EDTA 标准滴定溶液，待反应完全后，再以 NH_3-NH_4Cl 缓冲溶液调节至 pH=10，以铬黑 T 为指示剂，用 0.1000mol/L 的 $MgSO_4$ 标准滴定溶液滴定过量的 EDTA，用去 31.00mL。求试样中 $BaCl_2$ 的质量分数。

解题思路 返滴定问题，$BaCl_2$ 的物质的量等于加入 EDTA 物质的量减去滴定消耗 $MgSO_4$ 的物质的量。

解 由质量分数定义和相关公式

$$w(BaCl_2)=\frac{m(BaCl_2)}{m_{样品}}=\frac{n(BaCl_2)M(BaCl_2)}{m_{样品}}$$

$$=\frac{[c(EDTA)V(EDTA)-c(MgSO_4)V(MgSO_4)]M(BaCl_2)}{m_{样品}}$$

$$=\frac{(0.1000\times 40.00\times 10^{-3}-0.1000\times 31.00\times 10^{-3})\times 208.24}{0.2000}$$

—0.9371

【例 4-8】 测定氯化汞（$HgCl_2$）含量时，准确称取试样 0.1538g，溶于 75mL 蒸馏水中，加 10mL $NH_3\cdot H_2O$-NH_4Cl 缓冲溶液（pH=10），25mL EDTA-Mg 溶液，摇匀，放置 2min，加 5 滴 0.5%铬黑 T 指示剂，用 0.02046mol/L EDTA 标准溶液滴定，

近终点时用力振摇，继续滴定至溶液由紫红色变为纯蓝色，用去 EDTA 溶液 27.56mL。问试样中氯化汞的质量分数为多少？

解题思路 置换滴定问题，Hg^{2+} 将 EDTA-Mg 溶液中的 Mg 定量置换出来，测定 Mg 所消耗的 EDTA 物质的量等于试样中含有 Hg^{2+} 的物质的量。

解

$$w(HgCl_2)=\frac{m(HgCl_2)}{m_{样品}}=\frac{n(HgCl_2)M(HgCl_2)}{m_{样品}}$$

$$=\frac{c(EDTA)V(EDTA)M(HgCl_2)}{m_{样品}}$$

$$=\frac{0.02046\times27.56\times10^{-3}\times271.50}{0.1538}\times100\%$$

$$=99.54\%$$

【例 4-9】 解读 0.02mol/L EDTA 溶液的配制和标定规程。规程如下。

1. 0.02mol/L EDTA 溶液的配制

称取 4g 乙二胺四乙酸二钠，溶于 300mL 水中，可适当加热溶解。冷却后转移到试剂瓶中，用水稀释至 500mL，摇匀。

2. 0.02mol/L EDTA 溶液的标定

称取基准氧化锌 0.4g（精确至 0.0001g），用少许水润湿，滴加盐酸溶液（1+1）至样品溶解，移入 250mL 容量瓶中，加水稀释至刻度，摇匀。

用移液管吸取 35.00mL 锌标准溶液于 250mL 锥形瓶中，加 70mL 水，加入氨水溶液（10%）至 pH=7～8，然后加入 10mL NH_3-NH_4Cl 缓冲溶液，加 5 滴铬黑 T 指示液，用配制的 EDTA 溶液滴定至溶液由紫红色变为纯蓝色为终点。同时作空白试验。

试回答问题：(1) EDTA 溶液的配制中称取 4g 乙二胺四乙酸二钠，是否需要精确称量？用何种天平称取？溶解时为什么适当加热？冷却后转移到试剂瓶时需要定量转移吗？洗瓶水也要移入吗？

(2) EDTA 溶液的标定为何称取基准氧化锌 0.4g（精确至 0.0001g)？用何种天平称取？移入 250mL 容量瓶时，洗瓶水也需要移入吗？

（3）滴定前加入 70mL 水，需要精确加入吗？用什么玻璃量器加入？

（4）加入 10mL NH_3-NH_4Cl 缓冲溶液后，溶液 pH 是多少？

（5）为何要作空白试验？

（6）EDTA 与锌配位反应的配位比是多少？写出计算 EDTA 溶液浓度的公式。

解题思路 利用滴定分析基础知识解读分析规程，根据间接法配制标准溶液的要求来理解各步骤需要的计量精确度。

解 （1）称取 4g 乙二胺四乙酸二钠不需要精确称量，可用托盘天平称取。因为 EDTA 不易溶解，溶解速度缓慢，所以可适当加热。冷却后转移到试剂瓶时不需要定量转移，洗瓶水不需要移入。因为是间接法配制，溶液的准确浓度有待标定。

（2）根据滴定要消耗的 EDTA 溶液为 30～40mL（可取 35mL）计算，EDTA 浓度按 0.02mol/L，考虑到稀释倍数，需称量基准氧化锌的质量为 0.4g。用分析天平或电子天平称取。移入 250mL 容量瓶时需要定量转移，洗瓶水需要移入。因为是用基准物质直接配制标准溶液，需准确配制。

（3）加入 70mL 水，不需要精确加入，用量筒加入即可。

（4）加入 10mL NH_3-NH_4Cl 缓冲溶液后，溶液 pH 值是 10。

（5）作空白试验可以将操作过程中由于加入试剂而引入的试验误差减掉。

（6）EDTA 与锌配位反应的配位比是 1∶1。计算 EDTA 溶液浓度的公式是：

$$c(\mathrm{EDTA})=\frac{m(\mathrm{ZnO})\times 35}{M(\mathrm{ZnO})[V_{试样}(\mathrm{EDTA})-V_{空白}(\mathrm{EDTA})]\times 250}$$

习题荟萃

一、填空题

1. 乙二胺四乙酸是一种____元弱酸，分子式习惯用______表示；通常使用它的二钠盐，分子式用__________表示，习惯上将二者都称作______。

2. EDTA 与大多数金属离子以________的配位比形成配合物。

3. 与 EDTA 发生配位反应的金属离子电荷数越____，离子半径越____，电子层结构越______，形成配合物的________越大。

4. EDTA 在水溶液中能以____________________共______种形式存在，但其中只有______能与金属离子直接配位，而其浓度决定于溶液的________。

5. EDTA 配合物的稳定性与其溶液的酸度有关，酸度越____，稳定性越____。

6. 由酸效应曲线可查得金属离子配位滴定所要求的最____pH，及某离子配位滴定中可能存在的__________情况，还可选择多种金属离子进行连续配位滴定的______条件。

7. 位于酸效应曲线上某金属离子 M 下面的金属离子，其 $\lg K_{MY}$ 更____，形成的配合物更____，对 M 的测定产生干扰。曲线上位于 M 离子上方的金属离子 N，当__________时，N 会干扰 M 的测定。

8. 影响配位滴定的主要因素是生成配合物的________、________和________。

9. 金属离子指示剂多是______，指示剂本身的颜色同与金属离子形成的配合物的颜色________，金属离子-指示剂配合物的稳定性要____金属-滴定剂配合物的稳定性。

10. 指示剂的封闭，若是由溶液中其他金属离子造成的，可加入少量______消除其干扰；若是由被测离子本身造成的，可采用______进行测定。

11. 对于指示剂的僵化现象可加入适当的________或____来消除。

12. 铬黑 T 指示剂适用的 pH 范围是____，指示剂本身颜色是____，配合物颜色是____；二甲酚橙适用的 pH 范围是____，指示剂本身颜色是____，配合物颜色是____；钙指示剂适用的 pH 范围是______，指示剂本身颜色是____，配合物颜色是____。

13. 单组分金属离子含量测定的滴定方式有________滴定、________滴定、________滴定、________滴定。

14. 溶液中若两种金属离子浓度相近，其配合物________时，可通过控制____进行连续滴定；若其配合物________时，需要加入________消除一种离子的干扰才能滴定，然后加入________释放干扰离子，再对其滴定。

15. 用EDTA滴定水中钙镁总量时，以______作为指示剂，溶液的pH必须控制在_____；滴定Ca^{2+}时，以________作为指示剂，溶液的pH应控制____以上。

二、选择题

1. 因溶液中氢离子的存在，使配位体参加主反应能力降低的现象称为（　　）。

A. 同离子效应　　B. 盐效应

C. 酸效应　　D. 共存离子效应

2. EDTA与大多数金属离子是以（　）的化学计量关系生成配位化合物。

A. 1∶5　　B. 1∶4　　C. 1∶2　　D. 1∶1

3. 在配位滴定中，用EDTA直接滴定被测离子的条件包括（　　）。

A. $\lg cK_{MY} \leqslant 8$

B. 溶液中无干扰离子

C. 有变色敏锐无封闭作用的指示剂

D. 反应在酸性溶液中进行

4. EDTA的有效浓度$[Y^{4-}]$与酸度有关，它随着溶液pH增大而（　　）。

A. 增大　　B. 减小　　C. 不变　　D. 先增大后减小

5. 金属指示剂产生僵化现象是因为（　）。

A. 指示剂不稳定　　B. MIn溶解度小

C. $K_{MIn} < K_{MY}$　　D. $K_{MIn} > K_{MY}$

6. 金属指示剂产生封闭现象是因为（　　）。

A. 指示剂不稳定　　B. MIn 溶解度小

C. $K_{MIn} < K_{MY}$　　D. $K_{MIn} > K_{MY}$

7. 配位滴定所用的金属指示剂同时也是一种（　　）。

A. 掩蔽剂　　B. 显色剂

C. 配位剂　　D. 弱酸弱碱

8. 在直接配位滴定法中，到达滴定终点时，一般情况下溶液显示的颜色为（　　）。

A. 被测金属离子与 EDTA 配合物的颜色

B. 被测金属离子与指示剂配合物的颜色

C. 游离指示剂的颜色

D. 金属离子与指示剂配合物和金属离子与 EDTA 配合物的混合色

9. 国家标准规定的标定 EDTA 溶液的基准试剂是（　　）。

A. MgO　B. ZnO　C. Zn 片　D. Cu 片

10. EDTA 滴定法测定水的总硬度是在 pH＝（　　）的缓冲溶液中进行。

A. 7　B. 8　C. 10　D. 12

11. 用 EDTA 测定 SO_4^{2-} 时，应采用的方法是（　　）。

A. 直接滴定　B. 间接滴定　C. 返滴定　D. 连续滴定

12. 已知 $M(ZnO) = 81.38 g/mol$，用它来标定 0.02mol/L 的 EDTA 溶液，宜称取 ZnO 为（　　）。

A. 5g　B. 1g　C. 0.5g　D. 0.05g

13. 在配位滴定中，使用金属指示剂二甲酚橙时，要求溶液的酸度条件是（　　）。

A. $pH = 6.3 \sim 11.6$　　B. $pH = 6.0$

C. $pH > 6.0$　　D. $pH < 6.0$

14. 某溶液主要含有 Ca^{2+}、Mg^{2+} 及少量 Al^{3+}、Fe^{3+}，若在 pH＝10 时加入三乙醇胺后，用 EDTA 滴定，用铬黑 T 为指示剂，则测出的是（　　）。

A. Mg^{2+}的含量

B. Ca^{2+}、Mg^{2+}含量

C. Al^{3+}、Fe^{3+}的含量

D. Ca^{2+}、Mg^{2+}、Al^{3+}、Fe^{3+}的含量

15. 在Fe^{3+}、Al^{3+}、Ca^{2+}、Mg^{2+}混合溶液中，用EDTA测定Fe^{3+}、Al^{3+}的含量时，为了消除Ca^{2+}、Mg^{2+}的干扰，最简便的方法是（ ）。

A. 沉淀分离法　　　　B. 控制酸度法

C. 配位掩蔽法　　　　D. 溶剂萃取法

16. 在EDTA配位滴定中，酸度是影响配位平衡的主要因素之一，下列说法正确的是（ ）。

A. pH愈大，酸效应越强，配合物的稳定性愈大

B. pH愈小，酸效应越强，配合物的稳定性愈大

C. 酸度愈低，酸效应越弱，配合物的稳定性愈大

D. 酸度愈高，酸效应越弱，配合物的稳定性愈大

17. EDTA同金属离子结合生成（ ）。

A. 螯合物　　　　B. 聚合物

C. 离子交换剂　　　　D. 非化学计量的化合物

18. 在pH=10，用EDTA测定水的硬度时，用铬黑T作指示剂，终点颜色变化为（ ）。

A. 由紫红色变为亮黄色　　B. 由蓝色变为酒红色

C. 由紫红色变为淡黄色　　D. 由酒红色变为纯蓝色

19. 分析室常用的EDTA水溶液呈（ ）性。

A. 强碱　　B. 弱碱　　C. 弱酸　　D. 强酸

20. 采用返滴定法测定Al^{3+}的含量时，欲在pH=5.5的条件下以某一金属离子的标准溶液返滴定过量的EDTA，此金属离子标准溶液最好选用（ ）。

A. Ca^{2+}　　B. Pb^{2+}　　C. Fe^{3+}　　D. Mg^{2+}

21. 实验表明EBT指示剂应用于配位滴定中的最适宜的酸度是（ ）。

A. pH<6.3　　　　B. pH=9~10.5

C. pH>11　　　　D. pH=7~11

三、判断题

1. 标定 EDTA 溶液的基准物有 ZnO、$CaCO_3$、MgO 等。(　　)

2. 当 EDTA 溶解于酸度较高的溶液中时，它就相当于六元酸。(　　)

3. 金属指示剂的僵化现象是指滴定时终点没有出现。(　　)

4. 在配位滴定中，要准确滴定 M 离子而 N 离子不干扰需满足 $\lg K_{MY} - \lg K_{NY} \geqslant 5$。(　　)

5. 用 EDTA 滴定 Ca^{2+}、Mg^{2+} 总量时要控制 pH≈10，而滴定 Ca^{2+} 分量时要控制 pH 为 12~13。若 pH>13 时测 Ca^{2+}，则无法确定终点。(　　)

6. 用 EDTA 法测定试样中的 Ca^{2+} 和 Mg^{2+} 含量时，先将试样溶解，然后调节溶液 pH 为 5.5~6.5，并进行过滤，目的是去除 Fe、Al 等干扰离子。(　　)

7. 凡是配位反应都能用于滴定分析。(　　)

8. 在配位滴定中，通常用 EDTA 的二钠盐，这是因为 EDTA 的二钠盐比 EDTA 溶解度小。(　　)

9. 用 EDTA 测定水的硬度，在 pH=10.0 时测定的是 Ca^{2+} 的总量。(　　)

10. 滴定各种金属离子的最低 pH 与其对应 $\lg K_{稳}$ 绘成的曲线，称为 EDTA 的酸效应曲线。(　　)

11. EDTA 与金属离子配位时，不论金属离子是几价，大多数都是以 1∶1 的计量关系配位。(　　)

12. EDTA 滴定某金属离子有一允许的最高酸度 (pH)，溶液的 pH 再增大就不能准确滴定该金属离子了。(　　)

13. 若被测金属离子与 EDTA 配位反应速度慢，则一般可采用置换滴定方式进行测定。(　　)

14. 溶液的 pH 愈小，金属离子与 EDTA 配位反应能力愈低。(　　)

15. 用 EDTA 测定 Ca^{2+}、Mg^{2+} 总量时，以铬黑 T 作指示剂，pH 应控制在 pH＝12。(　)

16. 金属指示剂的封闭是由于指示剂与金属离子生成的配合物过于稳定造成的。(　　)

四、问答题

1. EDTA 在水溶液中的存在形式有哪些？为什么 EDTA 配合物的稳定性受溶液的酸度影响很大？

2. EDTA 的酸效应曲线有哪些应用？

3. 为什么在配位滴定中必须控制好溶液的酸度？

4. 什么叫金属离子指示剂？金属离子指示剂的作用原理是什么？它应该具备哪些条件？

5. 为什么配位滴定的金属离子指示剂只能在一定的 pH 范围内使用？

6. EDTA 与金属离子的配位反应有什么特点？

7. 为什么在配位滴定中常常要使用缓冲溶液？

8. 什么是金属指示剂的僵化、封闭现象？如何消除？

9. 铬黑 T、二甲酚橙、钙指示剂、PAN 指示剂分别适宜的 pH 范围是多少？颜色变化怎样？

10. 单组分金属离子含量测定的滴定方式有哪些？分别适用于什么情况？

11. 两种金属离子 M 和 N 共存时，什么条件下才可用控制酸度的方法进行分别滴定？

12. 怎样判断共存金属离子是否干扰滴定？

13. 配制和标定 EDTA 标准滴定溶液时，对所用试剂和水有何要求？

14. 浓度为 2.0×10^{-2} mol/L 的 Th^{4+}、La^{3+} 混合溶液，欲用 0.02000mol/L EDTA 分别滴定，试问：(1) 有无可能分步滴定？

(2) 若在 pH＝3.0 时滴定 Th^{4+}，能否直接准确滴定？

(3) 滴定 Th^{4+} 后，是否可能滴定 La^{3+}？讨论滴定 La^{3+} 适宜的酸度范围。

15. 测定水的硬度应如何控制溶液的 pH 和选取指示剂？

16. 在 Bi^{3+} 和 Ni^{2+} 均为 0.02mol/L 的混合溶液中，能否采用控制溶液酸度的方法实现二者的分别滴定？如果可以，试设计滴定方案。

五、计算题

1. 配制浓度约为 0.02mol/L EDTA 标准溶液 2000mL，需称取 EDTA 约多少克？如何配制？

2. 用纯 $CaCO_3$ 标定 EDTA 溶液。称取 0.1005g 纯 $CaCO_3$，溶解后定容到 100.00mL。吸取 25.00mL，在 pH=12.00 时，用钙指示剂指示终点，用待标定的 EDTA 溶液滴定，用去 24.50mL。计算：（1）EDTA 溶液的物质的量浓度；（2）该 EDTA 溶液对 ZnO 和 Fe_2O_3 的滴定度。

3. 标定近似浓度 0.05mol/L EDTA 溶液。准确称取 0.1240g 于 800℃灼烧至恒重的基准试剂 ZnO，加（1+1）HCl 加热至样品刚好溶解，加蒸馏水 25mL，$NH_3 \cdot H_2O$-NH_4Cl 缓冲溶液 10mL（pH=10），铬黑 T 指示剂 5 滴，用 EDTA 标准溶液滴定至溶液由紫红色变为纯蓝色，消耗 30.38mL。求 EDTA 标准溶液的物质的量浓度。

4. 标定氯化锌标准溶液时，称取一定量氯化锌溶于 1000mL 水中，加 0.5mL HCl，混匀。然后量取 25.00mL $ZnCl_2$ 溶液，加 70mL 蒸馏水及 10mL $NH_3 \cdot H_2O$-NH_4Cl 缓冲溶液（pH=10），加 5 滴 0.5%铬黑 T 指示剂，用 0.1018mol/L EDTA 标准溶液滴定至溶液由紫红色变为纯蓝色，消耗 25.04mL。同时作空白试验用去 EDTA 溶液 0.06mL。求 $ZnCl_2$ 溶液的物质的量浓度及 EDTA 对 $ZnCl_2$ 的滴定度。

5. 测定氯化镍含量，准确称取试样 0.4035g，溶于 70mL 水中，加 $NH_3 \cdot H_2O$-NH_4Cl 缓冲溶液 10mL（pH=10）及 0.2g 红紫酸铵混合指示剂，摇匀，用 0.05016mol/L EDTA 标准溶液滴定至溶液由红色变为蓝紫色，消耗 33.18mL。问试样中氯化镍（$NiCl_2 \cdot 6H_2O$）的质量分数是多少？

6. 测定某装置冷却用水中钙镁总量时，吸取水样 100mL，以铬黑T为指示剂，在pH=10，用c(EDTA)=0.02005mol/L标准滴定溶液滴定，终点消耗了7.20mL。求以$CaCO_3$(mg/L)表示的钙镁总量。

7. 测定水的总硬度时，吸取水样100.00mL，以EBT为指示剂，在pH=10的氨缓冲溶液中，用去0.01000mol/L EDTA标准溶液2.14mL。计算水的硬度（以CaO计，用mg/L表示）。

8. 测定氯化钙样品含量时，准确称取试样7.4656g，加200mL水使之溶解，移入500mL容量瓶中，加水稀释至刻度，摇匀。准确吸取10mL溶液放入烧杯中，加50mL水，用10%NaOH溶液调节pH在12以上（以pH试纸试验），加钙羧酸指示剂0.1g，在不断搅拌下用0.02500mol/L EDTA标准溶液滴定至溶液由红色变为纯蓝色，消耗37.60mL，问试样中氯化钙的质量分数是多少？

9. 称取0.5000g煤试样，熔融并使其中硫完全氧化成SO_4^{2-}。溶解并除去重金属离子后。加入0.05000mol/L $BaCl_2$ 20.00mL，使生成$BaSO_4$沉淀。过量的Ba^{2+}用0.02500mol/L EDTA滴定，用去20.00mL。计算试样中硫的质量分数。

10. 称取某有机试样0.1084g，测定其中的含磷量。将试样处理成溶液，并将其中的磷氧化成PO_4^{3-}，加入其他试剂使之形成$MgNH_4PO_4$沉淀。沉淀经过滤洗涤后，再溶解于盐酸中并用氨缓冲溶液调至pH=10，以EBT为指示剂，需用0.01004mol/L EDTA标准溶液21.04mL滴定至终点，计算试样中磷的质量分数。

11. 在一份含镓（Ⅲ）离子的试液中，加入$NH_3 \cdot H_2O$-NH_4Cl缓冲溶液使pH=10，再加入25mL 0.05mol/L的镁-EDTA配合物，释放出的Mg^{2+}以铬黑T为指示剂，用0.07010mol/L EDTA标准溶液滴定至溶液由红变蓝，用去5.91mL。计算原试液中镓的质量。

12. 有一含Ni^{2+}的试液，吸取10.00mL用蒸馏水稀释，加入氨性缓冲溶液调节pH为10，准确加入15.00mL 0.01000mol/L EDTA标准溶液，过量的EDTA用0.01500mol/L的$MgCl_2$溶液进行滴定，用去4.37mL。计算原试液中Ni^{2+}的物质的量浓度。

13. 称取铝盐试样1.2500g，溶解后加0.050mol/L EDTA溶液25.00mL，在适当的条件下反应后，调节溶液pH为5～6，以二甲酚橙为指示剂，用0.020mol/L的Zn^{2+}标准溶液回滴过量的EDTA，耗用Zn^{2+}标准溶液21.50mL，计算铝盐中铝的质量分数。

14. 测定试液中Fe^{2+}、Fe^{3+}的含量。吸取25.00mL试液，在pH＝1时用浓度为0.01500mol/L EDTA标准溶液滴定，耗用15.40mL，调至pH＝6继续滴定，又耗用标准溶液14.10mL，计算试液中Fe^{3+}、Fe^{2+}的质量浓度（以mg/mL表示）。

15. 称取含Fe_2O_3和Al_2O_3的试样0.2000g，将其溶解，在pH＝2.0的热溶液中（50℃左右），以磺基水杨酸为指示剂，用0.02000mol/L EDTA标准溶液滴定试样中的Fe^{3+}，用去18.16mL。然后将试样调至pH＝3.5，加入上述EDTA标准溶液25.00mL，并加热煮沸，再调试液pH＝4.5，以PAN为指示剂，趁热用$CuSO_4$标准溶液（每毫升含$CuSO_4 \cdot 5H_2O$ 0.005000g）返滴定，用去8.12mL。计算试样中Fe_2O_3和Al_2O_3的质量分数。

16. 称取0.5000g铜锌镁合金，溶解后配成100.0mL试液。移取25.00mL试液调至pH＝6.0，用PAN作指示剂，用37.30mL 0.05000mol/L EDTA滴定Cu^{2+}和Zn^{2+}。另取25.00mL试液调至pH＝10.0，加KCN掩蔽Cu^{2+}和Zn^{2+}后，用4.10mL上述EDTA溶液滴定Mg^{2+}。然后再滴加甲醛解蔽Zn^{2+}，又用上述EDTA 13.40mL滴定至终点。计算试样中铜、锌、镁的质量分数。

技能测试

一、测试项目　0.02mol/L EDTA标准滴定溶液的配制与标定

1. *测试要求*

本次测试在2h内完成，并递交完整报告。

2. 操作步骤（参照 GB/T 601—2002）

(1) 0.02mol/L EDTA 溶液的配制　称取 4g 乙二胺四乙酸二钠，溶于 300mL 水中，可适当加热溶解。冷却后转移到试剂瓶中，用水稀释至 500mL，摇匀。贴上标签。

(2) 0.02mol/L EDTA 溶液的标定　称取基准氧化锌 0.42g（精确至 0.0001g），用少许水润湿，滴加盐酸溶液（1+1）至样品溶解，移入 250mL 容量瓶中，加水稀释至刻度，摇匀。贴上标签（保存此锌标液）。

用移液管吸取 25.00mL 锌标准溶液于 250mL 锥形瓶中，加 50mL 水，滴加氨水（1+1）至刚出现浑浊（pH 约为 8），然后加入 10mL NH_3 NH_4Cl 缓冲溶液，加 5 滴铬黑 T 指示液，用配制的 EDTA 溶液滴定至溶液由酒红色变为纯蓝色为终点。同时做空白试验。平行标定 4 份。

二、技能评分

细目	评分要素	分值	说明	扣分	得分
电子天平称量（12分）	天平检查（水平、清扫、调零）	1	凡是不符合要求每小项扣 1 分		
	天平预热 30min	1			
	天平校准	1			
	干燥器使用	1			
	称样操作规范、正确	2			
	称量时间（3min 一个样）	2	超过 1min 扣 1 分		
	称量范围在规定量±5%	2	超出 5%扣 1 分		
	称量一次完成	2	重称扣 2 分		
移液管使用（10分）	洗涤、润洗方法正确	2	按移液管使用标准规范进行评分		
	吸液时管尖插入液面的深度（1～2cm）	1			
	吸液高度（刻度线以上少许）	1			
	插入溶液前后擦干外壁	2			
	调节液面及管尖处液滴的处理	1			
	放溶液时操作正确	2			
	溶液自然流出，流完后停靠 15s	1			

续表

细目	评分要素	分值	说明	扣分	得分
容量瓶使用(14分)	容量瓶试漏	2	按容量瓶使用标准规范进行评分		
	洗涤方法正确,不挂水珠	2			
	试样转移按规程进行	2			
	稀释3/4平摇,平摇不盖瓶塞	2			
	距刻度1cm等待1～2min,定容准确	4			
	摇匀15次,在8次后转瓶塞180°	2			
滴定管使用(10分)	试漏、洗涤、润洗	1	按滴定管使用标准规范评分		
	装液、赶气泡、调零、管尖残液处理	1			
	滴定操作正确、熟练	1			
	滴定速度6～8mL/min	1			
	终点控制(半滴控制技术)	2			
	滴定终点判断、读数	2			
	滴定过程不溅失溶液	2			
文明操作(4分)	实验过程台面整洁有序	1	脏乱扣1分		
	废液、纸屑等按规定处理	1	乱扔乱倒扣1分		
	实验后清理台面及试剂架	1	未清理扣1分		
	实验后试剂、仪器放回原处	1	未放原处扣1分		
记录、数据处理和报告(15分)	原始记录完整、规范、无涂改	3	不符合要求每处扣1分		
	有效数字运算符合规则	1			
	计算方法(公式、校正值)正确	4			
	报告(完整、明确、清晰)	3			
	数字计算正确	4			
标定结果评价(30分)	结果精密度(极差/平均值)	20	<0.2%		
		16	0.2%～0.4%		
		12	0.4%～0.6%		
		8	0.6%～0.8%		

续表

细目	评分要素	分值	说明	扣分	得分
标定结果评价（30分）	结果精密度（极差/平均值）	4	0.8%～1.2%		
		0	>1.2%		
	结果准确度（相对误差）	10	<0.2%		
		8	0.2%～0.4%		
		6	0.4%～0.6%		
		4	0.6%～0.8%		
		2	0.8%～1.2%		
测试时间（5分）	开始时间	5	考核时间120min，每超过5min扣1分		
	结束时间				
	测试时间				
总分	100				

第五章　氧化还原滴定法

内容提要

氧化还原滴定法是利用氧化还原反应进行滴定分析的方法。学习本章，要了解电极电位的基本知识，能运用标准电极电位判断氧化还原反应进行的方向和程度；掌握常用氧化还原滴定法的测定原理、反应条件和采用的指示剂，学会制备相关标准溶液；掌握氧化还原物质基本单元选取和分析结果的计算方法。

一、电极电位的应用

1. 基本概念

氧化还原反应是电子转移反应，电子由还原剂转移至氧化剂。对于一种物质而言，可用半反应表示其氧化态与还原态之间的转化，

$$\mathrm{Ox}+n\mathrm{e} \rightleftharpoons \mathrm{Red}$$

式中，Red 为物质的还原态；Ox 为物质的氧化态。

（1）氧化还原电对　物质的还原态和氧化态构成氧化还原电对，常用符号“氧化态/还原态”来表示，例如 Zn^{2+}/Zn、Fe^{3+}/Fe^{2+} 都是电对。

氧化剂和还原剂的两个半反应构成一个氧化还原反应，可以表示为

$$n_2\mathrm{Ox}_1+n_1\mathrm{Red}_2 \rightleftharpoons n_2\mathrm{Red}_1+n_1\mathrm{Ox}_2$$

氧化还原反应的实质是电子在两个电对 Ox_1/Red_1 和 Ox_2/Red_2 之间的转移过程。反应中，Ox_1 得到电子还原为 Red_1，Red_2 失去电子被氧化为 Ox_2。

（2）电对的电极电位　当氧化还原反应的两个电对发生的半反应（氧化反应和还原反应）分别发生置于溶液中的两个电极上，外电路的

闭合线路中就会有电流通过，构成原电池。每个电极上电对反应的电位，即电极电位，用符号表示为“$\varphi(Ox/Red)$”。两个电对的电极电位之差即是原电池的电动势，氧化还原反应即是原电池的总反应。

（3）标准电极电位　标准电极电位 $\varphi^{\ominus}(Ox/Red)$ 是在一定温度下（通常为 298K），有关离子浓度为 1mol/L 或气体压力为 1.000×10^5 Pa 时所测得的电极电位。常用电对的标准电极电位可在本书附录三中查到。

（4）能斯特方程　对于指定的氧化还原电对，其氧化态与还原态为任意浓度时的电极电位，可根据能斯特方程求出。

$$\varphi=\varphi^{\ominus}+\frac{0.059}{n}\lg\frac{c(Ox)}{c(Red)}\quad(25℃)\qquad(5\text{-}1)$$

2．电极电位的应用

（1）判断氧化剂或还原剂的强弱　电极电位值的大小表示了电对得失电子能力的强弱，反映了物质氧化或还原性质的强弱。电对的电极电位值越高，则此电对的氧化态的氧化能力越强，是强氧化剂；电对的电极电位越低，则此电对的还原态的还原能力越强，是强还原剂。

（2）判断反应自发的方向和次序　在一般状况下，标准电位较高的氧化态能够与标准电位较低的还原态自发反应。比较标准电极电位的大小，可以初步判断反应发生的可能性。在所有可能发生的氧化还原反应中，电极电位相差最大的电对间首先发生反应，顺次可以确定氧化还原反应的次序。

由于反应受到溶液浓度、酸度、生成沉淀和形成配合物等因素的影响，有时导致氧化态或还原态存在形式发生变化，以致有可能会改变反应的方向。

（3）判断反应进行程度　氧化还原反应的平衡常数可由两个半反应的标准电位求得，

$$\lg K=\frac{n_1n_2(\varphi_1^{\ominus}-\varphi_2^{\ominus})}{0.059}\qquad(5\text{-}2)$$

式中　K——反应平衡常数；

$\varphi_1^{\ominus}-\varphi_2^{\ominus}$——两个半反应的标准电极电位之差。这个差值越大，反应的平衡常数也就越大，反应进行得越完全。

在滴定分析中，为使反应完全程度达到99.9%以上，要求$K>10^6$。对于$n_1=n_2=1$的反应，一般认为，两个半反应的标准电极电位之差值$\Delta\varphi^{\ominus}\geqslant0.4V$的氧化还原反应，才能应用于滴定分析，同时还要考虑副反应和反应速率的影响。

二、常用的滴定方法

氧化还原反应是电子转移反应，机理复杂，常伴有副反应发生，一些氧化还原反应的速率很慢。因此氧化还原滴定法还需要解决以下问题：

① 选择适当的反应条件减少副反应的发生，使反应物之间有确定的计量关系；

② 提高反应速率，一般采用的方法有增加反应物浓度、提高温度、使用催化剂；

③ 具有合适的指示剂。

为了使氧化还原滴定反应按所需方向定量地、迅速地进行完全，严格控制反应条件是获得准确结果的关键。常用的氧化还原滴定法的反应条件及应用见表5-1。常用的氧化还原标准滴定溶液制备方法见表5-2。常用氧化还原滴定反应方程式如下。

① 高锰酸钾法

$$MnO_4^- + 8H^+ + 5e \rightleftharpoons Mn^{2+} + 4H_2O \qquad \varphi^{\ominus}=1.51V$$

② 重铬酸钾法

$$Cr_2O_7^{2-} + 14H^+ + 6e \longrightarrow 2Cr^{3+} + 7H_2O \qquad \varphi^{\ominus}=1.33V$$

③ 碘量法

直接碘量法：$I_2 + 2e \rightleftharpoons 2I^- \qquad \varphi^{\ominus}=0.54V$

间接碘量法：$2I^- - 2e \rightleftharpoons I_2 \quad 2S_2O_3^{2-} + I_2 \longrightarrow S_4O_6^{2-} + 2I^-$

④ 溴酸钾法

直接法：$BrO_3^- + 6H^+ + 6e \longrightarrow Br^- + 3H_2O \qquad \varphi^{\ominus}=1.44V$

间接法：$BrO_3^- + 5Br^- + 6H^+ \longrightarrow 3Br_2 + 3H_2O$

$$Br_2 + 2I^- \longrightarrow 2Br^- + I_2$$

$$2S_2O_3^{2-} + I_2 \longrightarrow S_4O_6^{2-} + 2I^-$$

表 5-1 常用的氧化还原滴定法反应条件及应用举例

方法名称	反应条件	常用指示剂	被测物举例
高锰酸钾法	强酸(H_2SO_4)介质；有时需加热、催化	自身指示剂	直接法：Fe^{2+}、As(Ⅲ)、$C_2O_4^{2-}$、H_2O_2、部分有机物 返滴定：MnO_2、PbO_2、ClO_3^-
重铬酸钾法	酸性(H_2SO_4或HCl)介质	二苯胺磺酸钠或邻苯氨基苯甲酸	直接法：Fe^{2+} 返滴定：水的COD
碘量法	中性或弱酸性条件；防止I_2的挥发和I^-的氧化	淀粉溶液	直接法：S^{2-}、SO_3^{2-}、Sn^{2+}、As(Ⅲ)、维生素C 间接法：H_2O_2、Cu^{2+}、IO_3^-、BrO_3^-、部分有机物 卡尔·费休法，微量水
溴酸钾法	酸性溶液	淀粉溶液(间接法)；甲基橙或甲基红(直接法)	直接法：Sb(Ⅲ)、As(Ⅲ)、Sn^{2+}、N_2H_4 间接法：苯酚、苯胺

表 5-2 氧化还原滴定中常用标准溶液的制备方法

方法名称	高锰酸钾法		重铬酸钾法		碘量法		溴酸钾法
常用标准溶液	$KMnO_4$溶液	$Na_2C_2O_4$溶液	$K_2Cr_2O_7$溶液	Fe^{2+}溶液	$Na_2S_2O_3$溶液	I_2溶液	$KBrO_3$溶液
配制方法	间接法	直接法	直接法	间接法	间接法	间接法	直接法
标定常用基准试剂	草酸钠、As_2O_3、草酸、六水合硫酸亚铁铵等	—	—	$K_2Cr_2O_7$	纯I_2、KIO_3、$K_2Cr_2O_7$、$KBrO_3$等	As_2O_3	—

三、氧化还原滴定的计算

第二章中讲述的滴定分析计算原则和公式，无疑也适用于氧化还原滴定，只是根据反应物给出或接受电子数选取基本单元，不像酸碱反应那样直观。因此，正确选取氧化还原滴定中标准溶液和被测物质的基本单元十分重要。

1. *标准溶液的基本单元*

按照等物质的量反应规则，氧化还原反应以给出或接受一个电子的组合作为基本单元。氧化还原滴定法常用强氧化剂或较强的还原剂作标准溶液，在一定的反应条件下，它们转移的电子数简单明了，按照反应前后化合价的变化很容易选取基本单元，见表 5-3。

表 5-3 常用氧化还原标准溶液的基本单元

方法名称	高锰酸钾法		重铬酸钾法		碘量法		溴酸钾法	
标准溶液	$KMnO_4$ 溶液	$Na_2C_2O_4$ 溶液	$K_2Cr_2O_7$ 溶液	Fe^{2+} 溶液	$Na_2S_2O_3$ 溶液	I_2 溶液	$KBrO_3$ 溶液	Br_2 溶液
基本单元	$\frac{1}{5}KMnO_4$	$\frac{1}{2}Na_2C_2O_4$	$\frac{1}{6}K_2Cr_2O_7$	Fe^{2+}	$Na_2S_2O_3$	$\frac{1}{2}I_2$	$\frac{1}{6}KBrO_3$	$\frac{1}{2}Br_2$

应当指出，物质的基本单元与它参与的化学反应有关。同一物质在不同条件下可能具有不同的基本单元。例如，前述高锰酸钾法是在强酸性溶液中，其标准溶液基本单元为$\frac{1}{5}KMnO_4$；如果是在中性或弱碱性溶液中，高锰酸钾的氧化能力减弱，一分子的高锰酸钾只能接受 3 个电子，其基本单元就变为$\frac{1}{3}KMnO_4$。

2. 被测物质的基本单元

在计算滴定分析结果的计算式中，需要代入被测物质基本单元的摩尔质量 $M\left(\frac{\text{被测物质化学式量}}{\text{电子转移数}}\right)$。为了确定反应中被测物质的电子转移数，需要配平氧化还原反应方程式，根据标准溶液的电子转移数和方程式中的化学计量系数确定被测物质的电子转移数，进而找出基本单元。

例如，用直接碘量法测定维生素 C，其反应式为

```
                       H  OH                                      H  OH
  ┌──────O──────┐      |  |                   ┌──────O──────┐     |  |
  C──C══C──C──C──C──H  + I2 ──→  C──C──C──C──C──C──H  + 2HI
  ‖   |   |   |   |   |                       ‖   ‖   ‖   |   |   |
  O  OH  OH   H  OH   H                       O   O   O   H  OH   H
```

反应中维生素 C 中的烯醇基被 I_2 氧化，从维生素 C 本身难以确定给出电子数。但由反应方程式可见，1 分子维生素 C 与 1 分子 I_2 反应，I_2 还原为 $2I^-$ 接受 2 个电子，而 I_2 所得电子是维生素 C 提供的。因

此可以根据 I_2 判断，1 分子维生素 C 给出 2 个电子，其基本单元为 $\frac{1}{2}$(维生素 C)，基本单元的摩尔质量为 $M\left(\frac{1}{2}\text{维生素 C 的式量}\right)$。

采用氧化还原返滴定或间接滴定方式时，确定被测物质的基本单元仍然可以从标准滴定溶液的转移电子数入手，按各步反应方程式推算出被测物质所相当的转移电子数，从而确定该物质的基本单元。这样就可以按照等物质的量反应规则，由滴定消耗标准溶液物质的量求出被测物质的含量。

四、技能训练环节

① $KMnO_4$、$Na_2S_2O_3$ 等性质不稳定的标准滴定溶液的间接制备（提前配制，1~2 周后标定）。

② 直接法配制 $K_2Cr_2O_7$ 标准滴定溶液（精确称量，用容量瓶定容）。

③ $KMnO_4$ 法滴定条件（速度、温度）的控制。

④ 间接碘量法滴定条件（防挥发、防氧化、加入指示剂的时机）的控制，使用碘量瓶的操作。

⑤ 重铬酸钾法测铁或水的化学需氧量（COD）。

⑥ 卡尔·费休法测定微量水（选作）。

例题解析

【例 5-1】 配平下列各反应方程式，指出反应中氧化剂和还原剂的基本单元如何确定。

(1) $I_2 + Na_2S_2O_3 \longrightarrow NaI + Na_2S_4O_6$

(2) $FeSO_4 + K_2Cr_2O_7 + H_2SO_4 \longrightarrow$

$$Fe_2(SO_4)_3 + Cr_2(SO_4)_3 + K_2SO_4 + H_2O$$

(3) $Na_2C_2O_4 + KMnO_4 + H_2SO_4 \longrightarrow$

$$Na_2SO_4 + MnSO_4 + CO_2 + K_2SO_4 + H_2O$$

解题思路 氧化还原反应实质是电子转移过程。根据化合价升降找出氧化剂和还原剂，按照二者转移电子数目相同来配平，选择以能给出或接受1个电子的物质作为基本单元。

解 (1) $I_2 + 2Na_2S_2O_3 \longrightarrow 2NaI + Na_2S_4O_6$

(2) $6FeSO_4 + K_2Cr_2O_7 + 7H_2SO_4 \longrightarrow$

$3Fe_2(SO_4)_3 + Cr_2(SO_4)_3 + K_2SO_4 + 7H_2O$

(3) $5Na_2C_2O_4 + 2KMnO_4 + 8H_2SO_4 \longrightarrow$

$5Na_2SO_4 + 2MnSO_4 + 10CO_2 + K_2SO_4 + 8H_2O$

反应中氧化剂和还原剂的基本单元确定如下：

题号	化合价降低	氧化剂	氧化剂基本单元	化合价升高	还原剂	还原剂基本单元
(1)	I $0 \rightarrow -1$	I_2	$\frac{1}{2}I_2$	S_2 $+4 \rightarrow +5$	$Na_2S_2O_3$	$Na_2S_2O_3$
(2)	Cr $+6 \rightarrow +3$	$K_2Cr_2O_7$	$\frac{1}{6}K_2Cr_2O_7$	Fe $+2 \rightarrow +3$	$FeSO_4$	$FeSO_4$
(3)	Mn $+7 \rightarrow +2$	$KMnO_4$	$\frac{1}{5}KMnO_4$	C $+3 \rightarrow +4$	$Na_2C_2O_4$	$\frac{1}{2}Na_2C_2O_4$

【例 5-2】 试计算比值 $[Fe^{3+}]/[Fe^{2+}]$ 分别为 0.1、1、10 时，电对 Fe^{3+}/Fe^{2+} 的电极电位各是多少？

解题思路 查表得到电对 Fe^{3+}/Fe^{2+} 的标准电极电位，应用式(5-1) 分别计算电极电位。

解 查附录三得 $\varphi^{\ominus}(Fe^{3+}/Fe^{2+}) = 0.771V$，代入式(5-1)

$[Fe^{3+}]/[Fe^{2+}]$ 为 0.1 时：

$$\varphi = \varphi^{\ominus} + \frac{0.059}{n}\lg\frac{c(Ox)}{c(Red)} = 0.771 + \frac{0.059}{1}\lg 0.1 = 0.712\ (V)$$

$[Fe^{3+}]/[Fe^{2+}]$ 为 1 时：

$$\varphi = \varphi^{\ominus} + \frac{0.059}{n}\lg\frac{c(Ox)}{c(Red)} = 0.771 + \frac{0.059}{1}\lg 1 = 0.771\ (V)$$

$[Fe^{3+}]/[Fe^{2+}]$ 为 10 时：

$$\varphi = \varphi^{\ominus} + \frac{0.059}{n}\lg\frac{c(Ox)}{c(Red)} = 0.771 + \frac{0.059}{1}\lg 10 = 0.83\ (V)$$

【例 5-3】 已知下列电对的标准电极电位：

$\varphi^{\ominus}(H_2O_2 + H^+/H_2O) = 1.776V$，$\varphi^{\ominus}(Fe^{3+}/Fe^{2+}) = 0.77V$，

$\varphi^{\ominus}(MnO_4^- + H^+/Mn^{2+}) = 1.51V$

问标准状况下，H_2O_2 能否与 Mn^{2+} 和 Fe^{2+} 自发反应？是否能达到反应完全？

解题思路 两个电对中，标准电位较高的氧化态能够与标准电位较低的还原态自发反应。$\Delta\varphi^{\ominus} \geqslant 0.4V$ 的氧化还原反应能进行完全。

解 $\varphi^{\ominus}(H_2O_2 + H^+/H_2O) > \varphi^{\ominus}(MnO_4^- + H^+/Mn^{2+})$，$H_2O_2$ 能与 Mn^{2+} 自发反应，但 $\Delta\varphi^{\ominus} = 1.776 - 1.51 = 0.266V < 0.4V$，反应不完全。

$\varphi^{\ominus}(H_2O_2 + H^+/H_2O) > \varphi^{\ominus}(Fe^{3+}/Fe^{2+})$，$H_2O_2$ 能与 Fe^{2+} 自发反应，且 $\Delta\varphi^{\ominus} = 1.776 - 0.77 = 1.006V > 0.4V$，反应完全。

【例 5-4】 计算 $Sn^{2+} + 2Fe^{3+} \longrightarrow Sn^{4+} + 2Fe^{2+}$ 反应的平衡常数，并说明反应向哪一个方向进行。当溶液中所含的 Sn^{2+}、Sn^{4+}、Fe^{2+} 的物质的量浓度各为 0.2mol/L 时，Fe^{3+} 的物质的量浓度是多少？

解题思路 查得两个电对的标准电极电位，应用式(5-2) 计算平衡常数及离子浓度。

解 查附录三得：$\varphi^{\ominus}(Sn^{4+}/Sn^{2+}) = 0.15V$，$\varphi^{\ominus}(Fe^{3+}/Fe^{2+}) = 0.77V$。根据式(5-2)

$$\lg K = \frac{n_1 n_2 (\varphi_1^{\ominus} - \varphi_2^{\ominus})}{0.059} = \frac{2 \times 1 \times (0.77 - 0.15)}{0.059} = 21$$

$K = 10^{21}$，因而反应几乎完全向右进行。

由 $$K = \frac{c(Sn^{4+})c^2(Fe^{2+})}{c(Sn^{2+})c^2(Fe^{3+})} = \frac{0.2 \times 0.2^2}{0.2 \times c^2(Fe^{3+})} = 10^{21}$$

得 $$c(Fe^{3+}) = 6.32 \times 10^{-12} \text{mol/L}$$

【例 5-5】 配制 0.1mol/L $\frac{1}{5}KMnO_4$ 溶液 250mL，应称取试剂 $KMnO_4$ 多少克？若用基准物 $H_2C_2O_4 \cdot 2H_2O$ 来标定其浓度，欲使 $KMnO_4$ 溶液消耗量在 35mL 左右，需要称取试剂 $H_2C_2O_4 \cdot 2H_2O$ 多少克？

解题思路 配制溶液前后 $KMnO_4$ 物质的量不变；滴定反应中 $\frac{1}{5}KMnO_4$ 与 $\frac{1}{2}H_2C_2O_4$ 的物质的量相同。

解 根据第二章公式 $c_A V_A = \frac{m_B}{M_B}$，配制溶液称取 $KMnO_4$ 试剂

$$m=c\left(\frac{1}{5}KMnO_4\right)VM\left(\frac{1}{5}KMnO_4\right)=0.1\times250\times10^{-3}\times31.606$$

$$=0.8\ (g)$$

标定 $KMnO_4$ 浓度需要 $H_2C_2O_4\cdot2H_2O$ 试剂

$$m(H_2C_2O_4\cdot2H_2O)=c\left(\frac{1}{5}KMnO_4\right)V(KMnO_4)M\left(\frac{1}{2}H_2C_2O_4\cdot2H_2O\right)$$

$$=0.1\times35\times10^{-3}\times\frac{1}{2}\times126.07$$

$$=0.22\ (g)$$

【例 5-6】 用重铬酸钾法测定矿石中铁含量。称取矿样 0.4021g，溶于酸后将溶液中的 Fe^{3+} 还原为 Fe^{2+}，用 0.1200mol/L $\frac{1}{6}K_2Cr_2O_7$ 标准滴定溶液滴定，用去 27.43mL。求滴定度 $T(Fe_2O_3/K_2Cr_2O_7)$ 及矿石中 Fe_2O_3 的质量分数。

解题思路 找出被测物质与标准滴定溶液之间的化学计量关系，确定基本单元，即 $\frac{1}{2}Fe_2O_3\sim Fe^{2+}\sim\frac{1}{6}K_2Cr_2O_7\sim e$，$n\left(\frac{1}{2}Fe_2O_3\right)=n(Fe^{2+})=n\left(\frac{1}{6}K_2Cr_2O_7\right)$。

解 根据第二章公式 $T_{B/A}=c_A\frac{M_B}{1000}$

$$T(Fe_2O_3/K_2Cr_2O_7)=c\left(\frac{1}{6}K_2Cr_2O_7\right)\frac{M\left(\frac{1}{2}Fe_2O_3\right)}{1000}$$

$$=0.1200\times\frac{79.85}{1000}$$

$$=9.582\times10^{-3}\ (g/mL)=9.582\ (mg/mL)$$

矿石中 Fe_2O_3 的质量分数

$$w(Fe_2O_3)=\frac{m(Fe_2O_3)}{m_{样品}}=\frac{T(Fe_2O_3/K_2Cr_2O_7)V(K_2Cr_2O_7)}{m_{样品}}$$

$$=\frac{9.582\times27.43\times10^{-3}}{0.4021}\times100\%$$

$$=65.36\%$$

或者：

$$w(Fe_2O_3)=\frac{m(Fe_2O_3)}{m_{样品}}=\frac{c\left(\frac{1}{6}K_2Cr_2O_7\right)V(K_2Cr_2O_7)M\left(\frac{1}{2}Fe_2O_3\right)}{m_{样品}}$$

$$=\frac{0.1200\times27.43\times10^{-3}\times79.85}{0.4021}\times100\%$$

$$=65.36\%$$

【例 5-7】 用 30.00mL $KMnO_4$ 溶液恰能氧化一定质量的 $KHC_2O_4\cdot H_2O$，同样质量的 $KHC_2O_4\cdot H_2O$ 又恰能被 25.00mL $c(KOH)=0.2000mol/L$ 的 KOH 溶液中和。计算 $KMnO_4$ 溶液的浓度 $c\left(\frac{1}{5}KMnO_4\right)$。

解题思路 $KHC_2O_4\cdot H_2O$ 在酸碱反应中的基本单元为 $KHC_2O_4\cdot H_2O$，但在氧化还原反应中为 $\frac{1}{2}KHC_2O_4\cdot H_2O$。

解 酸碱反应中反应物基本单元为 $KHC_2O_4\cdot H_2O$ 和 KOH

氧化还原反应中反应物基本单元为 $\frac{1}{2}KHC_2O_4\cdot H_2O$ 和 $\frac{1}{5}KMnO_4$

$$n\left(\frac{1}{5}KMnO_4\right)=n\left(\frac{1}{2}KHC_2O_4\cdot H_2O\right)=2n(KHC_2O_4\cdot H_2O)$$

$$=2n(KOH)$$

$$c\left(\frac{1}{5}KMnO_4\right)=\frac{n\left(\frac{1}{5}KMnO_4\right)}{V(KMnO_4)}=\frac{2n(KOH)}{V(KMnO_4)}=\frac{2\times c(KOH)V(KOH)}{V(KMnO_4)}$$

$$=\frac{2\times25.00\times10^{-3}\times0.2000}{30.00\times10^{-3}}=0.33\ (mol/L)$$

【例 5-8】 某厂生产 $FeCl_3\cdot 6H_2O$ 试剂，国家规定二级品含量不低于 99.0%，三级品不低于 98.0%。为了检验质量，称取样品 0.5000g，用水溶解后加适量 HCl 和 KI，用 $c(Na_2S_2O_3)=0.09026mol/L$ 标准滴定溶液滴定析出的 I_2，用去 20.35mL；同样条件下做空白实验用去 0.20mL。问该产品属于哪一级？

解题思路 间接碘量法测定 $FeCl_3 \cdot 6H_2O$ 含量，先研究转化过程找到化学计量关系，确定基本单元。

解 反应过程 $2Fe^{3+} + 2I^- \longrightarrow I_2 + 2Fe^{2+}$

$2S_2O_3^{2-} + I_2 \longrightarrow S_4O_6^{2-} + 2I^-$

相当关系 $Fe^{3+} \sim \frac{1}{2}I_2 \sim S_2O_3^{2-} \sim e$

试剂中 $FeCl_3 \cdot 6H_2O$ 含量

$$w(FeCl_3 \cdot 6H_2O) = \frac{m(FeCl_3 \cdot 6H_2O)}{m_{样品}}$$

$$= \frac{c(Na_2S_2O_3)V(Na_2S_2O_3)M(FeCl_3 \cdot 6H_2O)}{m_{样品}}$$

$$= \frac{0.09026 \times (20.35 - 0.20) \times 10^{-3} \times 270.3}{0.5000} \times 100\%$$

$$= 98.3\%$$

因为 $98\% < w < 99\%$，该产品属于三级品。

【例 5-9】 取 1.220g 苯酚试样加入 NaOH 和少量水，稀释至 1000mL，吸取此溶液 25.00mL，加 0.1000mol/L 溴试剂（$KBrO_3 + KBr$）30.00mL，再加 HCl 酸化放置，待反应完全后加入 KI，混匀，析出的 I_2 用 0.1100mol/L 的 $Na_2S_2O_3$ 溶液滴定，消耗 11.80mL。计算试样中苯酚的质量分数。

解题思路 间接溴酸钾法测定苯酚含量，通过反应过程的化学计量关系确定基本单元。

解 反应过程 $BrO_3^- + 5Br^- + 6H^+ \longrightarrow 3Br_2 + 3H_2O$

$C_6H_5OH + 3Br_2 \longrightarrow C_6H_2Br_3OH$（2,4,6-三溴苯酚）$+ 3HBr$

$Br_2 + 2I^- \longrightarrow 2Br^- + I_2$

$2S_2O_3^{2-} + I_2 \longrightarrow S_4O_6^{2-} + 2I^-$

相当关系：

$KBrO_3 \sim C_6H_5OH \sim 3Br_2 \sim 3I_2 \sim 6S_2O_3^{2-}$

试样中苯酚的质量分数：

$$w(\text{苯酚})=\frac{\left[c\left(\frac{1}{6}KBrO_3\right)V(KBrO_3)-c(Na_2S_2O_3)V(Na_2S_2O_3)\right]M\left(\frac{1}{6}C_6H_5OH\right)\times\frac{1000}{25}}{m_{\text{样品}}}$$

$$=\frac{(0.1000\times30.00\times10^{-3}-0.1100\times11.80\times10^{-3})\times\frac{94.11}{6}\times\frac{1000}{25}}{1.220}\times100\%$$

$$=87.53\%$$

【例 5-10】 0.1mol/L 硫代硫酸钠溶液的配制和标定的操作规程如下。

1. $c(Na_2S_2O_3)=0.1$mol/L 硫代硫酸钠溶液的配制

称取 13g 结晶硫代硫酸钠（$Na_2S_2O_3\cdot5H_2O$）或 8g 无水硫代硫酸钠，溶于 500mL 水中，缓缓煮沸 10min，冷却。放置 2 周后过滤，待标定。

2. $c(Na_2S_2O_3)=0.1$mol/L 硫代硫酸钠溶液的标定

称取基准重铬酸钾 0.18g（称准至 0.0001g）置于碘量瓶中，加 25mL 水使其溶解。加 2g 碘化钾及 20mL 硫酸溶液，盖上瓶塞轻轻摇匀，以少量水封住瓶口，于暗处放置 10min。取出用洗瓶冲洗瓶塞及瓶内壁，加 150mL 水，用配制的 $Na_2S_2O_3$ 溶液滴定，接近终点时（溶液为浅黄绿色），加入 3mL 淀粉指示液，继续滴定至溶液由蓝色变为亮绿色为终点。

平行标定四份。同时做空白试验。

试解读该操作规程，回答下列问题：

（1）配制硫代硫酸钠溶液，当硫代硫酸钠固体溶解时，为何缓缓煮沸 10min？为何将溶液放置 2 周后标定？

（2）标定硫代硫酸钠溶液，为何要使用碘量瓶并以少量水封住瓶口，且于暗处放置？

（3）用 $Na_2S_2O_3$ 溶液进行滴定前为何要加 150mL 水？

（4）为何要在接近终点时加入淀粉指示液？

（5）为何滴定终点溶液颜色由蓝色变为亮绿色，而不是蓝色消失？

（6）硫代硫酸钠标准溶液采用的是什么配制方法？化学反应原理是什么？（用反应式说明）

解题思路 首先明确配制 $Na_2S_2O_3$ 溶液的过程所发生的化学反应，再根据反应需要的条件和反应产物逐步解读操作规程。

解 (1) 硫代硫酸钠溶液易受空气和蒸馏水中的细菌、CO_2、O_2 作用而分解，因此，配制 $Na_2S_2O_3$ 溶液时要用蒸馏水煮沸，驱除 CO_2、O_2，杀死细菌。硫代硫酸钠试剂一般都含有少量杂质，溶解后会缓慢发生一些化学反应，所以将溶液放置 2 周待溶液稳定后标定。

(2) 加入碘化钾后，首先会反应产生 I_2。使用碘量瓶并以少量水封住瓶口，目的是避免产生的 I_2 挥发造成损失，于暗处放置是避免阳光照射，防止 I^- 被氧化，从而带来测定误差。

(3) 用 $Na_2S_2O_3$ 溶液进行滴定前要加 150mL 水，目的是稀释溶液以降低酸度。因为此前在重铬酸钾反应时需要酸性条件而加入了硫酸溶液，但是 $Na_2S_2O_3$ 与 I_2 的反应必须在弱酸性或中性溶液中进行，防止 $Na_2S_2O_3$ 分解。

(4) 采用间接碘量法时，淀粉指示剂应在近终点时加入，加入过早会引起淀粉凝聚，使吸附的 I_2 不易释放出来，终点难以观察。

(5) 用 $Na_2S_2O_3$ 溶液滴定 I_2 达到终点时，I_2 遇淀粉指示液产生的蓝色消失；但因溶液中还有此前重铬酸钾反应产生的绿色 Cr^{3+}，故溶液显示亮绿色。

(6) 硫代硫酸钠溶液采用的是间接配制方法。化学反应原理是

① 重铬酸钾与碘化钾在酸性条件下反应生成 I_2

$$Cr_2O_7^{2-} + 6I^- + 14H^+ \longrightarrow 2Cr^{3+} + 3I_2 + 7H_2O$$

② 用 $Na_2S_2O_3$ 溶液滴定 I_2

$$2S_2O_3^{2-} + I_2 \longrightarrow S_4O_6^{2-} + 2I^-$$

习题荟萃

一、填空题

1. 氧化还原反应中失去电子的物质称为________，得到电子的物质称为________，电子由________转移至________。

2. 氧化还原反应中，有物质失去______的反应称为______反应，有物质得到______的反应称为______反应，二者总是同时发生的。

3. 物质的________和________构成氧化还原电对，写成“Ox/Red”的形式，Ox 为________，Red 为________。

4. 电极与溶液接触的界面存在双电层而产生的电位差是________，用符号____表示，单位为____。标准________，符号为________，是温度为________，有关离子浓度为____ mol/L 或气体压力为 1.000×10^{5} Pa 时所测得的电极电位。

5. 25℃下，对于半反应 $Ox+ne \rightleftharpoons Red$，根据能斯特方程，电极电位计算公式为____________________________。

6. 利用电极电位可以判断氧化还原反应进行的______、______和______。

7. 电极电位值的大小表示了电对得失______能力的强弱，反应了物质氧化或还原性质的强弱。电对的电极电位值越高，则此电对的______型的______能力越强；电对的电极电位越低，则此电对的______型的______能力越强。

8. 在标准状况下，两个电对中，标准电位较高的______态能够与标准电位较低的______态自发反应，即较______的氧化剂与较______的还原剂反应生成较______的还原剂与较______的氧化剂。

9. 溶液中有多个氧化剂和还原剂时，电极电位相差______的电对间首先发生反应，顺次可以确定氧化还原反应的______。

10. 为提高反应速率，常采用的方法有________________、________________、________________。

11. 对于 $n_1=n_2=1$ 的反应，根据误差要求，K ________时反应完全。一般认为，两个半反应的标准电极电位之差值________的氧化还原反应，才能进行完全。

12. 适用于滴定法的氧化还原反应，不仅反应的______要大，而且反应的______要快。

13. 高锰酸钾标准溶液采用______法配制，重铬酸钾标准溶液采用______法配制。

14. 标定硫代硫酸钠溶液一般可选择________作基准物，标定高锰酸钾标准溶液一般选用________作基准物。

15. 碘量法采用______指示剂。直接碘量法又称为________，滴定终点溶液出现______；间接碘量法又称为________，滴定终点溶液______消失。

16. 采用间接碘量法时，淀粉指示剂应在________________时加入，否则将会引起______凝聚，而且吸附的 I_2 不易释放出来，使终点难以观察。

17. 高锰酸钾在强酸性介质中被还原为______，在微酸、中性、微碱性介质中还原为______，强碱性介质中还原为______。

18. 碘量法的主要误差来源为________________和______。为防止碘的挥发，配制碘标准溶液时，将一定量的 I_2 溶于______溶液。

19. 配制 $Na_2S_2O_3$ 标准溶液采用______法配制，其标定采用的基准物是________，基准物先与________试剂反应生成________，再用 $Na_2S_2O_3$ 溶液滴定。

20. 高锰酸钾滴定法一般采用______指示剂，重铬酸钾滴定法一般采用____________指示剂，碘量法一般采用________指示剂。

21. 用高锰酸钾溶液滴定草酸钠溶液时，滴定速度先________后________，接近终点时将溶液加热至________℃，再缓慢滴定至溶液呈______，持续______不褪为终点。

二、选择题

1. 在 $CH_3OH + 6MnO_4^- + 8OH^- \longrightarrow 6MnO_4^{2-} + CO_3^{2-} + 6H_2O$ 反应中，CH_3OH 的基本单元是（　　）。

A. CH_3OH　　B. $\frac{1}{2}CH_3OH$

C. $\frac{1}{3}CH_3OH$　　D. $\frac{1}{6}CH_3OH$

2. 下列溶液中需要避光保存的是（　　）。

A. 氢氧化钾　　B. 碘化钾

C. 氯化钾　　D. 硫酸钾

3.（　　）是标定硫代硫酸钠标准溶液较为常用的基准物。

A. 升华碘　　B. KIO_3

C. $K_2Cr_2O_7$　　D. $KBrO_3$

4. 在碘量法中，淀粉是专属指示剂，当溶液呈蓝色时，这是（　　）。

A. 碘的颜色　　B. I^- 的颜色

C. 游离碘与淀粉生成物的颜色　　D. I^- 与淀粉生成物的颜色

5. 配制 I_2 标准溶液时，是将 I_2 溶解在（　　）中。

A. 水　　B. KI 溶液

C. HCl 溶液　　D. KOH 溶液

6. 用草酸钠作基准物标定高锰酸钾标准溶液时，开始反应速率慢，稍后，反应速率明显加快，这是（　　）起催化作用。

A. 氢离子　　B. MnO_4^-

C. Mn^{2+}　　D. CO_2

7. 在酸性介质中，用 $KMnO_4$ 溶液滴定草酸盐溶液，滴定应（　　）。

A. 在室温下进行

B. 将溶液煮沸后即进行

C. 将溶液煮沸，冷至 85℃进行

D. 将溶液加热到 65～75℃时进行

8. $KMnO_4$ 滴定所需的介质是（　　）。

A. 硫酸　　B. 盐酸　　C. 磷酸　　D. 硝酸

9. 标定 I_2 标准溶液的基准物是（　　）。

A. As_2O_3　　B. $K_2Cr_2O_7$

C. Na_2CO_3　　D. $H_2C_2O_4$

10. 用 $K_2Cr_2O_7$ 法测定 Fe^{2+}，可选用（　　）作指示剂。

A. 甲基红-溴甲酚绿　　B. 二苯胺磺酸钠

C. 铬黑 T　　D. 自身指示剂

11. 用 $KMnO_4$ 法测定 Fe^{2+}，可选用（　　）作指示剂。

A. 甲基红-溴甲酚绿　　B. 二苯胺磺酸钠

C. 铬黑 T　　D. 自身指示剂

12. 对高锰酸钾滴定法，下列说法错误的是（　　）。

A. 可在盐酸介质中进行滴定　　B. 直接法可测定还原性物质

C. 标准滴定溶液用标定法制备　　D. 在硫酸介质中进行滴定

13. 在间接碘法测定中，下列操作正确的是（　　）。

A. 边滴定边快速摇动

B. 加入过量 KI，并在室温和避免阳光直射的条件下滴定

C. 在 70～80℃恒温条件下滴定

D. 滴定一开始就加入淀粉指示剂

14. 间接碘量法测定 Cu^{2+} 含量，介质的 pH 应控制在（　　）。

A. 强酸性　　B. 弱酸性

C. 弱碱性　　D. 强碱性

15. 在间接碘量法中，滴定终点的颜色变化是（　　）。

A. 蓝色恰好消失　　B. 出现蓝色

C. 出现浅黄色　　D. 黄色恰好消失

16. 间接碘量法（即滴定碘法）中加入淀粉指示剂的适宜时间是（　　）。

A. 滴定至近终点，溶液呈稻草黄色时

B. 滴定开始时

C. 滴定至 I^{3-} 的红棕色褪尽，溶液呈无色时

D. 在标准溶液滴定了近 50%时

17. 碘量法测定 $CuSO_4$ 含量，试样溶液中加入过量的 KI，对其作用叙述错误的是（　　）。

A. 还原 Cu^{2+} 为 Cu^{+}　　B. 防止 I_2 挥发

C. 与 Cu^{+} 形成 CuI 沉淀　　D. 把 $CuSO_4$ 还原成单质 Cu

18. 间接碘法要求在中性或弱酸性介质中进行测定，若酸度大高，将会（　　）。

A. 反应不定量　　B. I_2 易挥发

C. 终点不明显　　　　　　D. I^-被氧化，$Na_2S_2O_3$ 被分解

19. $KMnO_4$ 法测石灰中 Ca 含量，先沉淀为 CaC_2O_4，再经过滤、洗涤后溶于 H_2SO_4 中，最后用 $KMnO_4$ 滴定 $H_2C_2O_4$，Ca 的基本单元为（　　）。

A. Ca　　B. $\frac{1}{2}Ca$　　C. $\frac{1}{5}Ca$　　D. $\frac{1}{3}Ca$

20. 在 Sn^{2+}、Fe^{2+} 的混合溶液中，欲使 Sn^{2+} 氧化为 Sn^{4+} 而 Fe^{2+}不被氧化，应选择的氧化剂是（　　）。[已知 $\varphi^{\ominus}(Sn^{4+}/Sn^{2+})=0.15V$，$\varphi^{\ominus}(Fe^{3+}/Fe^{2+})=0.77V$]

A. $KIO_3[\varphi^{\ominus}(2IO_3^-/I_2)=1.20V]$

B. $H_2O_2[\varphi^{\ominus}(H_2O_2/2OH^-)=0.88V]$

C. $HgCl_2[\varphi^{\ominus}(HgCl_2/Hg_2Cl_2)=0.63V]$

D. $SO_3^{2-}[\varphi^{\ominus}(SO_3^{2-}/S)=-0.66V]$

21. 以 $K_2Cr_2O_7$ 法测定铁矿石中铁含量时，用 0.02mol/L $K_2Cr_2O_7$ 滴定。设试样含铁以 Fe_2O_3（其摩尔质量为 159.7g/mol）计约为 50%，则试样称取量应为（　　）。

A. 0.1g 左右　　　　　　B. 0.2g 左右

C. 1g 左右　　　　　　　D. 0.35g 左右

三、判断题

1. 电极电位既可能是正值，也可能是负值。（　　）

2. 某电对的氧化态可以氧化电位较它低的另一电对的还原态。（　　）

3. 直接碘量法的滴定终点是从蓝色变为无色。（　　）

4. 配制好的 $KMnO_4$ 溶液放在棕色瓶中保存，如果没有棕色瓶应放在避光处保存。（　　）

5. 在滴定时，$KMnO_4$ 溶液要放在碱式滴定管中。（　　）

6. 用 $Na_2C_2O_4$ 标定 $KMnO_4$，需加热到 70～80℃，在 HCl 介质中进行。（　　）

7. 用高锰酸钾法测定 H_2O_2 时，需通过加热来加速反应。（　　）

8. 配制 I_2 溶液时要加入 KI。（　　）

9. 配制好的 $Na_2S_2O_3$ 标准溶液应立即用基准物质标定。( )

10. 由于 $KMnO_4$ 性质稳定，可作基准物直接配制成标准溶液。( )

11. 由于 $K_2Cr_2O_7$ 容易提纯，干燥后可作为基准物直接配制标准溶液，不必标定。( )

12. $\varphi^{\ominus}(Cu^{2+}/Cu^{+})=0.17V$，$\varphi^{\ominus}(I_2/I^{-})=0.535V$，因此 Cu^{2+} 不能氧化 I^{-}。( )

13. 标定 I_2 溶液时，既可以用 $Na_2S_2O_3$ 滴定 I_2 溶液，也可以用 I_2 滴定 $Na_2S_2O_3$ 溶液，且都采用淀粉指示剂。这两种情况下加入淀粉指示剂的时间是相同的。( )

14. 配好 $Na_2S_2O_3$ 标准滴定溶液后煮沸约 10min，其作用主要是除去 CO_2 和杀死微生物，促进 $Na_2S_2O_3$ 标准滴定溶液趋于稳定。( )

15. 提高反应溶液的温度能提高氧化还原反应的速率，因此在酸性溶液中用 $KMnO_4$ 滴定 $C_2O_4^{2-}$ 时，必须加热至沸腾才能保证正常滴定。( )

16. 间接碘量法加入 KI 一定要过量，淀粉指示剂要在接近终点时加入。( )

17. 使用直接碘量法滴定时，淀粉指示剂应在近终点时加入；使用间接碘量法滴定时，淀粉指示剂应在滴定开始时加入。( )

18. 碘法测铜，加入 KI 起三个作用：还原剂、沉淀剂和配位剂。( )

19. 以淀粉为指示剂滴定时，直接碘量法的终点是从蓝色变为无色，间接碘量法是由无色变为蓝色。( )

20. 溶液酸度越高，$KMnO_4$ 氧化能力越强，与 $Na_2C_2O_4$ 反应越完全，所以用 $Na_2C_2O_4$ 标定 $KMnO_4$ 时，溶液酸度越高越好( )

21. $K_2Cr_2O_7$ 标准溶液滴定 Fe^{2+} 既能在硫酸介质中进行，又能在盐酸介质中进行。( )

四、问答题

1. 氧化还原反应的实质是什么？

2. 如何判断氧化剂和还原剂？

3. 什么是氧化还原电对？举例说明如何表示。

4. 什么是电极电位、标准电极电位？它们之间有什么联系？如何计算？

5. 如何依据电极电位的数值来判断氧化还原反应的方向、次序和反应完全的程度？

6. 试判断在1mol/L HCl溶液中，用Sn^{2+}还原Fe^{3+}的反应能否进行完全？

7. 从附录三中查出下列电对的电极电位，并回答问题

$$MnO_4^- + 8H^+ + 5e \rightleftharpoons Mn^{2+} + 4H_2O$$

$$Ce^{4+} + e \longrightarrow Ce^{3+}$$

$$Fe^{2+} + 2e \longrightarrow Fe$$

$$Ag^+ + e \longrightarrow Ag$$

(1) 以上电对中，何者是最强的还原剂？何者是最强的氧化剂？

(2) 以上电对中，何者可将Fe^{2+}还原为Fe？

(3) 以上电对中，何者可将Ag氧化为Ag^+？

8. 常用的氧化还原滴定法有哪些？要求的滴定条件如何？用到哪些标准溶液？写出各法的基本反应方程式。

9. 常用的氧化还原标准溶液如何制备？有哪些注意事项？哪些标准滴定溶液要装在棕色滴定管中进行滴定？

10. 常用的氧化还原滴定法各用到的指示剂是什么？

11. 氧化还原滴定法中反应物的基本单元如何确定？

12. 氧化还原滴定法的滴定方式有哪些？各适用于何种情况？

13. 标定$KMnO_4$、$Na_2S_2O_3$、I_2标准溶液时，常用基准物质有哪些？浓度如何计算？

14. 用$Na_2C_2O_4$作为基准物质标定$KMnO_4$溶液应控制什么条件？

15. 碘量法测定中的注意事项有哪些？如何减小测定误差？

16. $KMnO_4$ 滴定法终点的粉红色不能持久的原因是什么？

17. 在直接碘量法和间接碘量法中，淀粉指示液的加入时间和终点颜色变化有何不同？

18. 常用的氧化还原滴定法能测定的物质有哪些？各采用何种滴定方式？

19. 本身不具有氧化还原性质的物质能通过氧化还原滴定法来测定吗？

20. 所有的氧化还原反应都能用作氧化还原滴定吗？为什么？

五、计算题

1. 在 1mol/L HCl 溶液中，当 Sn^{4+}/Sn^{2+} 的浓度比为：（1）10^{-2}；（2）10^{-1}；（3）1；（4）10；（5）100 时，Sn^{4+}/Sn^{2+} 电对的电极电位是多少？[已知 $\varphi^{\ominus}(Sn^{4+}/Sn^{2+})=0.154V$]

2. 计算 1mol/L HCl 溶液中 $c(Ce^{4+})=1.00\times10^{-2}$ mol/L，$c(Ce^{3+})=1.00\times10^{-3}$ mol/L 时电对的电位。

3. 若下列所有物质都是处于标准状态（温度为 25℃，有关的物质的量浓度为 1mol/L，有关气体压力为 1 个大气压），下列各反应将向哪个方向进行？

（1）$Sn^{4+}+Cd \longrightarrow Sn^{2+}+Cd^{2+}$

（2）$Ce^{4+}+Br^{-} \longrightarrow Ce^{3+}+\frac{1}{2}Br_2$

（3）$2Fe^{3+}+Cd \longrightarrow 2Fe^{2+}+Cd^{2+}$

（4）$Sn^{4+}+2Ce^{3+} \longrightarrow Sn^{2+}+2Ce^{4+}$

（5）$S^{2-}+2Cr^{3+} \longrightarrow S\downarrow+2Cr^{2+}$

（6）$2MnO_4^{-}+5O_2+6H^{+} \longrightarrow 5O_3\uparrow+3H_2O+2Mn^{2+}$

（7）$5Cl_2+I_2+6H_2O \longrightarrow 2IO_3^{-}+10Cl^{-}+12H^{+}$

4. 根据标准电极电位计算下列反应平衡常数，判断各个反应向哪个方向进行？

（1）$Ce^{4+}+Fe^{2+} \longrightarrow Ce^{3+}+Fe^{3+}$

（2）$Sn^{4+}+2Ce^{3+} \longrightarrow Sn^{2+}+2Ce^{4+}$

（3） $IO_3^- + 5I^- + 6H^+ \longrightarrow 3I_2 + 3H_2O$

5. 配平下列反应方程式，指出氧化剂和还原剂的基本单元各是其分子式的几分之几？

（1） $FeCl_3 + SO_2 + H_2O \longrightarrow FeCl_2 + HCl + H_2SO_4$

（2） $Na_2S_2O_3 + I_2 \longrightarrow NaI + Na_2S_4O_6$

（3） $Mn(NO_3)_2 + NaBiO_3 + HNO_3 \longrightarrow HMnO_4 + Bi(NO_3)_3 + H_2O$

（4） $Cr(NO_3)_3 + NaBiO_3 + HNO_3 \longrightarrow$

$Na_2Cr_2O_7 + Bi(NO_3)_3 + NaNO_3 + H_2O$

（5） $KBrO_3 + KI + H_2SO_4 \longrightarrow I_2 + KBr + K_2SO_4 + H_2O$

（6） $NaClO + Na_3AsO_3 \longrightarrow NaCl + Na_3AsO_4$

6. 在 100mL 溶液中，含有 $KMnO_4$ 0.1580g，问此溶液物质的量浓度 $c(KMnO_4)$ 及 $c\left(\frac{1}{5}KMnO_4\right)$分别为多少？

7. 欲配制 $c\left(\frac{1}{6}K_2Cr_2O_7\right) = 0.1000mol/L$ 的 $K_2Cr_2O_7$ 标准溶液 500mL，应称取 $K_2Cr_2O_7$ 基准试剂多少克？

8. 配制 1.5L $c\left(\frac{1}{5}KMnO_4\right) = 0.2mol/L$ 的 $KMnO_4$ 溶液，应称取试剂 $KMnO_4$ 多少克？配制 1L $T(Fe^{2+}/KMnO_4) = 0.006g/mL$ 的溶液应称取 $KMnO_4$ 多少克？

9. 称取纯 $K_2Cr_2O_7$ 4.903g，配成 500mL 溶液，试计算：（1）此溶液的物质的量浓度 $c\left(\frac{1}{6}K_2Cr_2O_7\right)$为多少？（2）此溶液对 Fe_2O_3 的滴定度。

10. $KMnO_4$ 标准溶液的物质的量浓度是 $c\left(\frac{1}{5}KMnO_4\right) = 0.1242mol/L$，求用：(1) Fe；(2) $FeSO_4 \cdot 7H_2O$；(3) $Fe(NH_4)_2(SO_4)_2 \cdot 6H_2O$ 表示的滴定度。

11. 标定 $KMnO_4$ 溶液时，称取基准物质 $Na_2C_2O_4$ 0.1000g，滴定用去 $KMnO_4$ 溶液 24.85mL，计算 $KMnO_4$ 溶液的浓度 $c\left(\frac{1}{5}KMnO_4\right)$为多少？

12. 用基准物 As_2O_3 标定 $KMnO_4$ 标准溶液，若 0.2112g As_2O_3 在酸性溶液中恰好与 36.42mL $KMnO_4$ 溶液反应，求该 $KMnO_4$ 标准溶液的物质的量浓度 $c\left(\frac{1}{5}KMnO_4\right)$。

13. 用基准试剂 $KBrO_3$ 标定 $c(Na_2S_2O_3) \approx 0.2mol/L$ 的 $Na_2S_2O_3$ 溶液，欲使其消耗体积为 25mL 左右，应称基准试剂 $KBrO_3$ 多少克？

14. 称取基准 $K_2Cr_2O_7$ 0.5736g，用水溶解后，配成 100.0mL 溶液。取出此溶液 25.00mL，加入适量 H_2SO_4 和 KI，滴定时消耗 28.24mL 的 $Na_2S_2O_3$ 溶液，计算 $Na_2S_2O_3$ 溶液物质的量浓度。

15. 准确移取 H_2O_2 试液 2mL 于 200mL 容量瓶中，加水稀释至刻度，摇匀后，吸取 20.00mL，酸化后用 0.02000mol/L $KMnO_4$ 标准溶液滴定，消耗 30.60mL。试液中 H_2O_2 质量浓度 (g/L) 为多少？

16. 称取 0.2000g 含铜样品，用碘量法测定含铜量，如果加入 KI 后析出的碘需要用 20.00mL $c(Na_2S_2O_3) = 0.1000mol/L$ 的标准滴定溶液滴定至终点。求样品中铜的质量分数。

17. 准确称取软锰矿试样 0.5000g，在酸性介质中加入 0.6020g 纯 $Na_2C_2O_4$。待反应完全后，过量的 $Na_2C_2O_4$ 用 $c\left(\frac{1}{5}KMnO_4\right) = 0.02000mol/L$ 标准溶液滴定，用去 28.00mL。计算软锰矿中 MnO_2 的质量分数。

18. 称取 $Na_2SO_3 \cdot 5H_2O$ 试样 0.3878g，将其溶解，加入 50.00mL $c\left(\frac{1}{2}I_2\right) = 0.09770mol/L$ 的 I_2 溶液处理，剩余的 I_2 需要用 $c(Na_2S_2O_3) = 0.1008mol/L$ 的 $Na_2S_2O_3$ 标准滴定溶液 25.40mL 滴定至终点。计算试样中 Na_2SO_3 的质量分数。($I_2 + SO_3^{2-} + H_2O \longrightarrow 2H^- + 2I^- + SO_4^{2-}$)

19. 测定 2.00g 样品中的钙，先使钙生成 CaC_2O_4 沉淀，再将沉淀溶解于酸中，然后用 0.1000mol/L $\frac{1}{5}KMnO_4$ 标准溶液滴定草酸，如果滴定所需的 $KMnO_4$ 为 35.6mL，问样品中含 CaO 的质量分数？

20. 用 $KMnO_4$ 法间接测定石灰石中 CaO 的含量，若试样中 CaO 含量约为 40%，为使滴定时消耗 0.1000mol/L $\frac{1}{5}KMnO_4$ 溶液 30mL 左右，问应称取试样多少克？

21. 将 0.1351g 蒸馏水溶于无水甲醇，配成 50.00mL 水标准溶液，吸取此溶液 5.00mL，用卡尔·费休试剂滴定至终点，消耗 4.80mL。另取 5.00mL 无水甲醇同法进行空白试验，消耗 0.40mL。计算卡尔·费休试剂对水的滴定度和标准溶液中水的质量浓度（以 mg/mL 表示）。

22. 有 20.00mL $c\left(\frac{1}{5}KMnO_4\right)=0.20000mol/L$ 的 $KMnO_4$ 溶液，在酸性介质中，恰能与 20.00mL 的 $KHC_2O_4 \cdot H_2C_2O_4$ 溶液完全反应，问需要多少毫升 0.1500mol/L 的 NaOH 溶液才能与 25.00mL 的上述 $KHC_2O_4 \cdot H_2C_2O_4$ 溶液完全中和？

23. 称取含有苯酚的试样 0.5000g，溶解后加入 0.1000mol/L $KBrO_3$ 溶液（其中含有过量 KBr）25.00mL，并加 HCl 酸化，放置。待反应完全后，加入 KI。滴定析出的 I_2 消耗了 0.1003mol/L 的 $Na_2S_2O_3$ 标准滴定溶液 29.91mL。计算试样中苯酚的质量分数。

24. 准确称取抗坏血酸（$C_6H_8O_6$）0.2000g，加入新煮沸过的冷却蒸馏水及稀 HAc 混合溶液溶解，加入淀粉指示剂，立即用 $T(As_2O_3/I_2)=0.004946g/mL$ 的 I_2 标准溶液滴定至溶液呈持续蓝色，消耗 20.05mL。求试样中抗坏血酸的质量分数。反应：

$$As_2O_3+6OH^- \longrightarrow 2AsO_3^{3-}+3H_2O$$

$$I_2+AsO_3^{3-}+2HCO_3^- \longrightarrow 2I^- + AsO_4^{3-}+2CO_2+H_2O$$

$$I_2+C_6H_8O_6 \longrightarrow C_6H_6O_6+2HI$$

25. 称取硫脲 $CS(NH_2)_2$ 试样 0.7000g，溶解后在容量瓶中稀释至 250mL，准确移取试液 25.00mL，用 0.008333mol/L 的 $KBrO_3$

标准溶液滴定至溶液出现黄色，消耗 15.00mL。求试样中硫脲的质量分数。[反应 $4BrO_3^- + 3CS(NH_2)_2 + 3H_2O \longrightarrow 3CO(NH_2)_2 + 3SO_4^{2-} + 4Br^- + 6H^+$]

技能测试

一、测试项目　硫酸铜含量测定

1. 测试要求

本次测试在 2h 内完成，并递交完整报告。

2. 操作步骤（参照 GB/T 437—1993）

称取硫酸铜试样 1g（称准至 0.0001g），于 250mL 碘量瓶中，加 100mL 水溶解，加 3 滴硝酸，煮沸，冷却，逐滴加入饱和碳酸钠溶液，直至有微量沉淀出现为止。然后加入 4mL 乙酸溶液，使溶液呈微酸性；加 5mL 饱和氟化钠溶液，2.5g 碘化钾；盖上瓶塞于暗处放置 3min。用 $c(Na_2S_2O_3)=0.1mol/L$ 硫代硫酸钠标准滴定溶液滴定，直到溶液呈现淡黄色，加 3mL 淀粉指示液，继续滴定至蓝色消失为终点。平行测定三份。

二、技能评分

细目	评分要素	分值	说明	扣分	得分
天平称量（10分）	天平检查（水平、清扫、调零）	1	凡是不符合要求每小项扣 1 分		
	天平称量操作规范、正确	2			
	称量时间（3min 称一个样）	3	每超过 1min 扣 1 分		
	称量范围在规定量±5%	2	每超出 5%扣 1 分		
	称量一次完成	2	重称扣 2 分		
试样处理（10分）	溶解样品方法正确	2	按溶解样品标准规范进行评分，每错一项扣 2 分		
	加入试剂顺序和方法符合要求	2			
	试剂加入量符合要求	2			
	碘量瓶使用方法正确	2			
	溶解样品操作熟练	2			

续表

细目	评分要素	分值	说明	扣分	得分
滴定管使用操作(18分)	润洗、赶气泡、调零、管尖残液处理	2	按滴定管使用标准规范评分		
	滴定操作正确、熟练	2			
	滴定速度 6～8mL/min	2			
	终点控制(半滴控制技术)	2			
	指示剂加入时间	4	指示剂加入早、终点过量扣4分		
	滴定终点判断、滴定管读数	4			
	滴定过程不溅失溶液	2			
文明操作(4分)	实验过程台面整洁有序	1	脏乱扣1分		
	废液、纸屑等按规定处理	1	乱扔乱倒扣1分		
	实验后清理台面及试剂架	1	未清理扣1分		
	实验后试剂、仪器放回原处	1	未放原处扣1分		
记录、数据处理和报告(14分)	原始记录完整、规范、无涂改,采用仿宋字	2	不符合要求每处扣1分		
	有效数字运算符合规则	1			
	计算方法(公式、校正值)正确	4			
	实验报告完整、明确、清晰	3			
	数字计算正确	4			
测定结果评价(40分)	结果精密度(相对平均偏差)	20	<0.2%		
		16	0.2%～0.4%		
		12	0.4%～0.6%		
		8	0.6%～0.8%		
		4	0.8%～1.2%		
		0	>1.2%		
	结果准确度(相对误差)	20	<0.2%		
		16	0.2%～0.4%		
		12	0.4%～0.6%		
		8	0.6%～0.8%		
		4	0.8%～1.2%		
		0	>1.2%		

续表

细目	评分要素		分值	说明	扣分	得分
考核时间（4分）	开始时间		4	每超过 5min 扣 1 分		
	结束时间					
	考核时间					
总分	100					

第六章 沉淀滴定和沉淀称量法

内容提要

沉淀滴定是利用沉淀反应进行滴定分析的方法，目前最常用的是银量沉淀滴定法。沉淀称量法是将待测组分转化为某种沉淀，通过称量沉淀质量推算被测组分含量的分析方法。学习本章，要了解溶度积规则，理解沉淀滴定和称量分析法的测定原理；理解银量法中确定滴定终点的三种方法，掌握莫尔法和福尔哈德法的滴定条件和应用；掌握称量分析的条件选择和分析结果的计算；初步掌握称量分析法的基本操作要领。

一、溶度积规则的应用

1. 溶度积规则

难溶化合物在水中的溶解达到饱和之后，存在于水中的沉淀物质与其解离出的离子保持溶解和沉淀的动态平衡，

$$mM^{n+} + nA^{m-} \rightleftharpoons M_mA_n$$

在一定温度下，溶解度为一定值，相关离子浓度的乘积也是一个常数。这个常数称为溶度积，用 K_{sp} 表示。

$$[M]^m[A]^n = K_{sp(M_mA_n)} \tag{6-1}$$

一些常见难溶化合物的溶度积在分析化学手册中可以查得。通过计算溶液中相关离子浓度积可以判断溶液有沉淀生成或溶解的状态，见表 6-1。

2. 溶度积规则的应用

(1) 沉淀完全　滴定分析允许误差一般小于 0.1%，用于沉淀滴定的反应要求进行完全，所选用沉淀剂生成沉淀的溶度积要很

表 6-1　溶液中沉淀生成或溶解的判断条件

判断条件	溶液状态	对溶液的影响结果
相关离子浓度积$=K_{sp}$	饱和溶液	沉淀和溶解平衡
相关离子浓度积$>K_{sp}$	过饱和溶液	生成沉淀
相关离子浓度积$<K_{sp}$	未饱和溶液	沉淀溶解

小。对于 1+1 型沉淀，要求 $K_{sp}\leqslant 10^{-10}$，才可使被滴定离子沉淀完全。如卤化银沉淀即可满足要求。

在沉淀称量法中，沉淀的溶解损失必须小于分析天平的称量误差（0.2mg）。要减少沉淀的溶解，一方面选择的沉淀剂要使形成沉淀的溶度积很小，另一方面可以加入过量的沉淀剂，使被测组分沉淀完全。

（2）分步沉淀　加入的沉淀剂能与溶液中的多种离子产生沉淀时，离子浓度积先达到溶度积的离子先产生沉淀，或者说哪一种离子产生沉淀所需的沉淀剂的量最少，则该离子最先析出沉淀。选择适当的沉淀剂或控制一定的反应条件，可使相关离子分步依次析出沉淀，从而使混合离子相互分离或连续滴定。例如用 $AgNO_3$ 标准滴定溶液滴定 Cl^-，以 K_2CrO_4 作指示剂确定终点就是利用分步沉淀原理。

（3）沉淀的转化　在沉淀剂作用下，一种难溶化合物溶解，生成另一种更难溶化合物的现象叫沉淀的转化。沉淀能否转化关键取决于两种沉淀溶度积的相对大小。溶度积大的沉淀容易转化为溶度积小的沉淀，两者 K_{sp} 相差越大，沉淀之间越容易转化。

在沉淀滴定中有时要注意避免沉淀转化带来的误差，福尔哈德法测定卤素离子时就存在这种情况；但它也是使难溶电解质溶解的一种方法。

二、银量滴定法

实际应用最多的沉淀滴定法是生成难溶银盐的“银量沉淀滴定法”。按照所用指示剂不同，银量滴定法分为以下三种。

1. 莫尔法

化学计量点前

$$Ag^+ + Cl^- \longrightarrow AgCl\downarrow(白色)$$

化学计量点后

$$2Ag^+(过量的) + CrO_4^{2-} \longrightarrow Ag_2CrO_4\downarrow(砖红色)$$

2. 福尔哈德法

（1）直接滴定——测银

化学计量点前：

$$Ag^+ + SCN^- \longrightarrow AgSCN\downarrow(白色)$$

化学计量点后：

$$Fe^{3+} + SCN^- \longrightarrow FeSCN^{2+}(红色)$$

（2）返滴定——测卤素

① 加入过量的 Ag^+

$$Ag^+(过量) + Cl^- \longrightarrow AgCl\downarrow(白色)$$

② 滴定

化学计量点前：$Ag^+(剩余) + SCN^- \longrightarrow AgSCN\downarrow(白色)$

化学计量点后：　$SCN^- + Fe^{3+} \longrightarrow FeSCN^{2+}(红色)$

3. 法扬司法

利用吸附指示剂（一类有机化合物）在沉淀滴定化学计量点前后显示不同颜色来指示滴定终点。

以上三种方法的特点和适用范围归纳如表 6-2 所列。

表 6-2　银量滴定法的特点和适用范围

方　法	指示剂	滴定方式	标准溶液	测定对象	酸度条件
莫尔法	铬酸钾	直接滴定	$AgNO_3$ 溶液	Cl^-、Br^-	中性、弱碱性 pH 为 6.5～10.5
福尔哈德法	铁铵矾 (Fe^{3+})	直接滴定	NH_4SCN 溶液	Ag^+	硝酸溶液 0.2～0.5mol/L
		返滴定	$AgNO_3$ 溶液、 NH_4SCN 溶液	Cl^-、Br^-、 I^-、SCN^-	
法扬司法	荧光黄、 曙红等	直接滴定	$AgNO_3$ 溶液	Cl^-、Br^-、 I^-、SCN^-	因指示剂而异

三、沉淀称量分析

1. 一般步骤

沉淀称量分析的一般步骤是：

溶样→沉淀→过滤→洗涤→烘干或灼烧

整个操作过程要注意勿使沉淀或溶液溅出及被器具携带出来而造成损失。最后，精确称量烘干或灼烧产物（称量形式）的质量，再推算出试样中被测组分的含量。

2. 应用条件

(1) 选择沉淀剂　要求选择性强；形成沉淀溶解度小，易于过滤、洗涤、纯化；其本身溶解度大，过量的沉淀剂易于除去；经烘干或灼烧所得称量形式有确定的化学组成。

(2) 控制沉淀条件　沉淀过程对后续操作和分析结果影响很大。为了得到颗粒较大纯净的晶形沉淀，应控制稀、热、搅、陈等沉淀条件。

(3) 选择过滤器皿　对于需要灼烧的沉淀常用定量滤纸过滤，而对于只需烘干即可称量的沉淀，可采用微孔玻璃坩埚（或漏斗）过滤。

(4) 提高洗涤效率　遵循“少量多次”的原则，确保洗去杂质，得到纯净的沉淀。

由于沉淀称量法操作过程繁杂费时，目前应用较少，主要用于硫、磷、硅、钾、镍、铝、钡等元素的常量分析。

四、技能训练环节

① 用指定质量称量法称取基准物质。

② 莫尔法滴定条件的控制和终点的掌握。

③ 采用滴定度表示标准溶液组成，并计算分析结果。

④ 沉淀称量分析的基本操作，包括沉淀条件的控制，沉淀的过滤、洗涤、烘干、灼烧和恒重。

例题解析

【例 6-1】 按溶度积规则，解释下列现象：

（1）$CaCO_3$ 沉淀能溶于 HAc 溶液中；

（2）AgCl 沉淀不溶于稀酸，却能溶于氨水中；

（3）在 $CaCl_2$ 溶液中滴加少量稀硫酸，逐渐有沉淀生成；

（4）在 $BaCl_2$ 溶液中滴加少量稀硫酸，迅速生成沉淀。

解题思路　按照溶度积规则判断溶液中沉淀-溶解平衡的移动方向，从而确定沉淀生成或溶解的状态。

解　（1）$CaCO_3$ 沉淀在水溶液中存在溶解和沉淀平衡，$CaCO_3 \rightleftharpoons Ca^{2+} + CO_3^{2-}$。HAc 溶液中的 H^+ 与 CO_3^{2-} 结合生成 H_2O 和 CO_2，CO_3^{2-} 减少使离子浓度积 $[Ca^{2+}][CO_3^{2-}]<K_{sp}$，促使沉淀不断溶解，直至 $CaCO_3$ 沉淀完全溶解。

（2）AgCl 沉淀在稀酸中，其溶解平衡 $AgCl \rightleftharpoons Ag^+ + Cl^-$ 并不受影响，沉淀不会溶解；在氨水溶液中有大量的 OH^-，与 Ag^+ 结合可产生 AgOH 的沉淀，同时 Ag^+ 能与 NH_3 生成配位离子，使 Ag^+ 浓度减少，离子浓度积 $[Ag^+][Cl^-]<K_{sp}$，对 AgCl 来说溶液是不饱和的，促使沉淀溶解。

（3）滴加稀硫酸时，随着 SO_4^{2-} 的增多，SO_4^{2-} 与 Ca^{2+} 的离子浓度积逐渐等于或大于 $CaSO_4$ 沉淀的溶度积（$K_{sp}=9.1\times10^{-6}$），此时溶液对于 $CaSO_4$ 来说已达到饱和溶液，开始析出 $CaSO_4$ 沉淀。

（4）在 $BaCl_2$ 溶液中滴加少量稀硫酸，由于 $BaSO_4$ 沉淀的溶度积（$K_{sp}=1.07\times10^{-10}$）很小，只需少量的 SO_4^{2-} 即可使 SO_4^{2-} 与 Ba^{2+} 的离子浓度积超过 $BaSO_4$ 沉淀的溶度积，因而迅速生成沉淀。

【例 6-2】　已知 CaC_2O_4 的溶度积常数为 2.5×10^{-9}。

（1）求 CaC_2O_4 在水中的饱和溶解度（mol/L）；

（2）求在 0.1mol/L $(NH_4)_2C_2O_4$ 溶液中的溶解度（mol/L）。

解题思路　根据溶度积常数可求出纯 CaC_2O_4 溶液中的饱和离子浓度；在 $(NH_4)_2C_2O_4$ 的溶液中，先确定 $C_2O_4^{2-}$ 的浓度，再根据溶度积常数计算 Ca^{2+} 的浓度，此 Ca^{2+} 即由 CaC_2O_4 溶解得到。

解 （1）CaC_2O_4 在水溶液中，只有 Ca^{2+}、$C_2O_4^{2-}$

$$[Ca^{2+}]=[C_2O_4^{2-}]=\sqrt{K_{sp}}=\sqrt{2.5\times10^{-9}}=5\times10^{-5}\ (mol/L)$$

（2）在 0.1mol/L $(NH_4)_2C_2O_4$ 溶液中，解离出的 $C_2O_4^{2-}$ 浓度为 0.1mol/L，远大于由 CaC_2O_4 解离出的 $C_2O_4^{2-}$ 饱和浓度 5×10^{-5}mol/L，CaC_2O_4 解离出的 $C_2O_4^{2-}$ 可忽略不计，所以溶液中 $C_2O_4^{2-}$ 浓度为 0.1mol/L，由此计算 CaC_2O_4 解离出的 Ca^{2+} 浓度

$$[Ca^{2+}]=\frac{K_{sp}}{[C_2O_4^{2-}]}=\frac{2.5\times10^{-9}}{0.1}=2.5\times10^{-8}\ (mol/L)$$

可见，在 0.1mol/L $(NH_4)_2C_2O_4$ 溶液中 CaC_2O_4 的溶解度为 2.5×10^{-8}mol/L。

【例 6-3】 在 100mL 0.3000 mol/L 的 KCl 溶液中加入 0.3400g $AgNO_3$（假定体积不变），求此溶液中 Cl^- 和 Ag^+ 浓度各是多少？

解题思路 先计算沉淀反应之后剩余离子浓度，再根据溶度积常数计算其他离子浓度。

解 $n(KCl)=0.3000\times100\times10^{-3}=0.03\ (mol)$

$$n(AgNO_3)=\frac{m}{M}=\frac{0.3400}{170}=0.00200\ (mol)$$

KCl 与 $AgNO_3$ 反应生成 0.00200mol AgCl，剩余 0.0280mol KCl。此溶液中 Cl^- 过量，其浓度为

$$[Cl^-]=\frac{0.0300-0.00200}{100}\times1000=0.280\ (mol/L)$$

AgCl 达到溶解平衡，根据溶度积常数计算其他离子的浓度。

$$[Ag^+]=\frac{K_{sp}}{[Cl^-]}=\frac{1.77\times10^{-10}}{0.280}=6.32\times10^{-10}\ (mol/L)$$

【例 6-4】 在 I^- 和 Cl^- 各为 0.05mol/L 的混合溶液中，滴加 0.05mol/L $AgNO_3$ 溶液，哪种离子先析出沉淀？第二种离子开始沉淀时，第一种离子是否已沉淀完全？

解题思路 根据沉淀的溶度积常数，计算各离子产生沉淀所需的沉淀剂的浓度，需要浓度最小者最先析出沉淀。

解 产生 AgI 沉淀所需的 $AgNO_3$ 浓度：

$$[Ag^+]=\frac{K_{sp}}{[I^-]}=\frac{8.3\times10^{-17}}{0.05}=1.66\times10^{-15}\ (mol/L)$$

产生 AgCl 沉淀所需的 $AgNO_3$ 浓度：

$$[Ag^+]=\frac{K_{sp}}{[Cl^-]}=\frac{1.77\times10^{-10}}{0.05}=3.54\times10^{-9}\ (mol/L)$$

所以先析出 AgI 沉淀。当 AgCl 开始析出时，$[Ag^+]=3.54\times10^{-9}$，此时 I^- 的浓度为

$$[I^-]=\frac{K_{sp}}{[Ag^+]}=\frac{8.3\times10^{-17}}{3.54\times10^{-9}}=2.34\times10^{-8}\ (mol/L)$$

可见，此时 I^- 已沉淀完全。

【例 6-5】 称取纯碱样品 4.850g，溶解后定容至 250.0mL，取 25.00mL，用 0.0100mol/L $AgNO_3$ 标准滴定溶液滴定至终点，消耗 9.50mL。计算纯碱样品中 NaCl 的质量分数。

解题思路 用 $AgNO_3$ 直接滴定样品中 Cl^-，样品中 NaCl 与消耗 $AgNO_3$ 的物质的量相等。

解

$$w(NaCl)=\frac{m(NaCl)}{m_{样品}}=\frac{n(AgNO_3)M(NaCl)}{m_{样品}}$$

$$=\frac{0.0100\times9.50\times10^{-3}\times58.44}{4.850\times\frac{25.00}{25.00}}=0.1145$$

【例 6-6】 称取含砷农药样品 0.2041g，溶于 HNO_3 后样品中砷转变为 H_3AsO_4，将溶液调至中性，加入 $AgNO_3$ 溶液使其生成 Ag_3AsO_4 沉淀。将沉淀过滤洗净，溶于稀硝酸中，用 0.1105mol/L NH_4SCN 溶液滴定 Ag^+，用去 34.14mL。计算此农药中 As_2O_3 的质量分数。

解题思路 间接滴定法，关键在于找出 NH_4SCN 与 As_2O_3 物质的量的相当关系。

解 $As_2O_3\sim2H_3AsO_4\sim2Ag_3AsO_4\sim6NH_4SCN$

所以 $6n(As_2O_3)=n(NH_4SCN)$

$$w(As_2O_3)=\frac{m(As_2O_3)}{m_{样品}}=\frac{n(As_2O_3)M(As_2O_3)}{m_{样品}}$$

$$=\frac{n(NH_4SCN)M(As_2O_3)}{6m_{样品}}$$

$$=\frac{0.1105\times 34.14\times 10^{-3}\times 198}{6\times 0.2041}=0.6100$$

【例 6-7】 称取烧碱样品 5.038g，溶于水，用硝酸调节 pH 后，定容于 250.0mL。吸取 25.00mL 于锥形瓶中，加入 25.00mL 0.1043mol/L $AgNO_3$ 溶液，沉淀完全后加入 2mL 硝基苯。返滴定用去 0.1015mol/L NH_4SCN 标准滴定溶液 21.45mL。求烧碱试样中 NaCl 的质量分数。

解题思路 返滴定法，$AgNO_3$ 溶液与 NH_4SCN 标准滴定溶液的物质的量之差等于 NaCl 的物质的量。

解

$$w(NaCl)=\frac{n(NaCl)M(NaCl)}{m_{样品}}$$

$$=\frac{[n(AgNO_3)-n(NH_4SCN)]M(NaCl)}{m_{样品}}$$

$$=\frac{(25.00\times 10^{-3}\times 0.1043-21.45\times 10^{-3}\times 0.1015)\times 58.44}{5.038\times\frac{25.00}{250.0}}$$

$$=0.04992$$

【例 6-8】 称取磷矿粉试样 0.5432g，溶解后将磷沉淀为 $MgNH_4PO_4\cdot 6H_2O$，经灼烧为 $Mg_2P_2O_7$，称得质量为 0.2234g。求试样中 P 和 P_2O_5 的质量分数。

解题思路 沉淀称量法分析样品含量，试样中的 P 与最终灼烧产物 $Mg_2P_2O_7$ 中 P 的物质的量相等。

解 $2P\sim P_2O_5\sim Mg_2P_2O_7$

试样中 P 的质量分数 $w(P)=\frac{m(P)}{m_{样品}}=\frac{n(P)M(P)}{m_{样品}}$

$$=\frac{2n(Mg_2P_2O_7)M(P)}{m_{样品}}$$

$$=\frac{2\frac{m(Mg_2P_2O_7)}{M(Mg_2P_2O_7)}M(P)}{m_{样品}}$$

$$=\frac{2\times\frac{0.2234}{222.6}\times30.97}{0.5432}$$

$$=0.1144$$

试样中 P_2O_5 的质量分数 $w(P_2O_5)=\frac{n(P_2O_5)M(P_2O_5)}{m_{样品}}$

$$=\frac{n(Mg_2P_2O_7)M(P_2O_5)}{m_{样品}}$$

$$=\frac{\frac{m(Mg_2P_2O_7)}{M(Mg_2P_2O_7)}M(P_2O_5)}{m_{样品}}$$

$$=\frac{\frac{0.2234}{222.6}\times142}{0.5432}$$

$$=0.2623$$

【例 6-9】 硝酸银标准滴定溶液的制备及标定的规程如下。

称取 1.2g 硝酸银（称准至 0.01g），溶于 500mL 蒸馏水中，摇匀。溶液保存于棕色瓶中，贴上标签，留用。

准确移取 25.00mL 氯化钠基准溶液于 250mL 锥形瓶中，加蒸馏水 25mL。另取一锥形瓶，加入 50mL 蒸馏水作空白。各加入 1mL 铬酸钾指示液，在不断摇动下分别用配制的硝酸银溶液滴定至刚出现砖红色为终点。

试解读该操作规程，回答下列问题：

（1）称取的硝酸银需要精确称量吗？为什么？

（2）硝酸银溶液为何要保存于棕色瓶中？

（3）作空白试验的目的是什么？

（4）出现的砖红色是什么物质？滴定过程以及到达终点发生的化学反应是什么？

（5）试用溶度积规则解释滴定过程及铬酸钾指示液指示终点的原理。

解题思路 明确试剂的化学性质和滴定反应原理，按照溶度积规则解读沉淀滴定的操作规程。

解 （1）不需要精确称量，因为硝酸银溶液是采用间接法配制，其准确浓度需要通过后序的标定来确定，而不是通过称取的质量计算浓度。

（2）硝酸银见光易分解，所以要保存于棕色瓶中。硝酸银分解反应为 $2AgNO_3 \longrightarrow 2Ag + 2NO_2\uparrow + O_2\uparrow$

或 $4AgNO_3 + 2H_2O \longrightarrow 4Ag + 4HNO_3$(蒸气)$\uparrow + O_2\uparrow$

（3）空白试验的目的是扣除加入的试剂和溶剂所引入的分析误差。

（4）出现的砖红色是 Ag_2CrO_4。滴定发生的化学反应是：

化学计量点前

$$Ag^+ + Cl^- \longrightarrow AgCl\downarrow \text{（白色）}$$

化学计量点后

$$2Ag^+\text{(过量的)} + CrO_4^{2-} \longrightarrow Ag_2CrO_4\downarrow\text{(砖红色)}$$

（5）根据溶度积规则计算，当滴入 $AgNO_3$ 时，先产生 AgCl 沉淀，随着不断滴入 $AgNO_3$，溶液中 $[Cl^-]$ 越来越小，而 $[Ag^+]$ 不断增大，达到 $[Ag^+][CrO_4^{2-}] \geqslant K_{sp}(Ag_2CrO_4)$ 时，Ag_2CrO_4 开始析出，指示终点到达。此时溶液中 Cl^- 浓度已很小，基本已经沉淀完全。

习题荟萃

一、填空题

1. 当温度一定时，在难溶电解质的饱和溶液中，沉淀物质与其解离出的离子保持____和____的动态平衡，有关离子浓度的____是一个常数，这个常数称为________，用________表示。

2. 在溶液中，当相关离子浓度积________K_{sp}时，溶液为________溶液，将产生________；当相关离子浓度积________K_{sp}，溶液为________溶液，沉淀将________。

3. 采用沉淀滴定法进行分析，对于 1＋1 型沉淀，一般要求____________，才可使被滴定离子沉淀完全。沉淀滴定反应还要求反应速率________，有适当的________确定滴定终点。

4. 当溶液中有多种离子可以和加入的沉淀剂产生沉淀时，离子浓度积先达到________的离子先产生沉淀，或者说哪一种离子产生沉淀所需的________的量最________，则该离子最先析出沉淀。

5. 沉淀转化的关键取决于两种沉淀溶度积的________。溶度积________的沉淀容易转化为溶度积________的沉淀。

6. 莫尔法测定 Cl^-，pH 范围应为________，如果 pH 为 4.0，将导致滴定结果偏________。

7. 莫尔法测定 NH_4Cl 中 Cl^- 含量时，若 pH＞7.5，会引起________的形成，使分析结果偏________。

8. 莫尔法测定 Cl^- 含量时，若指示剂________用量太大，将会引起滴定终点________到达，使测定结果偏________。

9. 莫尔法测定 Cl^- 时，终点由________色变为________色；福尔哈德法测定 Cl^- 时，终点由________色变为________色。

10. 福尔哈德法是在________条件下，用________作指示剂，用__________作为标准滴定溶液的一种银量滴定法。

11. 在福尔哈德法中，Ag^+ 采用________法测定，Cl^-、Br^-、I^-、SCN^- 采用________法测定。

12. 在法扬司法中，以 $AgNO_3$ 溶液滴定 NaCl 溶液时，化学计量点前沉淀带________电荷，化学计量点后沉淀带________电荷。

13. 在法扬司法中，常用的指示剂有________、________等。

14. 因为卤化银________易分解，故银量法的操作应尽量避免________。

15. 沉淀称量分析的一般步骤是：溶样→________→________→________→烘干或灼烧。

16. 沉淀称量分析应控制沉淀的生成，在________、________、________、________的条件下进行。

17. 沉淀称量分析选择的沉淀剂，其本身溶解度要________，形成沉淀溶解度要很________，易于过滤、洗涤和纯化；经烘干或灼烧所得称量形式要有确定的________。

二、选择题

1. 莫尔法采用 $AgNO_3$ 标准溶液测定 Cl^- 时，其滴定条件是（　）。

A. pH＝2.0～4.0　　B. pH＝6.5～10.5

C. pH＝4.0～6.5　　D. pH＝10.0～12.0

2. 用莫尔法测定纯碱中的氯化钠，应选择的指示剂是（　　）。

A. $K_2Cr_2O_7$　　B. K_2CrO_4

C. KNO_3　　D. $KClO_3$

3. 采用福尔哈德法测定水中 Ag^+ 含量时，终点颜色为（　　）。

A. 红色　　B. 纯蓝色

C. 黄绿色　　D. 蓝紫色

4. 以铁铵钒为指示剂，用硫氰酸铵标准滴定溶液滴定银离子时，应在（　　）条件下进行。

A. 酸性　　B. 弱酸性

C. 碱性　　D. 弱碱性

5. 福尔哈德法的指示剂是（　　），滴定剂是（　　）。

A. 硫氰酸钾　　B. 甲基橙

C. 铁铵矾　　D. 铬酸钾

6. 基准物质 NaCl 在使用前需（　　），再放于干燥器中冷却至室温。

A. 在 140～150℃烘干至恒重

B. 在 270～300℃灼烧至恒重

C. 在 105～110℃烘干至恒重

D. 在 500～600℃灼烧至恒重

7. 仅需要烘干的沉淀用（　　）过滤。

A. 定性滤纸　　B. 定量滤纸

C. 玻璃砂芯漏斗　　D. 分液漏斗

8. 用福尔哈德法测定 Cl^- 时，如果不加硝基苯（或邻苯二甲酸二丁酯），会使分析结果（　）。

A. 偏高　　　　　　　　B. 偏低

C. 无影响　　　　　　　D. 可能偏高也可能偏低

9. 用氯化钠基准试剂标定 $AgNO_3$ 溶液浓度时，溶液酸度过大，会使标定结果（　　）。

A. 偏高　　　　　　　　B. 偏低

C. 不影响　　　　　　　D. 难以确定其影响

10. 下列测定过程中，（　　）必须用力振荡锥形瓶。

A. 莫尔法测定水中氯

B. 间接碘量法测定 Cu^{2+} 浓度

C. 酸碱滴定法测定工业硫酸浓度

D. 配位滴定法测定硬度

11. 下列说法正确的是（　　）。

A. 莫尔法能测定 Cl^-、I^-、Ag^+

B. 福尔哈德法能测定的离子有 Cl^-、Br^-、I^-、SCN^-、Ag^+

C. 福尔哈德法只能测定的离子有 Cl^-、Br^-、I^-、SCN^-

D. 沉淀滴定中吸附指示剂的选择，要求沉淀胶体微粒对指示剂的吸附能力应略大于对待测离子的吸附能力

12. 在水溶液中 $AgNO_3$ 与 NaCl 反应，在化学计量点时 Ag^+ 的浓度为（　　）。

A. 2.0×10^{-5}　　　　　　B. 1.34×10^{-5}

C. 2.0×10^{-6}　　　　　　D. 1.34×10^{-6}

13. 被 AgCl 沾污的容器用（　　）洗涤最合适。

A. 1+1 盐酸　　　　　　B. 1+1 硫酸

C. 1+1 醋酸　　　　　　D. 1+1 氨水

14. 已知 25℃时 $K_{sp}(BaSO_4)=1.8\times10^{-10}$，在 400mL 的该溶液中由于沉淀的溶解而造成的损失为（　　）g。

A. 6.5×10^{-4}　　　　　　B. 1.2×10^{-3}

C. 3.2×10^{-4}　　　　　　D. 1.8×10^{-7}

15. $K_{sp}(AgCl)=1.8\times10^{-10}$，AgCl 在 0.001mol/L NaCl 中的溶解度（mol/L）为（　　）。

A. 1.8×10^{-10}　　B. 1.34×10^{-5}

C. 9.0×10^{-5}　　D. 1.8×10^{-7}

16. 难溶化合物 $Fe(OH)_3$ 离子积的表达式为（　）。

A. $K_{sp}=[Fe^{3+}][OH^-]$　　B. $K_{sp}=[Fe^{3+}][3OH^-]$

C. $K_{sp}=[Fe^{3+}][3OH^-]^3$　　D. $K_{sp}=[Fe^{3+}][OH^-]^3$

17. 已知 CaC_2O_4 的溶解度为 4.75×10^{-5} mol/L，则 CaC_2O_4 的溶度积是（　）。

A. 9.50×10^{-5}　　B. 2.38×10^{-5}

C. 2.26×10^{-9}　　D. 2.26×10^{-10}

18. 在含有 $PbCl_2$ 白色沉淀的饱和溶液中加入过量的 KI 溶液，则最后溶液中存在的是（　　）。[$K_{sp}(PbCl_2)>K_{sp}(PbI_2)$]

A. $PbCl_2$ 沉淀　　B. $PbCl_2$、PbI_2 沉淀

C. PbI_2 沉淀　　D. 无沉淀

19. 若将 0.002mol/L 硝酸银溶液与 0.005mol/L 氯化钠溶液等体积混合则（　　）。

A. 无沉淀析出　　B. 有沉淀析出

C. 难以判断　　D. 先沉淀后消失

20. 已知 25℃时，Ag_2CrO_4 的 $K_{sp}=1.12\times10^{-12}$，则该温度下 Ag_2CrO_4 的溶解度为（　　）。

A. 6.5×10^{-5} mol/L　　B. 1.05×10^{-6} mol/L

C. 6.5×10^{-6} mol/L　　D. 1.05×10^{-5} mol/L

21. 已知：AgCl 的 $K_{sp}=1.8\times10^{-10}$，Ag_2CrO_4 的 $K_{sp}=1.12\times10^{-12}$，在 Cl^- 和 CrO_4^{2-} 浓度皆为 0.10mol/L 的溶液中，逐滴加入 $AgNO_3$ 溶液，发生的情况为（　　）。

A. Ag_2CrO_4 先沉淀　　B. 只有 Ag_2CrO_4 沉淀

C. AgCl 先沉淀　　D. 同时沉淀

三、判断题

1. 当溶液中 $[Ag^+][Cl^-]\geqslant K_{sp}(AgCl)$ 时，反应向着生成沉淀的方向进行。（　）

2. 在含有 AgCl 沉淀的溶液中，加入 $NH_3\cdot H_2O$，则 AgCl 沉

淀会溶解。(　　)

3. 某难溶化合物 AB 的溶液中含 $c(A^+)$ 和 $c(B^-)$ 均为 10^{-5} mol/L，则其 $K_{sp}=10^{-10}$。(　　)

4. 已知 25℃时 $K_{sp}(Ag_2CrO_4)=1.12\times10^{-12}$，$K_{sp}(AgCl)=1.8\times10^{-10}$，则该温度下 AgCl 的溶解度大于 Ag_2CrO_4 的溶解度。(　　)

5. 对于难溶电解质来说，离子积和溶度积为同一个概念。(　　)

6. 难溶电解质的溶度积常数越大，其溶解度就越大。(　　)

7. 为保证被测组分沉淀完全，沉淀剂应越多越好。(　　)

8. 通常将 $AgNO_3$ 溶液放入碱式滴定管进行滴定操作。(　　)

9. 沉淀反应中，当离子浓度积$<K_{sp}$时，从溶液中继续析出沉淀，直至建立新的平衡关系。(　　)

10. 欲使沉淀溶解，应设法降低有关离子的浓度，保持离子浓度积$<K_{sp}$，沉淀即不断溶解，直至消失。(　　)

11. Ag_2CrO_4 的溶度积 (1.12×10^{-12}) 小于 AgCl 的溶度积 (1.8×10^{-10})，所以在含有相同浓度的 Cl^- 和 CrO_4^{2-} 的试液中滴加硝酸银溶液时，首先生成 Ag_2CrO_4 沉淀。(　　)

12. 在含有 0.01mol/L 的 I^-、Br^-、Cl^- 溶液中，逐渐加入 $AgNO_3$ 试剂，先出现的沉淀是 AgI[$K_{sp}(AgCl)>K_{sp}(AgBr)>K_{sp}(AgI)$]。(　　)

13. 如果在一溶液中加入稀 $AgNO_3$ 有白色沉淀产生，此溶液一定有 Cl^-。(　　)

14. 福尔哈德法是以 NH_4SCN 为标准滴定溶液，铁铵矾为指示剂，在稀硝酸溶液中进行滴定。(　　)

15. 沉淀称量法中的称量形式必须具有确定的化学组成。(　　)

16. 在沉淀称量法中，要求沉淀形式和称量形式相同。(　　)

17. 用福尔哈德法测定 Ag^+，滴定时必须剧烈摇动。用返滴定法测定 Cl^- 时，也应该剧烈摇动。(　　)

18. 沉淀 $BaSO_4$ 应在热溶液中进行，然后趁热过滤。（ ）

19. 分析纯的 NaCl 试剂，如不做任何处理，用来标定 $AgNO_3$ 溶液的浓度，结果会偏高。（ ）

20. 可以用硝酸银加稀硝酸溶液鉴别出 Cl^-、Br^- 和 I^-。（ ）

四、问答题

1. 什么是沉淀滴定法？沉淀滴定法对化学反应有什么要求？

2. 什么是溶度积常数？它与溶解度有何区别？

3. 用溶度积常数可以比较任何难溶物质溶解度的大小吗？

4. 如何判断溶液中有沉淀生成还是溶解？

5. 采用沉淀滴定法进行分析，对于 1＋1 型沉淀，使被滴定离子沉淀完全的条件是什么？

6. 什么是分步沉淀？试用其原理说明莫尔法判断终点的依据。

7. 沉淀转化的条件是什么？

8. 常用的银量滴定法有几种具体方法？写出莫尔法和福尔哈德法的化学反应方程式。

9. 比较莫尔法和福尔哈德法测定 Cl^- 的区别。

10. 法扬司法中的吸附指示剂的作用原理是什么？

11. 为什么莫尔法只能在中性或弱碱性溶液中进行？

12. 莫尔法以 K_2CrO_4 作指示剂，其浓度过大或过小对测定有何影响？

13. 福尔哈德法测 I^- 时，应在加入过量 $AgNO_3$ 溶液后再加入铁铵矾指示剂，为什么？

14. 沉淀称量法中加入沉淀剂以后如何检查沉淀是否完全？

15. 沉淀称量法中控制怎样的条件才能更好地生成沉淀？

16. 过滤操作需要哪些玻璃器皿？怎样选取？

17. 洗涤沉淀时怎样才能提高洗涤效率？怎样检查沉淀是否已经洗净？

18. 沉淀形式与称量形式有何区别？试举例说明。

五、计算题

1. Ag_3PO_4 在100mL水中能溶解 1.97×10^{-3} g，求其溶度积常数。

2. 常温下，AgCl的溶度积为 1.8×10^{-10}，Ag_2CrO_4 的溶度积为 1.1×10^{-12}，CaF_2 的溶度积为 2.7×10^{-11}，试问此三种物质的溶解度大小顺序怎样排列？

3. $Mg(OH)_2$ 的溶度积常数为 5×10^{-12}，试计算：

(1) $Mg(OH)_2$ 在纯水中的溶解度及溶液的pH值；

(2) $Mg(OH)_2$ 在0.010mol/L NaOH溶液中的溶解度；

(3) $Mg(OH)_2$ 在0.010mol/L $MgCl_2$ 溶液中的溶解度。

4. CuS_2 的 $K_{sp}=2.5\times10^{-46}$，求其饱和溶液中 S^{2-} 浓度。

5. 常温下，$Ca(OH)_2$ 的溶度积为 5.5×10^{-6}，求其饱和水溶液的pH。

6. 用硫酸钡称量法测定试样中硫酸盐。计算在200mL $BaSO_4$ 饱和溶液中，由于溶解所损失的沉淀质量是多少？如果让沉淀剂 Ba^{2+} 过量0.01mol/L，这时溶解损失又是多少？

7. 在含有1mol/L Ba^{2+} 和0.001mol/L Pb^{2+} 的混合溶液中，逐滴加入 K_2CrO_4 溶液，问何种沉淀首先析出。

8. 用 $AgNO_3$ 溶液滴定KI和 NH_4SCN 的混合溶液，当刚刚产生AgSCN沉淀时，溶液中的 SCN^- 浓度是 I^- 浓度的多少倍？

9. 在含有相等物质的量浓度的 Cl^- 和 I^- 的混合溶液中，逐滴加入 $AgNO_3$ 溶液，哪一种离子先沉淀？当第二种离子开始沉淀时，两种离子的浓度比是多少？

10. 在含有 Cl^- 和 CrO_4^{2-} 的浓度都为0.1mol/L的溶液中，当逐滴加入 $AgNO_3$ 溶液时，哪一种离子先沉淀？第二种离子开始沉淀时，第一种离子在溶液中的浓度是多少？

11. 用0.1mol/L的硫氰酸钠溶液处理氯化银沉淀，使之转化为硫氰酸银沉淀。当转化结束时，溶液中 Cl^- 和 SCN^- 的浓度比值是多少？

12. 用移液管吸取NaCl溶液25.00mL，加入 K_2CrO_4 指示剂

溶液，用 $c(AgNO_3)=0.07488$mol/L 的 $AgNO_3$ 溶液滴定，用去 37.42mL，计算每升溶液中含 NaCl 多少克？

13. 称取氯化物试样 0.2266g，加入 30.00mL 0.1121mol/L 的 $AgNO_3$ 溶液，过量的 $AgNO_3$ 用 0.1158mol/L 的 NH_4SCN 溶液滴定，消耗 6.50mL，计算试样中氯的质量分数。

14. 有 0.1169g 基准 NaCl，加水溶解后，以 K_2CrO_4 为指示剂，用 $AgNO_3$ 标准溶液滴定时，共用去 20.00mL，求该 $AgNO_3$ 溶液的浓度和对 NaCl 的滴定度。

15. 将 40.00mL 0.1020mol/L 的 $AgNO_3$ 溶液加到 25.00mL $BaCl_2$ 溶液中，剩余的 $AgNO_3$ 溶液，需用 15.00mL 0.09800mol/L 的 NH_4SCN 返滴定，问 25.00mL $BaCl_2$ 溶液中含 $BaCl_2$ 质量为多少？

16. 测定氯化锂 $LiCl \cdot H_2O$ 含量时，称取试样 0.1984g，溶于 70mL 水中，加 10mL 1%淀粉溶液，在摇动下用 0.1054mol/L 的 $AgNO_3$ 溶液避光滴定，近终点时，加 3 滴 0.5%荧光黄指示剂，继续滴定至乳液呈粉红色，消耗 30.28mL，求试样中 $LiCl \cdot H_2O$ 的质量分数。（反应式为：$AgNO_3 + LiCl \longrightarrow AgCl\downarrow + LiNO_3$）

17. 称取银合金试样 0.3000g，溶解后制成溶液，加入铁铵矾指示液，用 $T(Ag/NH_4SCN)=0.01079$g/mL 的 NH_4SCN 标准溶液滴定，用去 23.80mL，计算试样中的银的质量分数。

18. 称取一纯盐 KIO_x 0.5000g，经还原为碘化物后用 0.1000mol/L $AgNO_3$ 标准溶液滴定，用去 23.36mL。求该盐的化学式。

19. 测定碘化铵 NH_4I 含量时，称取试样 0.4936g，溶于 100mL 水中，加 10mL 1mol/L 乙酸及 3 滴 0.5%曙红钠盐指示剂，用滴定度为 $T(NaCl/AgNO_3)=5.891$mg/mL 的 $AgNO_3$ 溶液滴定至乳液呈红色，消耗 33.16mL，试样中 NH_4I 的质量分数是多少？

20. 有含硫约 35%的黄铁矿，用沉淀称量法测定硫，欲得 0.4g 的 $BaSO_4$ 沉淀，问应称取试样多少克？

21. 沉淀 0.1000g $NiCl_2$ 中的 Ni^{2+}，需要 1% 丁二酮肟

($C_4H_8N_2O_2$）溶液多少毫升（以过量50%计)？［有关反应式：$Ni^{2+}+2C_4H_8N_2O_2 \longrightarrow Ni(C_4H_7N_2O_2)_2\downarrow+2H^+$］

22. 称取含有 NaCl 和 NaBr 的试样 0.6280g，溶解后用 $AgNO_3$ 溶液处理，得到干燥的 AgCl 和 AgBr 沉淀 0.5064g。另称取相同质量的试样 1 份，用 0.1050mol/L 的 $AgNO_3$ 标准溶液滴定至终点，消耗 28.34mL。计算试样中 NaCl 和 NaBr 的质量分数。

23. 测定某试样中 MgO 的含量时，先将 Mg^{2+} 沉淀为 $MgNH_4PO_4$，再灼烧成 $Mg_2P_2O_7$ 称量。若试样质量为 0.2400g，得到 $Mg_2P_2O_7$ 的质量为 0.1930g，计算试样中 MgO 的质量分数为多少？

24. 现有 0.5016g $BaSO_4$，其中含少量 BaS，用 H_2SO_4 处理使 BaS 转变为 $BaSO_4$，经灼烧后得 $BaSO_4$ 0.5024g，求 $BaSO_4$ 样品中 BaS 的质量分数。

25. 称取某含砷农药 0.2000g，溶于 HNO_3 后转化为 H_3AsO_4，调至中性，加 $AgNO_3$ 使其沉淀为 Ag_3AsO_4。沉淀经过滤、洗涤后，再溶解于稀 HNO_3 中，以铁铵矾为指示剂，滴定时消耗了 0.1180mol/L 的 NH_4SCN 标准溶液 33.85mL。计算该农药中的 As_2O_3 的质量分数。

技能测试

一、测试项目　硝酸银标准滴定溶液的标定和水中氯化物的测定

1. 测试要求

本次测试在 3h 内完成，并递交完整报告。

2. 操作步骤（参照 GB/T 601—2002）

(1) 氯化钠基准溶液的制备　用指定质量称量法准确称取基准氯化钠 0.2060g，溶于水，定量转移至 250mL 容量瓶中，稀释至刻度，摇匀。该溶液 Cl^- 的质量浓度为 0.500mg/mL。

(2) 硝酸银标准滴定溶液的标定　准确移取 25.00mL 氯化钠

基准溶液于250mL锥形瓶中，加蒸馏水25mL。另取一锥形瓶，加入50mL蒸馏水作空白。各加入1mL铬酸钾指示液，在不断摇动下分别用教师已配制的硝酸银溶液滴定至刚出现砖红色为终点。平行标定四份。

(3) 水中氯化物含量的测定　准确吸取50.00mL水样，置于250mL锥形瓶中，加入1mL铬酸钾指示液，在不断摇动下，用硝酸银标准滴定溶液滴定至刚出现砖红色为终点。平行测定三份。同时用50mL蒸馏水做空白试验。

(4) 计算结果　计算硝酸银标准溶液对Cl^-的滴定度和水试样中Cl^-质量浓度。

二、技能评分

<table>
<tr><th>细目</th><th>评分要素</th><th>分值</th><th>说明</th><th>扣分</th><th>得分</th></tr>
<tr><td rowspan="5">天平称量(5分)</td><td>天平清扫与检查</td><td>1</td><td rowspan="5">凡是不符合要求每小项扣1分</td><td></td><td></td></tr>
<tr><td>样品取放(干燥器使用)</td><td>1</td><td></td><td></td></tr>
<tr><td>天平称量</td><td>1</td><td></td><td></td></tr>
<tr><td>称量一次完成</td><td>1</td><td></td><td></td></tr>
<tr><td>称量结束复位</td><td>1</td><td></td><td></td></tr>
<tr><td rowspan="4">制备氯化钠基准溶液(10分)</td><td>溶解样品方法正确</td><td>2</td><td rowspan="2">按溶解样品标准规范进行评分,每错一项扣2分</td><td></td><td></td></tr>
<tr><td>转移溶液符合要求</td><td>2</td><td></td><td></td></tr>
<tr><td>容量瓶定容操作规范(3/4平摇、距刻线1cm静止、定容后混匀)</td><td>4</td><td rowspan="2">按容量瓶使用规范评分,错一项扣2分</td><td></td><td></td></tr>
<tr><td>定容过程操作熟练</td><td>2</td><td></td><td></td></tr>
<tr><td rowspan="3">标定硝酸银标准溶液(17分)</td><td>移液管的洗涤润洗方法和次数</td><td>1</td><td rowspan="3">按移液管使用标准规范评分,每错一次扣1分</td><td></td><td></td></tr>
<tr><td>移液管吸溶液(插入溶液前后擦干、插入溶液深度、吸溶液高度、调刻度)</td><td>2</td><td></td><td></td></tr>
<tr><td>放溶液(管尖残液处理、角度、碰壁、停留时间)</td><td>2</td><td></td><td></td></tr>
</table>

续表

细目	评分要素	分值	说明	扣分	得分
标定硝酸银标准溶液（17分）	滴定操作正确、熟练	2	按滴定操作标准规范评分，每错一次扣2分		
	滴定速度6～8mL/min	2			
	终点控制（半滴控制技术）	2			
	指示剂加入量	2			
	滴定终点判断、滴定管读数	2			
	滴定过程不溅失溶液	2			
测定水样（6分）	移取水样操作	2	按移液管、滴定操作规范评分，错一项扣2分		
	滴定水样操作	2			
	空白试验操作	2			
文明操作（4分）	实验过程台面整洁有序	1	不符合要求每处扣1分		
	废液、纸屑等按规定处理	1			
	实验后清理台面及试剂架	1			
	实验后试剂、仪器放回原处	1			
记录、计算和报告（14分）	原始记录完整规范、无涂改，采用仿宋字	2	不符合要求每处扣1分		
	有效数字运算符合规则	1			
	计算方法（公式、校正值）正确	4			
	报告完整、明确、清晰	3			
	数字计算正确	4			
标定结果评价（20分）	结果精密度（极差/平均值）	10	＜0.2%		
		6	0.2%～0.4%		
		2	0.4%～0.6%		
		0	＞0.6%		
	结果准确度（相对误差）	10	＜0.2%		
		5	0.2%～0.6%		
		0	＞0.6%		

续表

细目	评分要素		分值	说明	扣分	得分
测定结果评价(20分)	结果精密度(相对平均偏差)		10	<0.2%		
			5	0.2%～0.4%		
			0	>0.6%		
	结果准确度(相对误差)		10	<0.2%		
			5	0.2%～0.6%		
			0	>0.6%		
测试时间(4分)	开始时间		4	测试时间 180min,每超过 5min 扣 1 分		
	结束时间					
	测试时间					
总分			100			

第七章　电位分析和电导分析

内容提要

直接电位分析是利用被测物质与其电极电位之间的函数关系测定微量物质的电化学方法；电位滴定是确定滴定分析终点的仪器方法。学习本章，要了解电位分析常用电极的构造、性能、使用及其电极电位的计算。掌握直接电位法测定溶液 pH 的原理、方法和仪器操作，了解测定其他离子的方法和仪器。掌握电位滴定的电极选择和确定滴定终点的方法。另外，要了解电导分析的基本知识，学会测定水溶液的电导率。

一、电位方程式和常用电极

1. 电位方程式

电位分析的依据是能斯特方程式（式中符号含义同第五章）

$$\varphi=\varphi^{\ominus}+\frac{0.059}{n}\lg\frac{[Ox]}{[Red]} \tag{7-1}$$

根据电位方程式可知：只要有一个合适的电极（指示电极），该电极电位随待测组分浓度变化而变化，通过测定其电极电位即可求出物质含量。但是，单一电极无法测其电极电位，必须与一个电位恒定（与待测组分浓度无关）的参比电极组成测量电池，测量该电池的电动势（E），才能得知指示电极电位，从而确定待测组分浓度。因此，选择合适的参比电极和指示电极是十分重要的。

2. 参比电极

（1）甘汞电极　该电极由汞、甘汞（Hg_2Cl_2）和氯化钾溶液组成，其电极电位仅与氯离子浓度有关。氯离子浓度一定，甘汞电极电位一定，所以甘汞电极可以作参比电极。

$$\varphi(Hg_2Cl_2/2Hg)=\varphi^{\ominus}(Hg_2Cl_2/2Hg)-0.059\lg[Cl^-] \quad (25℃) \tag{7-2}$$

在实验中，常将 KCl 饱和溶液装入甘汞电极，称为饱和甘汞电极（SCE）。

（2）银-氯化银电极　该电极是在银丝上镀一层 AgCl，并浸入一定浓度的 KCl 溶液中构成，其电极电位取决于溶液中 Cl^- 浓度，当 $[Cl^-]$ 一定时，其电极电位也就恒定，故可以作参比电极。同时它也可以作氯离子指示电极。

$$\varphi(AgCl/Ag)=\varphi^{\ominus}(AgCl/Ag)-0.059\lg[Cl^-] \quad (25℃) \tag{7-3}$$

3. 指示电极

（1）金属-金属离子电极　该电极是将金属丝浸入含有这种金属离子的溶液中，其电极电位能准确地反映出溶液中金属离子的浓度。如常用的银电极。

$$\varphi(Ag^+/Ag)=\varphi^{\ominus}(Ag^+/Ag)+0.059\lg[Ag^+] \quad (25℃) \tag{7-4}$$

（2）惰性金属或石墨炭电极　该电极是将化学性质稳定的导体材料铂、金或石墨炭棒放入含同一元素不同氧化态的两种离子的溶液中，电极作为导体协助电子的转移，自身不参与电化学反应。其电极电位与溶液中氧化态和还原态物质浓度的比例有关，测定该电极电位可以求出氧化态和还原态物质浓度比值。因此铂电极常用作氧化还原电位滴定的指示电极。例如，

$$\varphi(Fe^{3+}/Fe^{2+})=\varphi^{\ominus}(Fe^{3+}/Fe^{2+})+0.059\lg\frac{[Fe^{3+}]}{[Fe^{2+}]} \quad (25℃) \tag{7-5}$$

（3）离子选择性电极（膜电极）　离子选择性电极是由特制的膜、内参比电极、内参比溶液、电极管和导线组成。内参比电极一般用银-氯化银电极，不同离子选择电极只是膜和内参比溶液不同。内参比溶液中含有待测离子和氯离子。改变薄膜种类和成分，可以制成测定各种不同离子的电极。

离子选择电极的电位是在特制膜两侧产生的，称为膜电位。但是，薄膜不给出或得到电子，而是选择性地让一些离子渗透（包括

离子交换)，仅对溶液中特定离子有选择性响应。制造成功的离子选择性电极，其电极电位在一定范围内与特定离子浓度符合能斯特方程。如 pH 玻璃电极的膜电位与被测溶液中［H^+］在一定范围内遵循能斯特方程式。

$$\varphi(膜)=k+0.059\lg[H^+]=k-0.059pH \quad (25℃) \qquad (7\text{-}6)$$

对于一般的离子选择性电极，其膜电位可表示为

$$\varphi(膜)=k\pm\frac{0.059}{n}0.059\lg[X^{\pm n}] \quad (25℃) \qquad (7\text{-}7)$$

二、酸度计与离子计（直接电位法）

直接电位法测定相关离子浓度的仪器有酸度计和离子计。

1. 酸度计

主要用于测定 pH 的酸度计，也称为 pH 计。各种型号酸度计的结构大同小异，都是由带有电子放大器的高输入阻抗电位差计和电极系统组成。测定 pH 常用玻璃电极作指示电极，用饱和甘汞电极作参比电极。

(1) 酸度计的主要调节器

①“mV-pH”开关　供选择仪器测量功能。按键在“mV”位置时，用于测量电动势或电位差；按键在“pH”位置时，用于测量溶液的 pH。

②“温度”调节器　用于补偿溶液温度对 pH 测量的影响。

③“定位”调节器　用于校准 pH 显示值。在用已知 pH 的标准缓冲溶液校准仪器时，用该调节器把仪器显示值恰调至标准缓冲溶液的 pH。

④“斜率”调节器　该调节器能将不足理论值的实际电极斜率补偿到理论值。

“温度”、“定位”和“斜率”调节器，仅在 pH 校准和测量时使用；用 mV 挡测电动势时，这三个调节器被切断，不起作用。

(2) 酸度计的使用　用酸度计“两点定位法”测定溶液 pH 应遵循以下原则步骤。

第一步，接通电源（预热 30min)，安装电极。将酸度计的功

能选择按键置于“pH”位置。将“温度”调节器拨至溶液温度值，将“斜率”调节器调到100%。

第二步，将电极浸入第一种标准缓冲溶液中（如邻苯二甲酸氢钾溶液），调节“定位”使仪表显示该温度下的标准 pH（20℃，pH 为 4.01）。

第三步，再将电极浸入第二种标准缓冲溶液中（如硼砂溶液），调节“斜率”使仪表显示该温度下的标准 pH（20℃，pH 为 9.22）。

第四步，按第二步重复第一种标准缓冲溶液的测定。若此时仪表显示的 pH 与标准值在误差允许范围内，即已完成定位；否则再重复上述操作。

第五步，把这套电极浸入待测试液中，这时仪表显示值即为试液 pH。

注意：玻璃电极使用前必须在蒸馏水中浸泡 24h 以上；测定过程中更换溶液时，要冲洗电极，用滤纸吸干再置入另一种溶液中。

2. 离子计

(1) 离子计主要调节器　离子计完全具备酸度计功能，可以测定溶液 pH，还可以测定其他离子。除了具有酸度计上的调节器，还增加了离子价态选择和阴阳离子选择开关，根据测定对象不同选择合适的价态和离子类型。

(2) 离子计的使用　离子计与相应的离子选择电极配套测定其他离子时要考虑电极的线性范围、溶液酸度、溶液基体（离子强度）和干扰离子的影响。为了消除干扰，通常要加入某种络合剂、离子强度调节剂和缓冲溶液，简称为离子强度调节缓冲剂（TISAB）。常用定量方法如下。

① 浓度直读法。同测定溶液 pH 一样，只要把指示电极换成离子选择性电极即可。

② 标准曲线法。配制一系列已知浓度的标准溶液，测定其电池电动势 E，用测得的 E 值和对应的浓度 c_i 绘制 E-$\lg c_i$ 标准曲线。试样在相同条件下测定 E_x，从标准曲线查出 $\lg c_x$。

③ 标准加入法。将一定体积的标准溶液（c_s，V_s）加入到试

液（V_x）中去，通过测定加入标准溶液前后的电位变化（ΔE），按下式求出试液中被测离子浓度。

$$c_x = \Delta c(10^{\frac{\Delta E}{S}} - 1)^{-1} \tag{7-8}$$

$$\Delta E = E_2 - E_1$$

$$\Delta c = \frac{c_s V_s}{V_x + V_s} \approx \frac{c_s V_s}{V_x} \quad （通常 V_s \ll V_x）$$

式中 E_1——加入标液前测得试样的电动势，mV；

E_2——加入标液后测得试样的电动势，mV；

S——电极斜率。

3. 新型仪器简介

酸度计和离子计的型号、种类繁多，性能不尽相同。一些新型仪器与计算机配合增加了许多其他功能，如自动温度补偿、测定电极斜率、斜率补偿和仪器自检等功能，有的还具有打印、存储、删除、查阅和保持功能。常见典型酸度计和离子计见表 7-1，具体型号的使用方法，详见仪器使用说明书。

表 7-1 常见酸度计和离子计

类型	仪器型号	主要功能及特点	生产厂家
指针型	PHS-2 型	指针型酸度计。可测定 pH 和电位，没有斜率补偿。只能进行一点校正，适用于电极斜率符合理论值的玻璃电极测定溶液 pH	上海雷磁仪器厂
数显型	PHS-3C 型	数显型酸度计。精度较高，可测定 pH 和电位，设有斜率补偿，能进行两点校正，适用各种玻璃电极测定溶液 pH	上海雷磁仪器厂
	PHB-4 型	手提式酸度计。体积较小、仪器重量 0.3kg。液晶显示，具有自动校正，同时显示 pH 和温度等功能	上海雷磁仪器厂
智能型	PHSJ-3F 型	智能型酸度计。仪器可以自动进行温度补偿、自动进行一点校正或两点校正、自动测定电极斜率	上海雷磁仪器厂
	PXSJ-216	多功能型离子计。液晶显示，全中文界面，可测 mV、pH、pX，具有浓度直读功能	上海雷磁仪器厂
	PP-50-P11 pH 计/电导计/离子计	多用途酸度计。全自动温度补偿、简明的菜单操作提示、自动识别 22 种标准缓冲液、自动检查复合电极、自动校准提醒、报警提示数值超过允许范围、触摸键随时提供帮助功能、同步显示测量值和温度，能测量溶液 pH、电导率、离子浓度和温度	北京北分天普仪器有限公司

三、电位滴定

1. 电位滴定装置

电位滴定与普通滴定的区别仅在于指示终点的方法不同。电位滴定是通过测定滴定过程中指示电极电位的突跃来确定滴定终点。其装置包括滴定管、滴定池、指示电极、参比电极、pH 计或离子计、电磁搅拌器等。滴定类型不同所需选择指示电极不同，在酸碱滴定中，常用 pH 玻璃电极作为指示电极；在氧化还原滴定中，多采用惰性金属铂电极作为指示电极；在沉淀滴定中，常用银电极或相应卤素离子选择电极；在配位滴定中常用汞电极或相应金属离子选择电极作指示电极。

2. 滴定终点的确定

根据记录滴定过程中加入滴定剂体积和对应测得的电动势，即可确定滴定终点。常用方法介绍如下。

(1) E-V 曲线法　以加入滴定剂体积（V）作横坐标，以测得工作电池的电动势（E）作纵坐标，在坐标纸上绘制 E-V 滴定曲线。曲线拐点所对应的滴定剂体积，就是终点体积 V_{ep}，见图 7-1(a)。

(2)（$\Delta E/\Delta V$)-$\bar{V}$ 曲线法　此法又称为一阶微商法。以加入少量滴定剂前后电动势之差（ΔE）与相应加入标准溶液体积之差（ΔV）的比值，对加入滴定剂体积平均值（$\bar{V}$）作图，得到（$\Delta E/\Delta V$)-$\bar{V}$ 曲线，曲线的最高点对应的体积就是滴定终点消耗标准溶液的体积 V_{ep}。

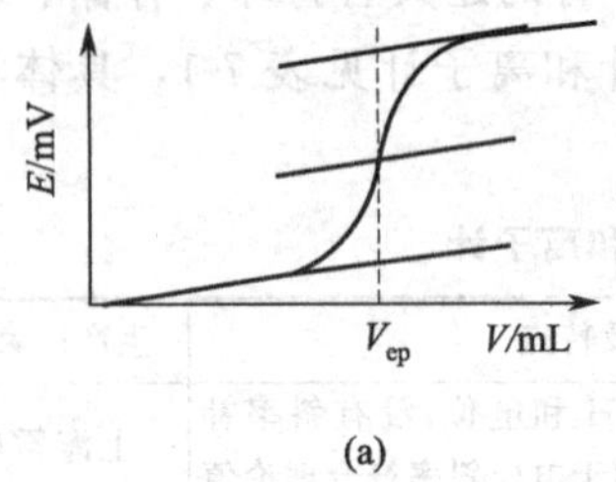

(a)

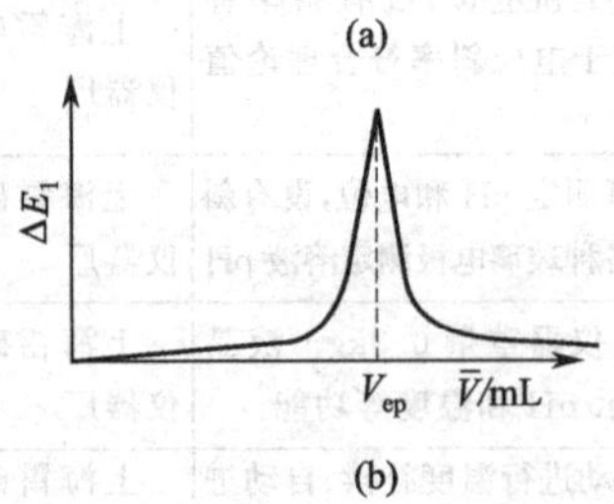

(b)

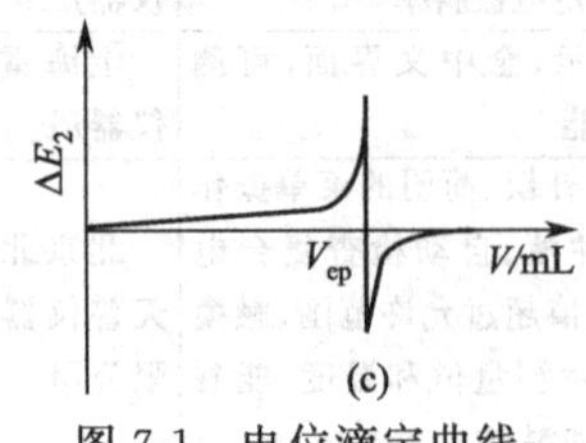

(c)

图 7-1　电位滴定曲线

为了简化计算，在滴定终点附近，若每次加入标准溶液的体积相同

(ΔV=0.1mL)，可用 ΔE_1 代替 $\Delta E/\Delta V$ 绘制 ΔE_1-$\bar{V}$ 曲线，见图7-1(b)。

(3) ($\Delta^2 E/\Delta V^2$)-V 曲线法　该方法又称为二阶微商法。若将顺次各个 $\Delta E/\Delta V$ 之间的差值记作 $\Delta^2 E$，绘制（$\Delta^2 E/\Delta V^2$)-V 曲线，通过计算 $\Delta E_2=0$ 对应的滴定剂的体积就是滴定终点体积。同理可以简化为 ΔE_2-V 曲线，见图 7-1(c)。也可以通过简单比例关系不用绘图，直接计算出滴定的终点体积 V_{ep}。

体积：V　　V_{ep}　　$V+\Delta V$

ΔE_2：$a(+)$　　O　　$b(-)$

$$V_{ep}=V+\frac{a}{a-b}\Delta V \tag{7-9}$$

式中　a——ΔE_2 最后一个正值；

b——ΔE_2 第一个负值；

V——ΔE_2 为 a 时所加入的滴定剂体积，mL；

ΔV——ΔE_2 由 a 至 b 时，滴加的滴定剂体积，mL。

四、电导分析法

1. 基本概念

(1) 电导（L）　电导是电阻的倒数，单位西门子，以 S 表示(也即 Ω^{-1})。

$$L=\frac{1}{R} \tag{7-10}$$

(2) 电导率（κ）　电导率是电阻率（ρ）的倒数，单位为 S/cm，常用 mS/cm 或 μS/cm 表示。

$$L=\frac{1}{R}=\frac{1}{\rho}\times\frac{1}{l/A}=\kappa\frac{1}{\theta} \tag{7-11}$$

电导率表示两个相距 1cm，面积均为 1cm^2 的平行电极间电解质溶液的电导，其单位为 S/cm。θ 为电极（电导池）常数，对于给定的电导电极，$\theta=\dfrac{l}{A}$为一常数。θ 值通常是用已知电导率的标准氯化钾溶液盛在一个电导池中，测出电导后按式(7-11) 计算出该电极的 θ 值。

(3) 摩尔电导率（Λ_m） 摩尔电导率是指溶质为 1mol 的电解质溶液，在相距 1cm 的两平行电极间所具有的电导，用符号 Λ_m 表示，其单位为 $S \cdot cm^2/mol$。摩尔电导率与电导率之间的关系为

$$\Lambda_m = \frac{1000\kappa}{c} \tag{7-12}$$

式中 c——含有 1mol 溶质的溶液中溶质的物质的量浓度。

当溶液无限稀释时，摩尔电导率达到最大值，此值称为无限稀释的摩尔电导率或极限摩尔电导率，用符号 Λ^{∞} 表示。极限摩尔电导率不受共存其他离子的影响，只取决于离子本身的性质，是各种离子的特征数据。

2. 电导分析应用

(1) 直接电导法 将电导电极（一对平行铂片）置于被测水溶液中，连接上电导测量仪表，即可测出水溶液的电导率。但通过测定电导率不能求出某一种离子浓度，只能反映水溶液中各种离子的总量。直接电导法常用于检测水质纯度。例如 GB/T 6682—2008 规定实验室常用的三级水的电导率≤$5.0\mu S/cm$，而二级水的电导率≤$1.0\mu S/cm$。

(2) 电导滴定 与电位滴定类似，可以测定某些滴定过程中电导率的变化求出滴定终点消耗的标准溶液体积。由于 H^+ 和 OH^- 的极限摩尔电导率显著高于其他离子的极限摩尔电导率，酸碱滴定过程会测得 V 字形的电导滴定曲线，曲线最低点对应的滴定剂体积即为滴定终点体积（V_{ep}）。

五、技能训练环节

① pH 玻璃电极和饱和甘汞电极（SCE）的检查及预处理。

② 准确配制 pH 标准缓冲溶液。

③ 用一点和两点定位法校准酸度计，并测定试液 pH 值。

④ 用氟离子选择电极测绘标准曲线或用标准加入法测定物质含量。

⑤ 安装电位滴定装置，操作、记录并确定滴定终点。

⑥ 用电导仪测定电极常数和水质纯度。

例题解析

【例 7-1】 欲用电位分析法完成下列分析任务，试选择合适的参比电极和指示电极。

测定工业用水 pH；直接电位法测定 F^-；用 $K_2Cr_2O_7$ 标液滴定 $FeSO_4$；用 $AgNO_3$ 标液滴定 I^- 和 Cl^-；用 EDTA 标液滴定 Cu^{2+}；酸碱滴定法测定污水中酸含量。

解题思路 根据测定对象的性质和采用的分析方法选择电极。

解

测定任务	参比电极	指示电极
测定工业用水 pH	饱和甘汞电极	玻璃电极
直接电位法测定 F^-	饱和甘汞电极	氟离子选择电极
$K_2Cr_2O_7$ 滴定 $FeSO_4$	饱和甘汞电极	铂电极
$AgNO_3$ 滴定 I^- 和 Cl^-	带硝酸钾盐桥的饱和甘汞电极	银电极
EDTA 滴定 Cu^{2+}	饱和甘汞电极	铜电极或汞电极
测定污水中酸含量	饱和甘汞电极	pH 玻璃电极

【例 7-2】 在 25℃，将银电极浸入浓度为 1.0×10^{-3} mol/L 的 $AgNO_3$ 或 1.0×10^{-4} mol/L 的 KCl 溶液中，分别计算银电极电位。[$K_{sp}(AgCl)=1.8\times10^{-10}$]

解题思路 只要求出溶液中银离子浓度，带入能斯特方程即可求出电极电位。

解 (1) 浸入 $AgNO_3$ 溶液

由附表三查出 $\varphi^\ominus(Ag^+/Ag)=0.7996V$，把 $[Ag^+]=1.0\times10^{-3}$ mol/L 带入式(7-4) 得：

$$\varphi(Ag^+/Ag)=\varphi^\ominus(Ag^+/Ag)+0.059\lg[Ag^+]$$
$$=0.7996+0.059\lg1.0\times10^{-3}=0.62(V)$$

(2) 浸入 KCl 溶液 银电极浸入 KCl 溶液中就有微量 Ag^+，满足 $AgCl \rightleftharpoons Ag^+ + Cl^-$

$$[Ag^+]=\sqrt{\frac{K_{sp}^\ominus(AgCl)}{[Cl^-]}}=\sqrt{\frac{1.8\times10^{-10}}{1.0\times10^{-4}}}=1.3\times10^{-3}\ (mol/L)$$

$$\varphi(Ag^+/Ag)=0.7996+0.059\lg 1.3\times 10^{-3}=0.63\ (V)$$

【例 7-3】 pH 玻璃电极和饱和甘汞电极组成工作电池，25℃时测定 pH=9.18 的硼砂标准溶液时，电池电动势是 0.220V；而用该电极系统测定一未知 pH 试液时，电池电动势是 0.150V。求未知试液 pH。

解题思路 同一电极系统其 K 值相同，利用两次测量法消去 K 值即可求出试液 pH。

解 对于标液 $E_{电池s}=K'_s+0.059pH_s$

对于试液 $E_{电池x}=K'_x+0.059pH_x$

在相同的条件下，$K'_s=K'_x$ 两式相减得到

$$pH_x=pH_s+\frac{E_x-E_s}{0.059}=9.18+\frac{0.150-0.220}{0.059}=7.99$$

【例 7-4】 以铅离子选择电极测定铅标准溶液，得如下数据：

$c(Pb^{2+})/(mol/L)$	1.00×10^{-5}	1.00×10^{-4}	1.00×10^{-3}	1.00×10^{-2}
E/mV	208.0	181.6	158.0	132

含铅试液在相同条件下测得 $E=150.0mV$，要求（1）绘制标准曲线；（2）求试液中 Pb^{2+} 浓度。

解题思路 Pb^{2+} 浓度的对数与测得电池电动势成线性关系，绘制 E-$\lg c(Pb^{2+})$ 曲线后，从曲线上查出试液中 Pb^{2+} 浓度的对数，从而求出试液 Pb^{2+} 含量。

解 求出标液浓度的负对数分别是 2.00、3.00、4.00、5.00，绘制标准曲线（图 7-2），从曲线上查出试液的 $-\lg c_x=2.73$，求得 $c_x=1.88\times10^{-3}mol/L$。

【例 7-5】 用氯离子选择电极测定工业循环水中 Cl^- 含量，取 100.0mL 水样，测得其电位为 −25.0mV，加入 1.00mL、浓度 0.500mol/L 经酸化的 NaCl 标准溶液后，测得其电位为 −84.0mV。已知该电极的实际斜率为 −59.0mV，试求水样中 Cl^- 的浓度（mol/L）为多少？

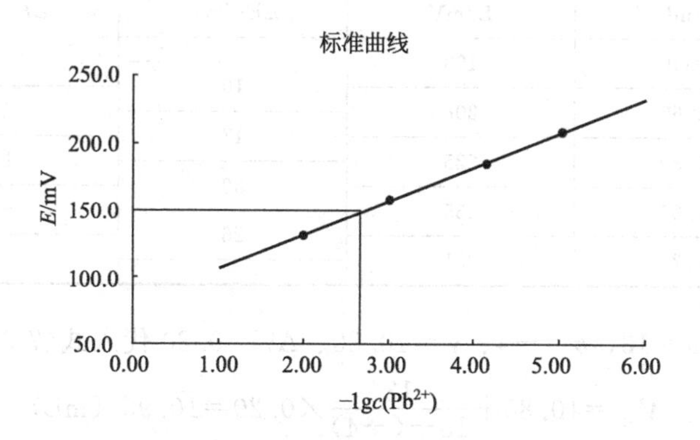

图 7-2 【例 7-4】的 E-lg$c(Pb^{2+})$ 曲线

解题思路 此项测定采用的是标准加入法，需要确定 Δc 后，再代入计算公式。

解 $\Delta c=\dfrac{c_s V_s}{V_x}=\dfrac{1.00\times 0.500}{100}=0.005$ (mol/L)

$$\Delta E=E_2-E_1=-84.0-(-25.0)=-59.0 \text{ (mV)}$$

$$c_x=\Delta c(10^{\frac{\Delta E}{\pm S}}-1)^{-1}=0.005\times(10^{\frac{-59.0}{-59.0}}-1)^{-1}$$

$$=5.56\times 10^{-4} \text{ (mol/L)}$$

【例 7-6】 用银量-电位滴定法测定某化工产品中氯化物含量时，称取 3.210g 试样，用 0.02mol/L $AgNO_3$ 标准滴定溶液滴定，近终点时记录数据如下。求试样中氯化物（以 Cl^- 表示）的质量分数。

$V(AgNO_3)$/mL	10.40	10.60	10.80	11.00	11.20
E/mV	198	208	225	255	281

解题思路 利用计算法确定滴定终点消耗标准溶液体积，再按滴定分析计算规则求出结果。

解 将记录数据按下列格式列表，计算出 ΔE_1、ΔE_2。

V/mL	E/mV	ΔE_1/mV	ΔE_2/mV
10.40	198		
		10	
10.60	208		7
		17	
10.80	225		13
		30	
11.00	255		−4
		26	
11.20	281		

将 $a=13$、$b=-4$、$V=10.80$、$\Delta V=0.20$ 代入式(7-9)，得

$$V_{ep}=10.80+\frac{13}{13-(-4)}\times 0.20=10.95\ (\text{mL})$$

$$w(\text{Cl}^-)=\frac{cV\times 35.50}{m}\times 100\%$$

$$=\frac{0.02\times 10.95\times 35.50}{3.210\times 1000}\times 100\%$$

$$=0.242\%$$

【例 7-7】 拟定直接电位-浓度直读法测定地下水 F^- 含量（大约为 10^{-5}mol/L）的分析方案，指出需要什么仪器、试剂和测定步骤。

解题思路 仿照直读法测定溶液 pH 的方法设计方案。

解 （1）需要仪器 带有斜率补偿的离子计、饱和甘汞电极和氟离子选择电极、电磁搅拌器。

（2）需要试剂 F^- 标准溶液 pF＝4.00 和 pF＝6.00，TISAB（离子强度调节缓冲剂）。

（3）测定步骤 第一步，接通电源（预热 30min），安装电极。将离子计的功能开关置于“pX”位置。价态选择置于“1 价”、“阴离子”，将“温度”调节器拨至溶液温度值，将“斜率”调节器调到 100%。

第二步，将电极系统浸入 pF＝6.00 标准溶液中（已加入 TISAB），调节“定位”使仪表显示 6.00。

第三步，再将电极浸入 pF＝4.00 标准溶液中（已加入 TISAB），调节“斜率”使仪表显示 4.00。

第四步，把这套电极系统浸入待测试液中（已加入 TISAB），这时仪表显示值即为试液 pF。

【例 7-8】 用 0.1165mol/L NaOH 标准滴定溶液电位滴定 25.00mL 某一元弱酸溶液，测得下列数据。（1）绘制 pH-V 滴定曲线；（2）绘制 $(\Delta pH/\Delta V)$-$\overline{V}$ 曲线；（3）分别用绘图法和计算法确定滴定终点消耗标准溶液体积；（4）计算试样酸的浓度。

NaOH 溶液体积/mL	pH	NaOH 溶液体积/mL	pH
0.00	2.89	15.60	8.40
2.00	4.52	15.70	9.29
4.00	5.06	15.80	10.07
10.00	5.89	16.00	10.65
12.00	6.15	17.00	11.34
14.00	6.63	18.00	11.63
15.00	7.08	20.00	12.00
15.50	7.75	24.00	12.41

解题思路 列表计算出 ΔpH、ΔV、$\Delta pH/\Delta V$ 和 $\Delta^2 pH/\Delta V^2$，绘制 pH-V 滴定曲线和 $(\Delta pH_1/\Delta V)$-$\overline{V}$ 曲线，然后用计算法求出终点消耗标准溶液体积，按化学计量关系求出试样酸的浓度。

解 （1）根据测得数据绘制 pH-V 曲线［图 7-3(a)］。

（2）绘制 $(\Delta pH/\Delta V)$-$\overline{V}$ 曲线（由于 ΔV 不同，不能用简化方法绘制 ΔpH_1-$\overline{V}$ 曲线）见图 7-3(b)。

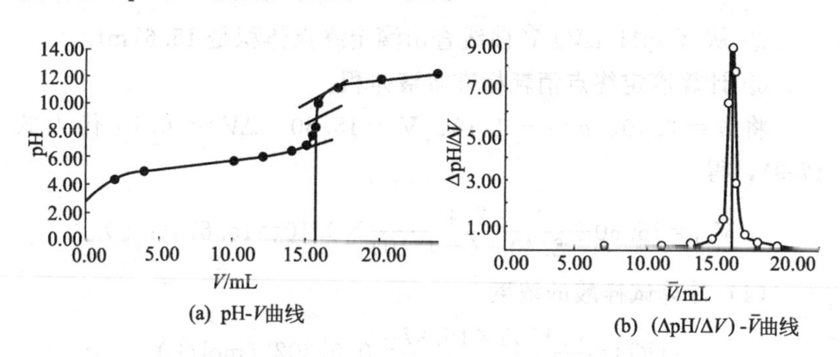

图 7-3 【例 7-8】滴定曲线

(3) 确定终点消耗标准溶液体积

① 从 pH-V 曲线查出滴定终点体积是 15.67mL。

V/mL	pH	ΔpH	ΔV/mL	ΔpH/ΔV	$\overline{V}$/mL	Δ^2pH/ΔV^2
0.00	2.89					
		1.63	2.00	0.82	1.00	
2.00	4.52					−0.55
		0.54	2.00	0.27	3.00	
4.00	5.06					−0.13
		0.83	6.00	0.14	7.00	
10.00	5.89					−0.01
		0.26	2.00	0.13	11.00	
12.00	6.15					0.11
		0.48	2.00	0.24	13.00	
14.00	6.63					0.21
		0.45	1.00	0.45	14.50	
15.00	7.08					0.89
		0.67	0.50	1.34	15.25	
15.50	7.75					5.16
		0.65	0.10	6.50	15.55	
15.60	8.40					2.40
		0.89	0.10	8.90	15.65	
15.70	9.29					−1.10
		0.78	0.10	7.80	15.75	
15.80	0.07					−4.90
		0.58	0.20	2.90	15.90	
16.00	10.65					−2.21
		0.69	1.00	0.69	16.50	
17.00	11.34					−0.40
		0.29	1.00	0.29	17.50	
18.00	11.63					−0.10
		0.37	2.00	0.19	19.00	
20.00	12.00					−0.09
		0.41	4.00	0.10	22.00	
24.00	12.41					

② 从 (ΔpH/ΔV)-$\overline{V}$ 曲线查出滴定终点体积是 15.67mL。

③ 计算滴定终点消耗标准溶液体积。

将 $a=2.40$、$b=-1.10$、$V=15.60$、$\Delta V=0.10$ 代入式 (7-9)，得

$$V_{ep}=15.60+\frac{2.4}{2.40-(-1.10)}\times 0.10=15.67\ (\text{mL})$$

(4) 计算试样酸的浓度

$$c(\text{酸})=\frac{0.1165\times 15.67}{25.00}=0.07302\ (\text{mol/L})$$

【例 7-9】 利用 Excel 软件，完成【例 7-8】题中 (1) 绘制pH-

V滴定曲线；(2) 绘制 $(\Delta pH/\Delta V)$-$\overline{V}$ 曲线；(3) 绘制 $(\Delta^2 pH/\Delta V^2)$-V 曲线。

解题思路 在 Excel 相应的栏内编排有关计算公式，计算出 ΔpH、ΔV、$\Delta pH/\Delta V$、$\overline{V}$ 和 $\Delta^2 pH/\Delta V^2$，然后利用 Excel 软件绘制图表功能，按其相应步骤可将上例数据绘制成 pH-V 曲线、$(\Delta pH/\Delta V)$-$\overline{V}$ 曲线和 $(\Delta^2 pH/\Delta V^2)$-V 曲线（参见附录六）。

【例 7-10】 用一电导电极浸入 0.01000mol/L KCl 溶液中，在 25℃时测得其电导为 8.9mS。将该电导电极浸入某试液中，测得电导为 0.46mS。试求：(1) 电极常数；(2) 试液的电导率。

解题思路 首先求出电极常数，然后再计算电导率。

解 (1) 已知 0.01000mol/L KCl 溶液，25℃时的电导率 $\kappa(KCl)=0.0014114$S/cm。

$$\theta=\frac{\kappa(KCl)}{L(KCl)}=\frac{0.0014114}{8.90\times10^{-3}}=0.159\ (cm^{-1})$$

(2) 试液的电导率

$$\kappa=L\theta=0.46\times10^{-3}\times0.159=7.3\times10^{-5}\ (S/cm)$$

习题荟萃

一、填空题

1. 电位分析是以测量电池__________为基础的仪器分析方法，它包括__________和__________两大类。

2. 电位分析的依据是__________，在 25℃时其表达式是________________。

3. 离子选择电极在 25℃时对于一价离子的电极斜率是________mV，二价离子的电极斜率是________mV。

4. 参比电极是指不受待测离子浓度影响，电极电位__________。常用的参比电极是________________。

5. 离子选择电极构造由________、________和________组成，不同的离子选择电极__________和__________不同。

6. 指示溶液中________________的电极，称为指示电极。电位法测定溶液 pH 通常选择________________作指示电极。

7. 使用玻璃电极之前应检查玻璃电极膜是否__________、内参比电极是否进入__________溶液中，还要用__________24h。

8. 使用饱和甘汞电极之前应检查饱和甘汞电极玻璃管内是否________ KCl 溶液、管内有无________，以防止出现________。

9. 直接电位法一般适用于试样中__________组分的测定。其电位测量系统包括由__________电极、__________电极、待测试液组成的工作电池和测量__________的仪表。

10. 直接电位法测定水溶液的 pH 是以__________作指示电极，以__________作参比电极，以__________为测量仪器。通常是用已知的__________校准仪器的方法测定溶液的 pH。

11. 采用两种标准缓冲溶液，按__________校准时，需要使用__________、__________和__________这三个调节器；采用一种标准缓冲溶液，按__________校准时，需要使用__________和__________两个调节器。

12. 测定 pH 时校准酸度计常用的标准缓冲溶液有________________和________________，它们在 20℃时标准 pH 分别为__________和__________。

13. 使用离子选择电极时要注意试样的背景影响，主要考虑溶液的__________、__________和干扰离子的影响。消除这些干扰通常要加入离子强度调节缓冲剂，简称__________。

14. 在方格坐标纸上绘制离子选择电极测量的标准曲线时，其纵坐标是__________，而横坐标为__________。

15. 直接电位法测定氟离子含量时，使用氟离子选择性电极作为指示电极，__________电极作参比电极组成电池，电池电动势 E=__________。通常用__________进行定量分析。

16. 电位滴定是代替________确定各类滴定分析终点的电化学方法，适用于化学计量点附近突跃________、试液________、________，缺乏________指示剂等情况。

17. 电位滴定的实验装置是通用的。对于各种滴定反应，仅是选用的________不同，酸碱滴定选________电极、氧化还原滴定选________电极、银量沉淀滴定选________电极等。

18. 电位滴定接近终点时，每次必须滴入________滴定剂，电位突跃最大的一点即为________。确定终点耗用滴定剂体积 V_{ep}，可以采用图解法和________，一般说________比较准确。

19. 电导分析是以测量溶液________为基础的一种电化学分析方法。溶液的电导（L）是________的倒数，电导率（κ）是________的倒数。

20. 电导率是电流通过面积为________，长度为________的水溶液的________。

二、选择题

1. 电位分析法的理论依据是（　）。

A. 牛顿定律　　　　B. 能斯特方程

C. 朗伯-比耳定律　　　　D. 法拉第定律

2. 指示电极电位与被测离子浓度（　）。

A. 成正比　　　　B. 的对数成正比

C. 符合能斯特方程　　　　D. 无关

3. 在电位分析中通常能够用于做参比电极的是（　）。

A. 氟离子选择性电极　　　　B. 铂电极

C. 氢电极　　　　D. 甘汞电极

4. 能用于电位法测定溶液 pH 的电极是（　）。

A. 玻璃电极　　　　B. 铂电极

C. 银电极　　　　D. 甘汞电极

5. 关于 pH 玻璃电极下列说法错误的是（　）。

A. 玻璃电极使用前要在蒸馏水中浸泡 24h

B. 玻璃电极不能在浑浊、有色溶液中使用

C. 玻璃电极内阻很高，必须使用电子放大装置测定电极电位

D. 玻璃电极可测任何溶液的 pH 值

6. 下列情况不符合参比电极条件的是（ ）。

A. 电极电位再现性好　　B. 电位随温度变化而略有变化

C. 电极电位恒定　　D. 电位能反应待测离子浓度

7. 有关离子选择电极描述错误的是（ ）。

A. 不同电极膜和内参比溶液不同

B. 都是由内参比电极、内参比溶液和敏感膜组成

C. 不同电极膜和内参比电极不同

D. 要考虑溶液酸度、干扰、基体影响和线性范围

8. 普通玻璃电极在（ ）溶液中测得 pH 偏低。

A. pH＜1　　B. pH＞10

C. pH＝10　　D. pH＝7

9. 两点校正法测定循环水的 pH 时，下列说法不正确的是（ ）。

A. 需要两个标准缓冲溶液

B. 酸度计需要带有“温度”、“定位”和“斜率”旋钮

C. 需要甘汞电极作参比电极

D. 酸度计需要带有“温度”、“定位”旋钮

10. 电位法测定地下水中 F^- 时，用标准曲线法定量，下列说法不正确的是（ ）。

A. 标样和试样在相同条件下测定

B. 测定仪器需要带有“温度”、“定位”旋钮

C. 标样和试样都需要加入 TISAB

D. 测定仪器只要有“mV”挡即可

11. 使用氟离子选择电极测定水中 F^- 含量时，搅拌试液的作用是（ ）。

A. 加快电极响应速度　　B. 使电极保持清洁

C. 降低电极内阻　　D. 消除干扰离子

12. 电位滴定与容量滴定的根本区别在于（ ）。

A. 滴定仪器不同　　B. 指示终点的方法不同

C. 滴定手续不同　　D. 标准溶液不同

13. $AgNO_3$ 滴定 I^- 和 Cl^- 混合物时，采用电位法确定滴定终点，指示电极用（　　）。

A. 银电极　　　　B. 铂电极

C. 玻璃电极　　　　D. 甘汞电极

14. 电位滴定法测定工业用水中氯离子含量时，采用银电极作指示电极，可用的参比电极是（　　）。

A. 双盐桥饱和甘汞电极　　　　B. 饱和甘汞电极

C. Ag-AgCl 电极　　　　D. 氟电极

15. 电位法测定溶液 pH 时，“定位”操作的作用是（　　）。

A. 消除温度的影响

B. 消除电极常数“K”不一致造成的影响

C. 消除离子强度的影响

D. 消除参比电极的影响

16. 标准加入法测定水中 F^- 时，下列说法正确的是（　　）。

A. 试液体积＜标液体积 100 倍以上

B. 试液体积等于标液体积

C. 标液浓度＞试液浓度 100 倍以上

D. 试液浓度＞标液浓度 100 倍

17. 使用其他离子选择电极时，下列说法错误的是（　　）。

A. 加入缓冲溶液调节溶液的酸度

B. 加入掩蔽剂消除干扰离子影响

C. 加入氯化钠调节离子强度

D. 可以测定高浓度离子含量

18. 有关酸度计和离子计描述正确的是（　　）。

A. 离子计不能测定溶液 pH　　B. 离子计可以代替酸度计

C. 酸度计不能测定其他离子　　D. 酸度计可以代替离子计

19. 确定电位滴定终点的方法有（　　）。

A. (a) E-V 曲线；(b) ΔE_1-$\overline{V}$ 曲线；(c) ΔE_2-$\overline{V}$ 曲线

B. (a) E-V 曲线；(b) 工作曲线法；(c) ΔE_2-$\overline{V}$ 曲线

C. (a) E-V 曲线；(b) 校准曲线法；(c) ΔE_2-$\overline{V}$ 曲线

D. (a) E-V 曲线；(b) 吸收曲线法；(c) ΔE_2-$\overline{V}$ 曲线

20. 在 E-V 曲线法滴定终点是（　　）。

A. 曲线斜率最小点　　B. 曲线斜率最大点

C. E 值高点　　D. V 值最大点

21. 电导是溶液导电能力的量度，它与溶液中（　）有关。

A. 溶液酸度　　B. 待测离子浓度

C. 导电离子总数　　D. 干扰离子浓度

22. 检验蒸馏水纯度的最好方法是（　　）。

A. 直接电位法　　B. 电导法

C. 电位滴定　　D. 分光光度法

23. 测定污水中碱度的方法是（　　）。

A. 直接电位法　　B. 电导法

C. 电位滴定　　D. 分光光度法

三、判断题

1. 电极电位能够反映被测离子含量，且符合能斯特方程的电极可以做指示电极。（　　）

2. 甘汞电极电位只与氯离子浓度有关，氯离子浓度不变，其电极电位不变，故甘汞电极可以做参比电极。（　　）

3. Ag-AgCl 电极电位只与氯离子浓度有关，氯离子浓度不变，其电极电位不变，故该电极可以做参比电极，不能做指示电极。（　　）

4. 离子选择电极构造主要是由敏感膜、内参比电极和内参比溶液组成。其中内参比电极是 Ag-AgCl 电极，内参比溶液由氯离子和待测离子组成。（　　）

5. 氟离子选择电极内参比溶液是 0.1mol/L NaF 和 0.1mol/L NaCl 组成。（　　）

6. 一点校正法测定溶液 pH，将电极系统置入标准溶液 A 中，调温补、定位，使仪表显示标准溶液 A 的 pH。取出电极系统（清洗、擦干），再置入试液中，这时仪表显示的 pH 即为试液的 pH。（　　）

7. 直接电位法使用离子选择电极测定其他离子时，只要考虑测定的酸度、干扰离子的影响，不必考虑试样中总离子个数多少。( )

8. 直接电位法绘制标准曲线的横坐标是溶液浓度 (c)，纵坐标是电位 (E)。( )

9. 标准加入法要求加入的标准溶液浓度要小，体积要大。( )

10. 电位滴定装置都是由滴定管、电磁搅拌器、参比电极、指示电极和测量电动势的仪表组成。( )

11. 电位滴定适用于有色、浑浊、胶体试样和微量组分的测定，不适合常量组分测定。( )

12. 在 E-V 曲线法中，曲线斜率最小点是滴定终点。( )

13. 直接电位法操作简单，响应快，分析时间短，可以实现连续、自动、遥测分析。( )

14. 直接电位法和电位滴定都适用测定微量离子含量。( )

15. 酸度计除主要用于测量溶液的 pH 外，还可以用于各种毫伏级的电位测定。( )

16. 玻璃电极测定 pH<1 的溶液时，测得结果偏低，测定 pH>10的溶液时，测得结果偏高。( )

17. 标准氢电极经常用作测定溶液 pH 的指示电极( )

18. 电导分析和电位分析一样，可以通过测定溶液的电导率求出许多离子含量。( )

19. 电导滴定与电位滴定一样，所有滴定都可以通过测定溶液电导确定滴定终点。( )

20. 一个边长为 1cm 的液体立方体的电导称为电导率。( )

四、问答题

1. 什么是参比电极？作参比电极的条件是什么？常用参比电极有哪些？

2. 什么是指示电极？作指示电极条件的是什么？常用指示电极有几种类型？

3. 带有硝酸钾盐桥的饱和甘汞电极与普通甘汞电极有何区别？举例说明各自的用处。

4. 离子选择性电极主要由哪几部分构成？内参比溶液一般由哪两部分组成？

5. 玻璃膜电位是如何产生的？使用玻璃电极为什么要用蒸馏水浸泡24h？

6. 酸度计的主要部件有哪些？一般酸度计可以显示几种示值？

7. 画出电位法测定溶液pH装置图？说明各部件名称和作用。

8. 什么情况采用一点校正法测定溶液pH？简述操作步骤和注意事项。

9. 什么情况使用两点校正法测定溶液pH？简述操作步骤。

10. 简述用离子选择电极-标准曲线法测定氟离子的操作步骤和注意事项。

11. 简述用氯离子选择电极-标准加入法测定化工产品中氯化物的操作步骤和结果计算。

12. 画出通用电位滴定装置图。说明各部件名称和作用。

13. 电位滴定如何选择指示电极？举例说明。

14. 确定电位滴定终点有几种方法？哪一种方法更准确？

15. 上网搜索5种不同型号、厂家制造的离子计，指出各种仪器的主要性能和技术指标。

16. 试比较电位滴定和直接电位法哪个方法准确度高，为什么？

17. 电导分析的基本原理是什么？

18. 什么是电导滴定法，适用什么范围？

19. 试设计电位滴定法测定污水中Cl^-含量的分析方案（要求说明原理、仪器、试剂、操作步骤、确定滴定终点方法和结果计算）。

20. 如何用Excel软件绘制E-V曲线、$(\Delta E/\Delta V)$-$\bar{V}$曲线、

$(\Delta^2 E/\Delta V^2)$-$\overline{V}$ 曲线。

五、计算题

1. 甘汞电极电位与溶液中氯离子浓度有关，已知 $\varphi^{\ominus}(Hg_2Cl_2/2Hg)=0.2828V$，试计算 KCl 溶液浓度分别为 0.1000mol/L、1.000mol/L 及饱和 KCl 溶液（25℃时 KCl 在水中的溶解度为 34.2g/100mL 水）时甘汞电极电位。

2. pH 玻璃电极与饱和甘汞电极组成工作电池，在 25℃时测定 pH＝9.18 的硼砂标准缓冲溶液时，电动势 $E=0.220V$。未知试液在相同条件下测得 $E=0.120V$，求试样的 pH。

3. 用氟电极系统测定 F^-，测得 $c(F^-)=0.001mol/L$ 的溶液电动势为 0.166V。在相同条件下测得未知浓度试液的电动势为 0.225V。两份溶液基体一样（离子强度相同），计算未知试液中 F^- 的浓度。

4. 以氯离子选择电极测定 Cl^- 标准溶液，得如下数据：

$c(Cl^-)/(mol/L)$	1.00×10^{-5}	1.00×10^{-4}	1.00×10^{-3}	1.00×10^{-2}
E/mV	198.0	171.0	148.0	122.0

同样条件下，称取工业纯碱 1.500g 溶于 50.00mL 蒸馏水中，测得 $E=150.0mV$。

要求：(1) 绘制工作曲线；(2) 求纯碱中 Cl^- 的质量分数。

5. 用钙离子选择电极测定某一含 Ca^{2+} 的试样溶液 100.0mL，测得其电位为－61.9mV。将 10.00mL 0.0073mol/L $Ca(NO_3)_2$ 溶液加入上述试液中，充分混匀后测得其电位为－48.3mV。已知该电极的实际斜率符合理论斜率，试求试样溶液中 Ca^{2+} 的含量 (mol/L) 为多少？

6. 用氯离子选择电极测定果汁中氯化物含量，在 100mL 果汁中测得电动势为－31.8mV，加入 0.5mL 1.00mol/L Cl^- 标准溶液后，测得电动势为－59.2mV，计算果汁中氯化物含量。

7. 用 0.1000mol/L $AgNO_3$ 溶液滴定 0.1000mol/L NaCl 溶液 20.00mL，将银电极浸入滴定池中，计算加入 19.96mL、化学计

量点及 $AgNO_3$ 溶液过量 0.04mL 时，银电极电位的变化。

8. 在氧化还原电位滴定中，终点附近滴定剂消耗体积 V 与测得电动势 E 值如下。求滴定终点的体积 V_{ep}。

V/mL	14.80	14.90	15.00	15.10	15.20	15.30
E/mV	186	221	293	316	329	340

9. 称取 1.4337g $FeSO_4$ 溶解后转到 100mL 容量瓶中定容。移取 25.00mL，用 0.1000mol/L $Ce(SO_4)_2$ 标准滴定溶液进行电位滴定，测得终点附近实验数据如下。求试液中 $FeSO_4$ 的质量分数。

$V[Ce(SO_4)_2]$/mL	36.20	36.40	36.50	36.60	36.70	37.00	37.10
E/mV	280	270	260	240	225	190	180

10. 用 0.1000mol/L NaOH 标准滴定溶液电位滴定 50.00mL 乙酸溶液，获得下列数据：

V(NaOH)/mL	0.00	4.00	10.00	15.00	15.50	15.60	15.70	15.80	16.00	18.00
pH	2.00	5.05	5.85	7.04	7.70	8.24	9.43	10.03	10.61	11.60

要求 (1) 用 Excel 软件绘制 pH-V 滴定曲线、$(\Delta pH/\Delta V)$-$\overline{V}$ 曲线和 $(\Delta^2 E/\Delta V^2)$-$\overline{V}$ 曲线；

(2) 用计算法确定滴定终点 V_{ep}；

(3) 计算试样中乙酸的浓度；

(4) 计算化学计量点的 pH。

11. 用银电极作指示电极，双盐桥 SCE 为参比电极，用 0.1000mol/L $AgNO_3$ 标准滴定溶液滴定 10.00mL Cl^- 和 I^- 的混合液，测得以下实验数据：

$V(AgNO_3)$/mL	0.00	0.50	1.50	2.00	2.10	2.20	2.30	2.40	2.50	2.60	3.00	3.50
E/mV	−218	−214	−194	−173	−163	−148	−108	83	108	116	125	133
$V(AgNO_3)$/mL	4.50	5.00	5.50	5.60	5.70	5.80	5.90	6.00	6.10	6.20	7.00	7.50
E/mV	148	158	177	183	190	201	219	285	315	328	365	377

(1) 绘制 E-$V(AgNO_3)$ 曲线；

(2) 绘制 ΔE_1-V 曲线；

(3) 用计算法确定滴定终点 V_{ep}；

(4) 计算试液中 Cl^- 和 I^- 的含量（以 mg/mL 表示）。

12. 电导池内有两个面积为 1.25cm^2 的平行电极它们之间的距离是 1.50cm，在储满某电解质溶液后，测得电阻为 1.09kΩ，试计算溶液的电导率。

13. 用一电导电极浸入 0.1000mol/L KCl 溶液中，在 25℃时测得其电导为 90mS。将该电导电极浸入某试液中，测得电导为 0.50mS。试求：（1）电极常数；（2）试液的电导率。

技能测试

一、测试项目　直接电位法测量水溶液的 pH

1. 测试要求

本次测试在 1h 内完成，并递交完整报告。

2. 操作步骤

(1) 准备工作　准备酸度计、电极和配制标准 pH 缓冲溶液。

(2) 电极处理和安装

① 选择、处理和安装 pH 玻璃电极。

② 检查、处理和安装甘汞电极（或者选择、处理和安装 pH 复合电极）。

(3) 酸度计的校正（两点校正法）

① 定位（或手动标定 1）。

② 斜率调节（或手动标定 2）。

(4) 待测试液 pH 的测量。

(5) 结束工作，填写仪器使用记录。

二、技能评分

细目	评分要素	分值	说明	扣分	得分
准备工作(10分)	烧杯、搅拌子洗涤干净	2	不符合要求扣2分		
	pH玻璃电极选择正确。pH=1～9选择221型,pH=1～13选择231型	2	选择错误扣2分		
	缓冲溶液选择。该标准溶液与水样pH相差不超过2个pH单位;两个标准缓冲溶液pH相差3个pH单位	2	选择不正确扣2分		
	按标准配制缓冲溶液	4	配制方法不正确扣4分		
检查安装电极(14分)	检查玻璃电极应无裂纹,内参比电极应浸入内参比溶液中并无气泡	4	每漏检一小项扣2分		
	检查甘汞电极中的饱和KCl溶液应浸没内部小玻璃管的下口,下部有少许KCl晶体,弯管内不得有气泡。	6	每漏检一项扣2分		
	安装玻璃电极的球泡应全部浸入溶液中,并使其稍高于甘汞电极的陶瓷芯端	4	安装不正确扣4分		
仪器启动(8分)	取下甘汞电极胶帽	2	未取下扣2分		
	仪器预热	2	不预热扣4分		
	电极清洗	2	不清洗扣2分		
	调节搅拌速度	2	太快或太慢扣2分		
仪器调校及测定(28分)	进行温度补偿	4	不进行2分		
	电极润洗:电极浸入什么溶液中,用该溶液润洗	5	不润洗每次扣1分,最多扣5分		
	电极擦拭:电极从溶液中取出都要用蒸馏水冲洗并用滤纸吸干	5	不吸干每次扣1分,最多扣5分		
	定位补偿操作正确,斜率调到100%	5	不正确扣5分		
	斜率补偿操作正确	4	不正确扣4分		
	测定试样操作正确	5	不正确扣5分		
实验记录(15分)	读数正确	3	不正确扣3分		
	数据及时、直接记录在报告单上	6	记录不及时、转抄数据扣5分		
	记录采用仿宋字、无涂改,符合有效数字规则	6	不按要求每项扣2分		

续表

细目	评分要素	分值	说明	扣分	得分
平行测定偏差（10分）	相对偏差<1%	10	不扣分		
	相对偏差在1%～2%		扣5分		
	相对偏差在2%～3%		扣10分		
结束工作（4分）	关闭仪器电源、清洗电极、收拾实验台面、填写仪器使用记录	4	每缺一项扣1分		
文明操作（5分）	实验台面整洁、无乱扔废纸、不乱倒废液、操作规范	5	每出现一次扣1分，最多扣5分		
考核时间（6分）	实验总用时1h	6	每超5min扣1分		
总分		100			

第八章　吸光光度分析

内容提要

吸光光度分析是以物质对光的选择吸收为基础建立起来的分析方法。学习本章，要了解紫外-可见分光光度法的特点和应用范围；掌握吸收光谱曲线的绘制方法；掌握光吸收定律的内涵、有关计算和适用范围；掌握分光光度计使用操作步骤和各部件作用；掌握标准曲线法、比较法进行定量分析的方法；学会选择显色反应和光度测定最佳条件。

一、紫外-可见光度分析方法

通过比较溶液颜色深浅确定被测物质含量的分析方法称为比色分析；通过测定溶液对某一单色光吸收程度来确定被测物质含量的分析方法称为分光光度分析。紫外-可见光度法是在 200～780nm 区间进行分析。

1. 吸收光谱曲线

精确地描述某种物质的溶液对不同波长光的选择吸收情况的曲线称为吸收光谱曲线。

（1）吸收光谱曲线的绘制　用不同波长的单色光照射一定浓度的吸光物质的溶液，测量该溶液对各单色光的吸收程度（即吸光度 A）。以波长（λ）为横坐标，吸光度（A）为纵坐标作图得到的曲线，即为吸收光谱曲线或称吸收光谱。

（2）吸收光谱曲线的应用

① 不同物质化学结构不同，吸收光谱曲线的形状也不同，可以根据吸收光谱曲线进行物质的定性分析。

② 同一种物质，对不同波长，吸收程度不同，在定量分析中通过吸收光谱曲线可选择测定波长（选择 λ_{max}）。

2. 紫外-可见光度分析的应用

紫外-可见分光光度法灵敏度高，主要测定试样中的微量成分。如化工产品中杂质测定和水质分析等。

（1）直接测定　在 200～780nm 有吸收的物质可以直接测定。用于测定有色、含有共轭体系和含杂原子（O、N、S 等）的不饱和化合物。

（2）显色后测定　在紫外-可见光区没有吸收的物质需加入显色剂显色后再测定。对于一个显色反应要求有适宜的显色条件，通过试验确定显色条件的方法是：固定待测溶液浓度和其他条件，改变其中一个条件，测定吸光度，绘制吸光度对该条件的关系曲线，找出最佳条件（显色剂用量、溶液酸度、显色温度、显色时间等）。

二、光吸收定律与定量分析

1. 光吸收定律（朗伯-比耳定律）

（1）数学表达式　光吸收定律是分光光度法的理论基础，如用 Φ_0 表示入射光通量，Φ_{tr} 表示透射光通量，则光吸收定律的数学表达式为

$$A=\lg\frac{\Phi_0}{\Phi_{tr}}=\varepsilon bc \tag{8-1}$$

式中　A——溶液的吸光度；

b——吸收池内溶液的光路长度（液层厚度），cm；

c——溶液中吸光物质的物质的量浓度，mol/L；

ε——摩尔吸光系数，L /(cm · mol)。

定律表明：一束平行单色光垂直通过均匀稀溶液时，溶液的吸光度 A 与吸光物质的浓度 c 及液层厚度 b 的乘积成正比。

若溶液中吸光物质含量以质量浓度 ρ(g/L) 表示，则朗伯-比耳定律可写成下列形式：

$$A=ab\rho \tag{8-2}$$

式中　a——质量吸光系数，L/(cm · g)。

(2) 透射比（τ）与吸光度（A）的关系　透射比（τ）是透过光通量和入射光通量之比。

$$\tau=\frac{\Phi_{tr}}{\Phi_0} \tag{8-3}$$

通常用百分透射比 τ(%) 表示，其数值等于 $\tau \times 100$。

透射比（τ）与吸光度（A）的关系：

$$A=-\lg\tau=2-\lg\tau \tag{8-4}$$

(3) 摩尔吸光系数 ε　摩尔吸光系数物理意义是，当溶液浓度为 1mol/L，液层厚度为 1cm 时，此溶液对一定波长光的吸光度。ε 值越大，表明物质的吸光能力越强（显色反应灵敏度越高）。

(4) 应用光吸收定律的条件　入射光必须是单色光；被测定溶液是稀溶液（一般 $c<0.01$mol/L）。否则，会导致较大的误差。

2. 定量分析方法

(1) 目视比色法　用眼睛观察溶液颜色深浅来测定物质含量的方法。将试液的颜色与标准色阶比较，颜色一致，表示含量相同。

(2) 标准曲线法　根据 $A=\varepsilon bc$ 或 $A=ab\rho$ 可知，溶液的浓度和吸光度成直线关系，在线性范围内可以用标准曲线法（或称校准曲线）进行定量分析。手工绘制标准曲线误差较大。利用最小二乘法计算回归方程可以得到满意的结果。

设 x 表示被测量溶液浓度，其取值分别为 x_1、x_2、…、x_i、…、x_n，平均值 $\bar{x}$；y 表示显示量（吸光度）的对应值，分别为 y_1、y_2、…、y_i、…、y_n，平均值 $\bar{y}$；a、b 分别表示一次线性回归方程的截距和斜率，则回归方程为

$$y=bx+a \tag{8-5}$$

$$a=\bar{y}-b\bar{x} \tag{8-6}$$

$$b=\frac{\sum(x_i-\bar{x})(y_i-\bar{y})}{\sum(x_i-\bar{x})^2} \tag{8-7}$$

利用回归方程可以直接计算被测物质含量或绘制校正曲线。校正曲线可靠性可以用相关系数 r 来表示。相关系数越接近 1 说明校正曲线越好，一般 r 大于 0.999

$$r=b\sqrt{\frac{\sum(x_i-\bar{x})^2}{\sum(y_i-\bar{y})^2}} \tag{8-8}$$

利用上述公式求回归方程的具体做法：①手工计算；②利用科学（工程）计算器；③利用 Excel 软件。详见例题和附录。

（3）标准对照法　标准对照法又称比较法，设 c_s、A_s 分别表示标准溶液的浓度和吸光度；c_x、A_x 表示试样溶液的浓度和吸光度，按光吸收定律的数学式可以得出：

$$\frac{A_s}{A_x}=\frac{c_s}{c_x},\ c_x=\frac{A_x}{A_s}c_s \tag{8-9}$$

在光度分析中，测定微量组分常用质量浓度表示分析结果。同理可以得出

$$\rho_x=\frac{A_x}{A_s}\rho_s \tag{8-10}$$

三、光度测量仪器与条件

1. 分光光度计

（1）仪器组成　紫外-可见分光光度计由下列五部分组成。

光源 → 单色器 → 吸收池 → 接收器 → 测量系统

① 光源。提供稳定的连续光源。可见分光光度计用钨灯；紫外分光光度计用氢灯。

② 单色器。把复合光通过棱镜或光栅色散为测定所需的单色光。

③ 吸收池。盛待测溶液。可见光区使用玻璃池，紫外光区使用石英吸收池。

④ 接收器（检测器）。把通过吸收池的光转变成电信号。常用光电管或用光电池。

⑤ 测量系统。对检测器产生的电信号进行放大和处理，最后在仪表上显示透射比、吸光度或者浓度等。

（2）基本操作　使用单光束分光光度计测定溶液吸光度的基本操作步骤如下。

① 预热。打开电源开关，光闸放入光路，预热 20min。

② 选择波长。调节波长选择旋钮，选定所需单色光波长。

③ 调零。微动调“0”旋（按）钮，使电表恰指示（显示）在

$T(\tau)=0(A=\infty)$ 位置。

④ 调百。光闸开，将空白溶液放入光路中，调“100”旋钮，调至 $T(\tau)=100\%(A=0)$ 位置。

⑤ 测量。拉动吸收池架拉杆，将待测溶液依次送入光路，直接读出吸光度 A 或透射比 $T(\tau)(\%)$ 值。

⑥ 测定完毕，切断电源。取出吸收池，在暗箱中放入干燥剂袋，盖好暗箱盖。

（3）仪器类型　分光光度计生产厂家、型号繁多，现介绍几种典型仪器如表 8-1 所列。

表 8-1　几种典型紫外-可见分光光度计

仪器类型	型号	波长/nm		单色器	主要功能特点	生产厂家
		范围	精度			
单光束可见	721	360～800	±3	棱镜	指针式光度计，手动调零、调百	无锡汉唐
	721E	340～1000	±2	光栅	采用单片机技术，自动调零，自动调百，大屏幕液晶显示	上海光谱仪器
双光束比例检测	T-6 新悦	325～1100	±2	光栅	段式液晶显示，自动波长扫描，可与 PC 联机。自动校准波长和切换吸收池	北京普析通用
单光束紫外	SP-756PC	190～1100	±1	光栅	液晶显示，自动扫描、校准波长、吸收池切换，自动调零、调百和仪器自检	上海光谱仪器
双光束智能型	TU-2100	190～900	±0.3～±0.5	光栅	双光束全自动扫描，智能化中文界面。可进行功能扩展。可对光谱曲线进行处理，将图谱数据导出为 Excel 文件	北京瑞利

2. 光度测量条件的选择

（1）测定波长　根据被测溶液的吸收曲线选择测定波长，一般选择最大吸收波长（λ_{max}）作为测定波长。如果干扰物质（包括显色剂）在此波长也有吸收，那么可选择灵敏度稍低的另一波长进行测定。

（2）空白溶液　空白溶液又叫参比溶液，一般是用溶剂代替试样进行显色操作制得的。在可见光区，当试液中其他共存组分有色或所用显色剂有色时，可以适当改变参比溶液，以扣除它们对被测物质光吸收的影响。

（3）读数范围　被测溶液吸光度值太小或太大都会影响测量的准确度。可通过改变吸收池液层厚度和调整盛装溶液浓度等方法，使吸光度读数适中，最好控制吸光度读数范围为 0.2～0.8。

四、技能训练环节

① 配制标准显色系列溶液和试液，进行目视比色实验。

② 可见分光光度计使用，波长校正、吸收池配套性检验。

③ 测绘吸收光谱曲线并选择测定波长。

④ 测绘标准曲线，分别用计算器、Excel 求出回归方程，求出试样分析结果。

⑤ 选择最佳显色条件。

⑥ 紫外-可见分光光度计的使用、调校

⑦ 试样溶解、显色和定量测定的全过程。

例题解析

【例 8-1】 用双硫腙光度法测定 Pb^{2+}，已知 Pb^{2+} 的浓度为 0.08mg/50mL，用 2cm 吸收池，在 520nm 测得 $\tau=53\%$，求摩尔吸光系数。

解题思路　把质量浓度换算为物质的量浓度，把 τ 换成 A，代入公式即可求出 ε。

解　$c(Pb^{2+})=\dfrac{0.08}{50\times207.2}=7.7\times10^{-6}$ (mol/L)

$$A=-\lg53\%=2-\lg53=0.28$$

$$\varepsilon=\frac{A}{bc}=\frac{0.28}{2\times7.7\times10^{-6}}=1.8\times10^{4}[\mathrm{L/(cm\cdot mol)}]$$

【例 8-2】 有同一种物质不同浓度的有色溶液，当液层厚度相同时，测得 τ 值分别为：(1) 65.0%；(2) 41.8%。求它们的 A 值。如果已知溶液 (1) 的浓度为 6.51×10^{-4} mol/L，求溶液 (2) 的浓度。

解题思路 把 τ 换成 A 后用比较法求出溶液 (2) 的浓度。

解

$$A_1=-\lg65.0\%=2-\lg65.0=0.187$$

$$A_2=-\lg41.8\%=2-\lg41.8=0.379$$

$$c_2=\frac{A_2}{A_1}c_1=\frac{0.379}{0.187}\times6.51\times10^{-4}=1.32\times10^{-3}\ (\mathrm{mol/L})$$

【例 8-3】 在 456nm，用 1cm 吸收池测定显色的锌配合物标准溶液，得到下列数据：

Zn/(mg/L)	2.0	4.0	6.0	8.0	10.0
A	0.105	0.205	0.310	0.415	0.515

要求：(1) 求校准曲线的回归方程；(2) 求相关系数；(3) 求吸光度为 0.260 的未知试液的质量浓度。

解题思路 计算出平均值，求出回归方程和相关系数，再利用回归方程求出未知液的质量浓度。

解 设直线回归方程为 $y=bx+a$。由实验数据得到：

$$\bar{x}=6.0;\ \bar{y}=0.310;\ \sum(x_i-\bar{x})^2=184.00;$$

$$\sum(x_i-\bar{x})(y_i-\bar{y})=9.5000;\ \sum(y_i-\bar{y})^2=0.4893$$

将上述数据分别代入式(8-6)～式(8-8)，求出 a、b、r

$$b=\frac{9.500}{184.00}=0.0516;\ r=0.0516\times\sqrt{\frac{184.00}{0.4893}}=1.0006$$

$$a=0.310-0.0516\times6.0=0.0004$$

于是得到直线回归方程

$$y=0.0516x+0.0004\ 或\ A=0.0516\rho+0.0004$$

试液　$\rho=\frac{A-a}{b}=\frac{0.260-0.0004}{0.0516}=5.03$ (mg/mL)

【例 8-4】 用硅钼蓝比色法测定某试样中硅含量，由标准溶液测得数据如下：

SiO_2 含量/(mg/50mL)	0.05	0.10	0.15	0.20	0.25
A	0.210	0.421	0.630	0.839	1.00

分析试样时，称样 500mg，溶解后转入 50mL 容量瓶中。在相同条件下进行显色和测定，测得吸光度为 0.522。求试样中硅的质量分数。

解题思路 用标准曲线法定量需要画校准曲线或者计算回归方程，二者都比较麻烦。用平均值比较法比较简单，误差较小。

解
$$\overline{A}=\frac{0.210+0.421+0.630+0.839+1.00}{5}=0.620$$

$$\overline{\rho}=\frac{0.05+0.10+0.15+0.20+0.25}{5}=0.15$$

$$\rho_x=\frac{A_x}{\overline{A}}\overline{\rho}=\frac{0.522}{0.620}\times 0.15=0.13(\text{mg/50mL})$$

$$w=\frac{0.13}{500}\times 100\%=0.026\%$$

【例 8-5】 称取维生素 C 0.0500g，溶于 100mL 0.01mol/L 的硫酸溶液中，量取此溶液 2.00mL，准确稀释至 100mL。取此溶液于 1cm 的石英吸收池中，在 245nm 测得其吸光度为 0.551，已知维生素 C 的质量吸光系数 $a=56\text{L}/(\text{cm}\cdot\text{g})$。求样品中维生素 C 的质量分数。

解题思路 通过 $A=ab\rho$ 求出 ρ，再计算出 w。

解 因为 $0.551=56\times 1\times\rho$

所以
$$\rho=\frac{0.551}{56}=0.0098\ (\text{g/L})$$

$$w=\frac{0.0098\times 0.100}{0.0500\times\frac{2.00}{100}}=0.98$$

【例 8-6】 用邻二氮杂菲显色法测定化工产品中微量铁，已知标样显色液中亚铁含量为 50μg/100mL。用 1.0cm 的吸收池，在波长 510nm 测得吸光度为 0.103。称取试样 0.05g 制成 100mL 显色液后，在同样条件下测得吸光度为 0.080，试问：(1) 试样中铁的质量分数；(2) 若使试液的吸光度大于 0.1，有几种做法？

解题思路 用比较法求出试样中铁的质量浓度，根据试样称样量就可以计算试样中铁的质量分数。

解 (1) 求试样中铁的质量分数

$$\rho_x = \frac{0.080}{0.103} \times 50 = 38.8\ (\mu g/100mL)$$

$$w(铁) = \frac{38.8 \times 10^{-6} \times 100}{0.05 \times 100} = 7.8 \times 10^{-4}$$

(2) 若使吸光度大于 0.1，必须增加吸收池厚度或试样的浓度（增加称样量、减少稀释倍数）。

【例 8-7】 解读用单光束分光光度计测定溶液吸光度的操作步骤，说明为什么要预热、选择波长、调零和调百后才能测定溶液的吸光度？

解题思路 在了解仪器结构、各部件作用的基础上，重点是讨论每步操作的实质。

解 ① 预热　预热是为了使仪器中电器部分稳定，减少仪器波动带来误差。所有用电的分析仪器都需要预热。这时光闸放入光路是防止光长时间照射光电管，使光电管疲劳不能正常工作。

② 选择波长　每种物质具有特定的吸收光谱，不同波长测得的吸光度不同，对于指定的试样必须选择合适的测定波长。

③ 调零　光闸放入光路，没有光通过，调透射比 $\tau=0$，是调节电器零点。如果 $\tau \neq 0$，这时说明仪器有电器误差。

④ 调百　吸收池盛装空白溶液对光线也有吸收，这时调至 $T(\tau)=100\%$，就等于扣除了这部分吸收，保证下一步测定试液时测得其中吸光物质的净吸收。如果 $T(\tau) \neq 100\%$，说明空白液的吸收没有扣除，结果会产生很大误差。

所以使用分光光度计测定吸光度都要进行预热、选择波长、调零和调百。

【例 8-8】 使用分光光度计测定溶液吸收光谱曲线时，是否每改变一个波长都要进行调零和调百。为什么？

解题思路 改变单色光波长时，与波长有关的变量必定变化，与波长无关的变量不一定变。

解 调百必须进行，调零不一定。因为波长变化，摩尔吸光系数 ε 变化，透射比（吸光度）也变化，所以必须进行调百。波长变化仪器零点（因为是电器零点）不一定变化，在要求不十分严格的情况下，可以不再调零。

【例 8-9】 解读 1,10-邻二氮杂菲法测定纯碱中微量铁的溶液制备规程。

称取 10g 纯碱样品（精确至 0.01g）置于烧杯中，加少量水润湿，滴加 35mL 盐酸溶液（1＋1），煮沸 3～5min，冷却（必要时过滤），移入 250mL 容量瓶中，加水至刻度，摇匀。

吸取 50mL 上述试液，置于 100mL 烧杯中；另取 7mL 盐酸溶液（1＋1）置于另一烧杯中，用氨水（2＋3）中和后，与试样溶液一并用氨水（1＋9）和盐酸溶液（1＋3）调至 pH 为 2（用精密 pH 试纸检验）。分别移入 100mL 容量瓶中。加 2.5mL 抗坏血酸溶液（20g/L），摇匀，再加 10mL 乙酸-乙酸钠缓冲溶液（pH≈4.5）、5mL 邻二氮菲溶液（2g/L），用水稀释至刻度，摇匀。

试回答：(1) 为什么称取 10g 纯碱样品（精确至 0.01g）？用什么天平和方法称取？

(2) 为什么要滴加 35mL 盐酸溶液（1＋1）？为什么煮沸3～5min？

(3) 另取 7mL 盐酸溶液（1＋1）置于另一烧杯中进行同样处理，这个溶液有什么作用？

(4) 为什么要用氨水和盐酸溶液调至 pH 为 2？

(5) 加入 2.5mL 抗坏血酸溶液（20g/L）、10mL 乙酸-乙酸钠缓冲溶液（pH≈4.5）和 5mL 邻二氮菲溶液（2g/L）各起什么作用？

解题思路 根据1,10-邻二氮杂菲显色测定微量铁的反应原理，分析加入各种试剂的作用。

解 (1) 纯碱中铁是杂质其含量很少，称取试样多相对误差小。可以用精确至0.01g的工业天平，采用减量法称样。

(2) 通过计算可知10g纯碱完全中和需要32mL盐酸溶液(1+1)，为了使反应完全，盐酸过量3mL。煮沸可使溶解完全并除去反应生成的CO_2。

(3) 这个溶液是做参比溶液。试样溶解后是取其1/5制备显色溶液，相当于加入7mL (1+1) 盐酸，因此取相同量的盐酸制备参比溶液，以消除可能引入的试剂误差。

(4) 酸度低会生成$Fe(OH)_3$或$Fe(OH)_2$沉淀，pH=2，可使下一步Fe^{3+}还原为Fe^{2+}的反应进行完全。

(5) 抗坏血酸的作用是还原Fe^{3+}为Fe^{2+}；乙酸-乙酸钠缓冲溶液可保持溶液pH≈4.5，是邻二氮菲与亚铁显色反应的最适宜的酸度条件；邻二氮菲为显色剂，生成红色邻二氮菲-Fe^{2+}配合物。

【例8-10】 用分光光度法测定微量钴，得到下列数据：

吸光度 A	0.28	0.56	0.84	1.12	2.24
钴浓度 ρ/(g/L)	3.0	5.5	8.2	11.0	21.5

试用科学（工程）计算器求A与ρ之间的线性关系方程及相关系数。

解题思路 利用计算器的线性回归（REG）功能，输入数据求得结果。

解 (1) 调整计算器进入回归状态

开机→[shift]→[scl]→[=]→[mode]→[3]→[1]

(2) 输入数据 分别输入每组数据（浓度和吸光度之间用[,]分开）

3.0 [,] 0.28 [M+]；5.5 [,] 0.56 [M+]；8.2 [,] 0.84 [M+]；11.0 [,] 1.12 [M+]；21.5 [,] 2.24 [M+]

（3）计算结果

求 a 值 shift → A → = → 0.03；

求 b 值 shift → B → = → 0.105；

求 r 值 shift → r → = → 0.9999。

由此得到回归方程　$A=0.105\rho+0.03$

说明：不同的计算器具体按键不一定相同，应根据使用说明书进行操作。

【例 8-11】 于 6 个洁净的 50mL 容量瓶中分别加入 10.00μg/mL 铁标准溶液 0.00、2.00mL、4.00mL、6.00mL、8.00mL、10.00mL，显色后用蒸馏水稀释至标线，摇匀。以试剂空白溶液为参比，在 510nm 波长下，用 2cm 吸收池测得吸光度为 0.00、0.159、0.320、0.480、0.650、0.810。取 5mL 试液于 50mL 容量瓶中与标准溶液同样处理，测得吸光度是 0.450。试绘制标准曲线，并用标准曲线法求出试样中铁含量。

解题思路　计算标准显色液中 Fe^{2+} 的质量浓度，绘制标准曲线，从曲线上查出试液中 Fe^{2+} 的质量浓度，再求出原始试液中铁含量。

解　（1）按 $\rho=\frac{10.00\times V}{50.00}$ 求出标准显色液中 Fe^{2+} 的质量浓度（μg/mL）分别是 0.00，0.40，0.80，1.20，1.60，2.00。

（2）绘制浓度（ρ）-吸光度（A）标准曲线见图 8-1。

从标准曲线上查出试液 Fe^{2+} 浓度是 1.1μg/mL，原始试样 $\rho=1.1\times\frac{50}{5}=11(\mu g/mL)$。

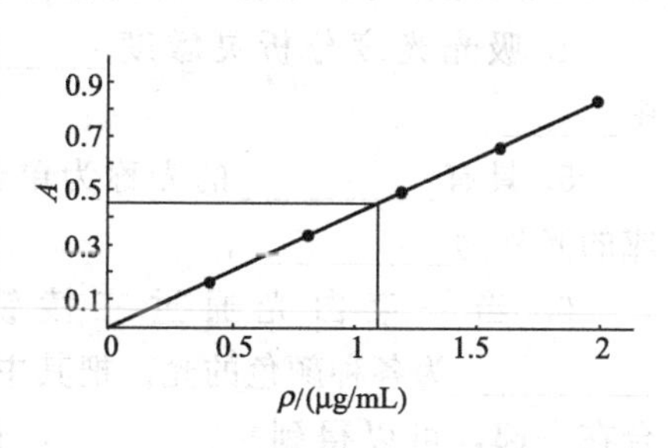

图 8-1　【例 8-11】标准曲线

【例 8-12】 利用 Excel 软件，计算【例 8-11】题的回归

方程和相关系数。

解题思路 在Excel相应的栏内编排有关计算公式，把实验数据输入指定的位置，则回归方程、相关系数和试样分析结果就会自动生成。

解 设回归方程为$y=bx+a$，式中x代表标准溶液浓度，y代表相应的吸光度。

(1) 打开Excel界面依次输入标准溶液浓度、相对应测得的吸光度和测得的试样吸光度。

(2) 在相应的栏里输入并编辑计算公式（参见附录六 Excel软件在仪器分析中的应用）。自动求出回归方程$y=0.406x-0.003$，相关系数$r=0.99995$，试样中Fe^{2+}浓度为11.2μg/mL。

习题荟萃

一、填空题

1. 人的眼睛能感觉到的光是________，其波长范围为________。波长在________称为紫外光。紫外-可见分光光度法测定波长范围是________。

2. 可见分光光度法可以测定________溶液，________溶液________后也可以测定。

3. 紫外分光光度法可以测定含有________基团或含有杂原子（O、N、S等）结构的有机化合物。

4. 吸光光度分析灵敏度________，常用于测定化工产品中________。

5. 具有________的光称为单色光，由不同波长的光复合而成的光称为________。

6. 当一束白光通过三棱镜或________时，白光被________为各种颜色的光。把其中特定两种颜色光按一定比例混合在一起，可以得到________，这两种光互称为________，一般相隔________。

7. 精确地描述某种物质对__________波长光的选择__________情况的曲线称为__________曲线。吸收程度最大处的波长称为__________吸收波长，用__________表示。

8. 不同物质化学结构不同，__________不同，可以根据__________进行定性分析。同一种物质，波长不同，__________不同，一般选择__________作为测定波长。

9. 光的吸收定律又称为__________，其数学表达式__________。它表明：一束平行__________垂直通过均匀稀溶液时，溶液的吸光度 A 与物质的__________及__________的乘积成正比。

10. 摩尔吸光系数__________，测定的灵敏度__________。

11. 摩尔吸光系数的单位是________，它表示物质的浓度是 1mol/L，液层厚度是 1cm 时，此溶液对一定波长的光的吸光度。常用符号________表示。因此光的吸收定律表达式可写成________。

12. 符合光吸收定律的溶液，浓度增大一倍后，它的最大吸收波长__________，它的摩尔吸光系数________。

13. 吸光度和透射比的关系是__________。

14. 应用光吸收定律的条件是入射光必须是__________；测定溶液是__________。

15. 通过比较________________来确定物质含量的分析方法称为目视比色法。

16. 一般分光光度计都由________、________、________、________和测量系统五部分组成。

17. 分光光度计常用的检测器是__________，它的作用是将__________转变为__________。

18. 分光光度计常用的单色器是__________或__________，它的作用是将光源发出的__________色散为__________。

19. 使用分光光度计测定吸光度的步骤是：预热、__________、__________、__________和测定吸光度。

20. 吸光度的读数一般应该在__________范围之内，如果不在该范围之内，可以通过改变__________和调整__________使读数符合要求。

21. 分光光度分析使用的吸收池之间透射比之差应该小于__________。

22. 波长的准确度是指最大强度________与波长________之差，在紫外光区可用________或氘灯，在可见光区可用__________相应的谱线来检验。

23. 在紫外光区使用吸收池的材质是__________，在可见光区使用__________吸收池。

24. 紫外分光光度计的光源是__________，可见光度计的光源是__________。

25. 衡量校准曲线的可靠性可以用__________，一般要求它要大于__________。

二、选择题

1. 分光光度法进行定量分析依据是（　）。

A. 法拉第第一定律　　B. 牛顿定律

C. 朗伯-比耳定律　　D. 布朗定律

2. 硫酸铜溶液呈蓝色是由于它吸收了白光中的（　）。

A. 红色光　　B. 黄色光

C. 橙色光　　D. 蓝色光

3. Fe^{2+}能与1,10-邻二氮杂菲生成配合物，其最大吸收波长在510nm，该配合物的颜色是（　）。

A. 绿色　　B. 青蓝色

C. 紫色　　D. 红橙色

4. 紫外-可见分光光度法测定波长范围是（　）nm。

A. 200～780　　B. 400～780

C. 200～400　　D. 100～780

5. 当溶液符合光的吸收定律时，把溶液稀释后，其最大吸收波长（　）。

A. 不变　　B. 向长波方向移动

C. 向短波方向移动　　D. 无法判断

6. 为了更精确地说明物质具有选择性吸收不同波长光的性能，通常用（　　）来描述。

A. 工作曲线　　B. 吸收光谱曲线

C. 校正曲线　　D. 光色互补示意图

7. 有一溶液在 600nm 处用 1cm 吸收池测得 $A=0.100$，若其他条件不变，改用 2cm 吸收池，则测得 A 值是（　　）。

A. 0.100　　B. 0.200　　C. 不确定　　D. 0.050

8. 有一溶液在 600nm 处用 1cm 吸收池测得 $\tau=36\%$，若其他条件不变，改用 2cm 吸收池，则测得 τ 值（　　）。

A. 不变　　B. 增加　　C. 不确定　　D. 减少

9. 当透射比 $\tau(\%)=0$ 时，其吸光度为（　　）。

A. 100　　B. 10　　C. 0　　D. ∞

10. 目视比色法中常用的标准系列法是比较（　　）。

A. 入射光的强度　　B. 透过溶液后的光强度

C. 溶液对白光的吸收情况　　D. 一定厚度溶液颜色的深浅

11. 目视比色法的观察方法是（　　）。

A. 从比色管口垂直向下观察　　B. 从比色管口垂直向上观察

C. 从比色管口侧面观察　　D. 从比色管口任何方向均一样

12. 在分光光度法中，运用朗伯-比耳定律进行定量分析，应采用（　　）作为入射光。

A. 白光　　B. 单色光　　C. 可见光　　D. 紫外光

13. 摩尔吸光系数的单位为（　　）。

A. mol/cm　　B. L/g

C. L/(mol·cm)　　D. g/(L·cm)

14. 摩尔吸光系数越大，表明（　　）。

A. 测定灵敏度越高　　B. 浓度越浓

C. 液层厚度越厚　　D. 吸光性越强

15. 洗涤吸收池不能使用（　　）清洗。

A. 铬酸洗液　　B. 洗涤剂

C. 去污粉　　D. 盐酸-乙醇洗液

16. 比色皿洗净后，应该（　）。

A. 直接收于比色皿盒中　　B. 正置晾干

C. 倒置于滤纸上晾干　　D. 用滤纸擦干

17. 参比溶液置于光路，调节（　　），使电表指针指 $T(\tau)=100\%$。

A. 调百旋钮　　B. 调零旋钮

C. 灵敏度旋钮　　D. 调波长

18. 在显色反应中，关于显色剂的加入量说法正确的是（　　）。

A. 没有影响　B. 越多越好　C. 越少越好　D. 适当过量

19. 在光度测定中，使用参比溶液的作用是（　　）。

A. 调节仪器透光度的零点

B. 吸收入射光中测定所不需要的光波

C. 调节入射光的光强度

D. 消除溶剂和试剂等非测定物质对入射光吸收的影响

20. 分光光度计预热时，透射比 $\tau=$(　　)。

A. 100%　B. 0%　C. 50%　D. 80%

21. 721 型分光光度计预热时，样品室暗箱盖要（　　）。

A. 打开　B. 盖上　C. 打开或盖上均可　D. 半开

22. 在方格坐标纸上绘制的标准曲线一般是（　）。

A. 浓度——横坐标、吸光度——纵坐标

B. 吸光度——横坐标、浓度——纵坐标

C. 透光度——横坐标、浓度——纵坐标

D. 浓度——横坐标、透光度——纵坐标

23. 实际工作中有时发现标准曲线不成直线的情况，特别是当吸光物质的浓度（　　）时，明显的表现向下或向上偏离。

A. 低　B. 高　C. 适中　D. 无变化

24. 使用一般分光光度计的步骤正确的是（　）。

A. 选波长、调零、调百、测定

B. 调零、调百、测定

C. 选波长、调百、调零、测定

D. 调零、调百、选波长、测定

25. 校准曲线的可靠性可以用（　　）来衡量。

A. 回归方程斜率（b）　　B. 回归方程截距（a）

C. 相关系数（r）　　D. 平均值

三、判断题

1. 任意两种不同颜色的光按一定强度比例混合都可以得到白光。（　）

2. 紫外-可见光度法只能测定 400～780nm 范围有吸收的物质。（　）

3. 吸收光谱曲线的重要用途是定量分析时选择测定波长。（　）

4. 不同物质 ε 不同，同一物质波长不同 ε 也不同。在做吸收光谱曲线时，每改变一个波长必须进行“调百”操作。（　）

5. 吸收光谱曲线是以吸光度为纵坐标，以溶液浓度为横坐标所作的曲线。（　）

6. 符合光吸收定律的溶液，浓度稀释一倍，其最大吸收波长向长波方向移动。（　）

7. 当入射光和液层厚度一定时，溶液浓度增加一倍，透射比也增加一倍。（　）

8. 摩尔吸光系数 ε 是指溶液浓度为 1mol/L，液层厚度为 1cm 时测得的吸光度值。但是，实际上不能把 1mol/L 溶液放 1cm 吸收池中测定（无法读出吸光度），而是通过测定稀溶液的 A，通过计算求出 ε。（　）

9. 根据校准曲线可以找出光度测定的最大吸收波长。（　　）

10. 吸光度、透射比和摩尔吸光系数都没有单位。（　　）

11. 应用朗伯-比耳定律时必须遵守两条规则，即入射光是单色光，测定溶液是稀溶液。（　）

12. 在其他条件不变的情况下，液层厚度增加一倍，吸光度增加一倍，透射比也增加一倍。（　）

13. 使用标准曲线法定量时，标液和试液测定可以在不同条件

下进行，试液的吸光度可以位于标准曲线任何部位。（ ）

14. 可见分光光度法能测定有色物质，无色物质可以显色后再测定。有些物质虽然有色，但是，颜色较浅，测定灵敏度低。为了提高测定灵敏度，通常也是显色后再测定。（ ）

15. 紫外光谱法除含有共轭体系、杂原子（O、N、S等）化合物外，大多数有机物都能测定。（ ）

16. 有些有机化合物在紫外区有吸收，但是灵敏度低、干扰多，通常将这些物质显色后在可见光区测定。（ ）

17. 分光光度分析中，若试样甲的浓度是0.1mg/mL，试样乙的浓度是0.5mg/mL，则甲的吸光度较大，乙的透射比较大。（ ）

18. 入射光通量 $\Phi_0=\Phi_{tr}$ 透过光通量，说明入射光全部通过，$\tau=100\%$，$A=0$。（ ）

透过光通量 $\Phi_{tr}=0$，说明入射光全部被吸收，$\tau=0$，$A=0$。（ ）

入射光通量 $\Phi_0>\Phi_{tr}$ 透过光通量，$\tau<100\%$，$A>0$。（ ）

19. 一般分光光度计都设有调零、调百和波长选择，低档光度计需要手动调节，高档光度计不用调节这些参数。（ ）

20. 紫外-可见分光光度法灵敏度高，可以检测到 $10^{-6}\sim10^{-5}$ mol/L 的物质，因而广泛应用在化工产品中杂质测定和水质分析。（ ）

四、问答题

1. 什么是紫外-可见分光光度法？其测定对象是什么？

2. 如何绘制吸收光谱曲线？吸收光谱曲线有哪些用途？

3. 为什么分光光度计要设有单色器？有哪些类型？其作用如何？

4. 什么是互补色光？溶液颜色与吸收颜色有什么关系？如何根据溶液颜色估计该溶液的最大吸收波长？

5. 朗伯-比耳定律的数学表达式如何？应用该定律的条件是什么？吸光度和透射比的关系如何？

6. 摩尔吸光系数（ε）和质量吸光系数（a）的关系如何？怎

么测定？

7. 如何通过试验确定显色反应条件？为什么显色反应都要控制一定酸度？

8. 简述用标准曲线法测定工业纯碱中微量铁的操作步骤和注意事项。

9. 怎样配制标准比色色阶？如何测定液态化工产品色度？

10. 画出单光束分光光度计的光路原理图，说明各部件作用。

11. 说明如何用标准比较法测定工业甲醇中微量甲醛。

12. 怎样使用分光光度计测定溶液吸光度？说明基本操作步骤。

13. 仿照【例题 8-9】解读乙二醇中微量醛的分析规程（说明各步骤作用）。

14. 什么样的计算器可以计算回归方程？如何使用计算器计算回归方程？

15. 如何用 Excel 绘制校准曲线，计算回归方程和被测物质含量？

16. 上网查找 10 种不同型号的分光光度计，指出主要功能和特点。

17. 如何进行吸收池配套性检验？两个吸收池的透射比之差小于多少可以使用？

18. 参比溶液放入光路，调百旋钮调不到透射比等于 100，说明什么问题？如何解决？

19. 某一有色溶液，若吸收池厚度为 1cm，测得吸光度是 0.120，将该溶液稀释一倍，用 3cm 吸收池测得吸光度为 0.240。问此溶液是否符合光吸收定律？

20. 试设计测定有机化工产品中微量羰基化合物含量的分析方案（包括原理、需要仪器及试剂、操作步骤和结果计算）。

五、计算题

1. 将下列吸光度换算成透射比：（1）0.120；（2）0.500；（3）1.00。

2. 将下列透射比换算成吸光度：(1) 100%；(2) 50%；(3) 0.00%。

3. 有一浓度为 c 的有色溶液，吸收了入射光线的 20%，在同样的条件下浓度为 $3c$ 的溶液的吸光度和透射比各是多少？

4. 某有色溶液在 2cm 液层厚度的吸收池中测得透射比为 50%，若将此溶液放入 1cm、3cm 的吸收池中测得透射比应该是多少？

5. 某有色稀溶液在 1.0cm 的吸收池中测得的透射比为 90.0%，若使测得的吸光度大于 0.1，应该使用几厘米的吸收池？这时该溶液的透射比和吸光度各为多少？

6. 有一有色溶液用 1cm 吸收池测得吸光度是 0.100，如果将该溶液稀释一倍后，用 3cm 吸收池测得吸光度和透射比各是多少？

7. 二苯卡巴肼法测定 Cr(Ⅵ)，已知显色液含 Cr(Ⅵ) 1.92×10^{-5} mol/L，在 540nm 处，用 1cm 吸收池测得吸光度是 0.80，试计算该条件下的摩尔吸光系数。

8. 用邻二氮杂菲显色测定铁，已知显色液中亚铁含量为 50μg/100mL。用 2.0cm 的吸收池，在波长 510nm 测得透射比为 62.37%。计算邻二氮杂菲亚铁的摩尔吸光系数（ε_{510}）。

9. 取 1mL 含有 100μg Fe^{3+} 溶液于 100mL 容量瓶中，加 KCNS 显色后稀释至刻度，在 480nm 处用 1cm 吸收池测得吸光度为 0.120，计算 $Fe(CNS)_3$ 摩尔吸光系数（ε_{480}）。

10. 有两种不同浓度的有色溶液，当液层厚度相同时，对某一波长的光，τ 值分别为：(1) 35.0%；(2) 66.0%。求它们的 A 值。如果已知溶液 (1) 的浓度为 2.5×10^{-4} mol/L，求溶液 (2) 的浓度。

11. 以丁二酮肟光度法测定镍，已知显色液中镍的浓度为 1.7×10^{-5} mol/L，用 2.0cm 吸收池在 470nm 波长下测得的透射比为 30.0%。计算此配合物在该波长的质量吸光系数。

12. 测定化工产品中杂质铁含量，以含铁的质量分数 $w_s(Fe)=0.25\%$ 的已知试样作标样，经过同样方法处理后，在分光光度计上测得试样的吸光度是标样的 2 倍，求试样中铁的质量分数 [$w_x(Fe)$]。

13. 一有色配合物在其水溶液中的质量分数是 0.00100%，用 2cm 吸收池测得透射比是 42%。已知 $\varepsilon=2.5\times10^3$ L/(mol · cm)，求此配合物的摩尔质量。

14. 分光光度法测定含 0.00100mol/L 锌标准溶液和含锌试液的吸光度分别是 0.700 和 1.000，两种溶液的透射比相差多少？如果用 0.00100mol/L 锌标准溶液作参比溶液，试液的吸光度是多少？(该方法可以测定高浓度试样)

15. 用标准曲线法测定乙二醇中微量醛。准确称取 0.6007g 苯乙酮，注入 50mL 容量瓶中，用无醛乙醇稀释至刻度，摇匀得储备液。准确吸取储备溶液 5.00mL 移入 50mL 容量瓶中，以无醛乙醇稀释至刻度，摇匀。再准确吸取该溶液 1.00mL，移入 100mL 容量瓶中，用无醛乙醇稀释至刻度，摇匀得标准溶液。在 445nm 处测定吸光度得如下数据：

标准溶液体积/mL	0.00	2.00	4.00	6.00	8.00	10.00
A	0.000	0.105	0.205	0.315	0.430	0.545

试样中醛含量的测定：准确吸取 4.00mL 乙二醇样品，按制备标准曲线同样的方法显色，测得吸光度为 0.210。(乙二醇的密度 ρ=1.11g/mL)

计算：(1) 标准储备液的浓度 (以乙醛计，μg/mL)；

(2) 标准溶液浓度 (以乙醛计，μg/mL)；

(3) 校准曲线方程 (直线回归方程)；

(4) 乙二醇中醛的质量分数 (以乙醛计)。

16. 准确称取硫酸铁铵 [$NH_4Fe(SO_4)_2\cdot12H_2O$]0.8634g，溶于水，加 2.5mL 硫酸，移入 1L 容量瓶中，用水稀释至刻度，摇匀作储备液。吸取储备液 10.00mL 于 100mL 容量瓶中，用水稀释至刻度，摇匀得标准溶液。此溶液 1mL 含铁 0.010mg。将此标准溶液稀释到 100mL 配制系列显色溶液，在 510nm 处测定吸光度得如下数据：

标准溶液体积/mL	0.00	2.00	4.00	6.00	8.00	10.00
A	0.000	0.105	0.205	0.315	0.430	0.550

试样中铁含量的测定：称取 10.00g 纯碱样品溶解后稀释到 250.0mL。吸取 50.00mL，调至 pH 为 2.00，移入 100mL 容量瓶中稀释至刻度。按配制标准系列同样的操作，测得试样溶液的吸光度为 0.120。

计算：(1) 标准储备液的浓度 $\rho(\mu g/mL)$；

(2) 标准溶液浓度 $\rho(\mu g/mL)$；

(3) 校准曲线方程；

(4) 工业纯碱中铁的质量分数。

17. 紫外分光光度法测定苯甲醛中微量苯甲酸含量。已知苯甲酸标准溶液浓度（μg/mL）是 0.00、2.00、4.00、6.00、8.00、10.00、12.00，在 226nm 处，用 1cm 吸收池测得吸光度分别是 0.000、0.142、0.286、0.434、0.576、0.720、0.844。准确移取 10mL 苯甲酸未知液，在 100mL 容量瓶中定容。在相同条件下测得试液的吸光度是 0.420。试绘制标准曲线，从标准曲线上查得未知液的浓度。

18. 紫外分光光度法测定水杨酸含量。已知水杨酸标准溶液浓度（μg/mL）是 0.00、2.00、4.00、8.00、12.00、16.00，在 295nm 处，用 1cm 吸收池测得吸光度分别是 0.000、0.096、0.194、0.386、0.576、0.768。准确移取 10mL 水杨酸试液，在 100mL 容量瓶中定容。在相同条件下测得试液的吸光度是 0.520。试利用计算器求出回归方程、相关系数，并计算试液中水杨酸含量(μg/mL)。

19. 紫外分光光度法测定维生素 C 含量。已知维生素 C 标准溶液浓度（μg/mL）是 0.00、2.00、4.00、6.00、8.00、10.00、12.00、14.00、16.00，用 1cm 吸收池，在 265nm 处测得吸光度分别是 0.000、0.116、0.232、0.348、0.464、0.581、0.672、0.812、0.928。准确移取 10mL 维生素 C 试液，在 100mL 容量瓶

中定容。在相同条件下测得试液的吸光度是0.320。试用Excel软件计算回归方程、相关系数，并计算试液中维生素C含量（μg/mL）。

技能测试

一、测试项目　纯碱中微量铁的测定

1. 测试要求

本次测试在3h内完成，并递交完整报告。

2. 操作步骤

（参照GB/T 3049—2006和GB 210—2004）

① 配制铁的显色标准系列。

② 绘制1,10-邻二氮菲-亚铁的吸收光谱曲线。

③ 测绘标准曲线。

④ 测定试样中铁含量，报告结果。

二、技能评分

细目	评分要素	分值	说明	扣分	得分
显色操作（15分）	移液管使用（按化学分析基本操作要求）	5	一次错误扣1分		
	容量瓶使用（按化学分析基本操作要求）	5			
	显色操作程序正确	5	步骤不正确扣1分，重新配制扣3分		
测量准备（8分）	仪器预热	2	不预热扣2分		
	预热时光闸放入光路	2	光闸不放入光路扣2分		
	仪器使用程序正确（会调零、调百）	4	每差一项扣2分		
吸收池使用（10分）	吸收池持法按要求进行	2	不符要求每次扣1分		
	吸收池光面的揩拭方法	3	不正确每次扣1分		
	注液的高度	2	不符合要求扣2分		
	吸收池配套性检验	3	不检验每次扣2分		

续表

细目	评分要素	分值	说明	扣分	得分
测量操作（12分）	用待测液润洗吸收池3次	3	不润洗扣1分		
	测量顺序从低到高	2	不正确扣1分		
	吸收池放置	2	不符合要求扣1分		
	测量过程重校“0”、“100”	3	不符合要求扣2分		
	非测量状态光闸放入光路	2	不符合要求扣2分		
记录及数据处理（26分）	读数正确	2	不正确扣2分		
	数据及时、直接记录在报告单上	2	不及时、转抄扣2分		
	无涂改、符合有效数字规则	2	不按要求扣2分		
	报告（完整、明确、清晰）规范	4	不按要求每项扣2分		
	报告项目齐全	4	每缺一项扣1分		
	计算公式、结果正确	4			
	图上标注项目齐全	4	每缺一项扣1分		
	标准曲线绘制和使用方法正确	4			
结果评价（24分）	结果准确度（相对误差，%）	12	＜2%		
		8	2%～4%		
		6	4%～6%		
		4	6%～8%		
		0	＞8%		
	标准曲线相关系数	12	＞0.9999		
		8	0.9999～0.9995		
		6	0.9995～0.9990		
		4	0.9990～0.9950		
		0	＜0.995		
考核时间（5分）	开始时间	5	考核时间180min，每超过5min扣1分		
	结束时间				
	考核时间				
总分	100				

第九章　气相色谱分析

内容提要

气相色谱法是以物质在气-固或气-液两相中分配特性不同而建立起来的分离分析方法。

学习本章，要了解气相色谱的分类、分离原理，固定相和操作条件的选择原则；了解气相色谱仪的构成和主要部件的作用；理解热导和氢焰检测器的工作原理、应用范围；掌握气相色谱仪的气路流程、气相色谱常用术语、各种定量分析方法特点和适用范围；初步掌握普及型气相色谱仪的开机、停机和正常操作；学会测量保留值和峰面积，能用色谱数据处理机打印分析结果；掌握用微量注射器进液体试样和用六通阀进气体试样的操作技术。

一、气相色谱分离原理

气相色谱法（GC）是以气体为流动相的柱色谱技术，按照所用固定相和分离原理可以分为气固色谱和气液色谱。在化工生产上用于分析沸点较低的物质，特别适宜混合物的分离分析。

1. 气固色谱法（GSC）

（1）两相
- 流动相——气体（H_2 或 N_2）
- 固定相——固体吸收剂（如分子筛、GDX 等）

（2）分离原理　基于固定相对不同组分吸附能力不同，经过多次吸附-解析-再吸附-再解析，直至把混合物各组分分开。

（3）常用吸附剂　硅胶、分子筛、氧化铝、活性炭等用于分离永久性气体和低沸点烃类。GDX 适用于有机物中水分、醇类和羧酸等物质的分离和测定。

2. 气液色谱法（GLC）

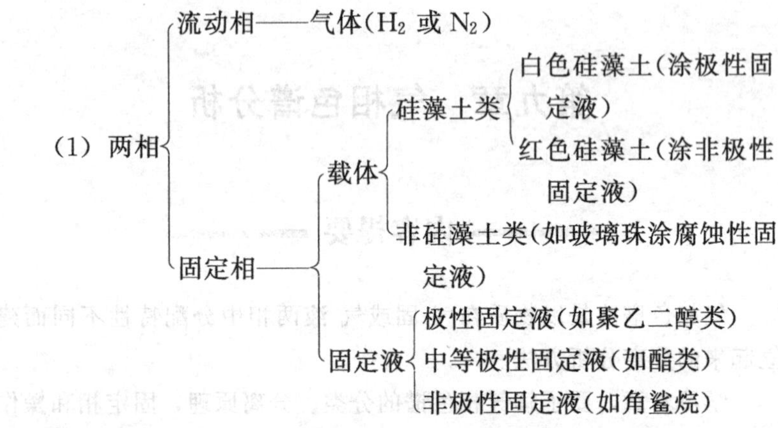

(2) 分离原理　基于固定液对不同组分溶解能力不同，经过多次溶解-挥发-再溶解-再挥发，直至把混合物各组分分开。

(3) 固定液的选择　固定液一般是高沸点的有机物或聚合物。选择固定液通常根据“相似性”原则，即选择的固定液与待测组分极性（或官能团）相似，可以取得良好的分离效果。

3. 色谱分离条件选择

色谱分离的操作条件对分离效果有很大影响。对于给定的样品混合物，分离的最佳条件可以通过实验来选择。其方法是固定其他操作条件，改变其中一个条件，看分离效果和峰形。经过实验可以得出如下规律。

(1) 填充柱　柱径一般 2～4mm，柱长 1～5m；毛细管柱径 0.2～0.6mm，柱长 10～100m。

(2) 载气　热导池检测器一般选用 H_2 作载气；氢火焰检测器选用 N_2 作载气。

(3) 载气流速　填充柱一般使用线速度为 10～20cm/s；毛细管柱使用线速度为 10～12cm/s。

(4) 柱温　样品沸点低于 200℃时，柱温选择平均沸点；样品沸点高于 200℃时，柱温可比平均沸点低 50℃；对宽沸程混合物采用程序升温。

(5) 进样量　气体选择1～5mL；液体0.1～5μL。汽化室温度一般高于样品最高沸点30～70℃；检测室温度高于柱温30～50℃。

二、气相色谱仪

1. 气相色谱仪组成

各种型号的气相色谱仪基本组成是相同的，都是由载气系统、进样系统、分离系统、检测系统、记录仪或数据处理系统和温度控制系统组成。

(1) 载气系统　整个气路系统要求提供一个恒定流速的纯净载气。通常由气源、减压阀、净化器、稳压阀、稳流阀和流量计组成。

(2) 进样系统　包括进样器和汽化室。气体进样一般用六通阀，液体进样用微量注射器。进样系统使样品定量地注入色谱系统并迅速汽化。

(3) 分离系统　分离系统是色谱仪的心脏，包括色谱柱和柱箱，其作用是将混合物分离成各个组分。色谱柱有填充柱和毛细管柱两大类。

(4) 检测系统　把经色谱柱分离后的各组分的浓度信号或质量信号转变为电信号。常用的有热导池（TCD）和氢火焰（FID）检测器。热导池检测器对任何物质都产生响应信号，但灵敏度较低；氢火焰检测器对大多数有机物具有很高的灵敏度，而对于在氢火焰中不能电离的无机气体和水没有响应。

(5) 记录和数据处理系统　广泛使用数据处理机和色谱工作站。它们能够自动采集数据、处理数据并打印报告。

(6) 温度控制系统　包括加热和电子控温装置，分别控制汽化室、柱箱和检测器的加热温度。

2. 典型色谱仪简介

气相色谱仪种类繁多，性能各异。几种典型气相色谱仪的功能和特点见表9-1。

表 9-1　典型气相色谱仪

仪器类型	仪器型号	主要功能及特点	生产厂家
填充色谱	PE8600 型	单柱单气路，仪器结构简单，操作方便，属经济型色谱仪，可以与各类数据处理机连用	PE 公司
	HP4890 型		惠普
	GC9790 型	双柱双气路，微机控制，键盘操作，液晶屏幕显示，5 阶程序升温	温岭福立
	GC122 型	双柱双气路，微机化仪器，5 阶程序升温，设有温度扫描和温度极限	上海精密
	SQ203 型	双柱双气路，微机化仪器，键盘输入工作参数，人机对话编制程序	北京瑞利
毛细色谱	Agilent 型	6890 系列气相色谱仪，对压力和流量进行全面电子气路控制（EPC），数字化设定所有气路参数。单臂射流热导池检测器，灵敏度高。全部参数由键盘输入，无需手工操作	美国安捷伦
	GC-14C 型	GC-14C 既可使用填充柱，也可使用毛细管柱。采用了便于操作的显示器/键盘，过热保护具有双保险结构	日本岛津
	GC5890F	具有 FID、毛细管进样系统、3 阶程序升温、智能后开门装置。双柱补偿功能，可同时安装两种进样系统，填充柱时可安装两种相同或不同的检测器，具有开机自诊断功能	南京科捷
	GC7900 型	具有 9 阶程序升温，可以同时安装 3 个进样器和 3 个检测器。大屏幕液晶菜单式显示所有参数，其色谱工作站具有反控功能，仪器参数可在计算机或仪器键盘上设置	上海天美
	GC-2014C	可同时安装 4 个进样口、4 个检测器，各单元可独立精确控温。同时安装和使用毛细管柱和填充柱。主机的大液晶显示屏 LCD 为全中文界面，具有丰富的自诊断功能	日本岛津

三、色谱图和常用术语

1. 色谱图术语

气相色谱记录仪描绘的峰形曲线称为色谱图。图 9-1 表示一个典型的二组分试样的气液色谱图，由图上的标示可以看到下列术语的含义。

基线　保留时间（t_R）　死时间（t_M）　调整保留时间（t'_R）　相对保留值（$\gamma_{2,1}$）　峰高（h）　峰底宽度（Y）　半峰宽（$Y_{1/2}$）　峰面积（A）　分离度（R）

其中：

$$t'_R = t_R - t_M \tag{9-1}$$

$$\gamma_{2,1} = \frac{t'_{R_2}}{t'_{R_1}} \tag{9-2}$$

$$R = \frac{t_{R_2} - t_{R_1}}{\frac{1}{2}(Y_1 + Y_2)} \tag{9-3}$$

相对保留值是色谱定性分析的主要依据。计算两组分的分离度时，t 和 Y 的计量单位要相同。一般 $R \geqslant 1.5$ 两组分完全分开；$R < 1.0$ 两峰有明显重叠。

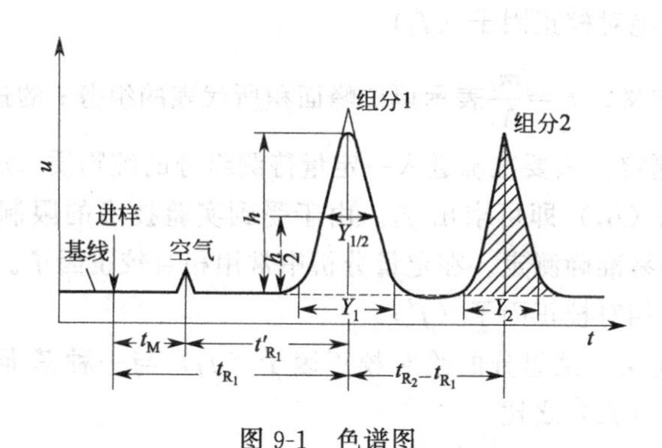

图 9-1　色谱图

2. 塔板理论

塔板理论把色谱分离混合物比作精馏塔，假想色谱柱内有许多块塔板。

(1) 理论塔板数（$n_{理论}$）　理论塔板数（$n_{理论}$）、理论塔板高度（$H_{理论}$）与色谱柱长、保留时间和色谱峰宽的关系是：

$$n_{理论} = \frac{L}{H_{理论}} = 5.54\left(\frac{t_R}{Y_{1/2}}\right)^2 = 16\left(\frac{t_R}{Y_b}\right)^2 \tag{9-4}$$

显然色谱峰越窄，$n_{理论}$ 越多，色谱柱效能越高。

(2) 有效塔板数 $n_{有效}$　实际应用中发现，计算出的理论塔板数 $n_{理论}$ 很大，而表现出来分离效率却不很高，用 t'_R 代替 t_R 计算出来的塔板数更符合实际，这个塔板数定义为有效塔板数（$n_{有效}$）。

$$n_{有效}=\frac{L}{H_{有效}}=5.54\left(\frac{t'_R}{Y_{1/2}}\right)^2=16\left(\frac{t'_R}{Y_b}\right)^2 \tag{9-5}$$

（3）分离度与有效塔板数的关系　有效塔板数越多，分离效果越好。它们之间关系为

$$n_{有效}=16R^2\left(\frac{\gamma_{2,1}}{\gamma_{2,1}-1}\right)^2 \tag{9-6}$$

$$R=\frac{\sqrt{n_{有效}}}{4\left(\frac{\gamma_{2,1}}{\gamma_{2,1}-1}\right)} \tag{9-7}$$

3. 定量校正因子

（1）绝对校正因子（f_i）

① 定义。$f_i=\frac{m_i}{A_i}$表示单位峰面积所代表的组分 i 的进样量。

② 测定。只要准确进入一定量待测组分的纯物质（m_i），测定其峰面积（A_i）即可求出 f_i。由于受到实验技术的限制，绝对校正因子不易准确测定。在定量分析中常用相对较正因子。

（2）相对校正因子（f'_i）

① 定义。某组分的绝对校正因子（f_i）与一种基准物的绝对校正因子（f_s）之比。

$$f'_i=\frac{f_i}{f_s}=\frac{m_i/A_i}{m_s/A_s}=\frac{m_iA_s}{m_sA_i} \tag{9-8}$$

式中　A_i，A_s——分别为组分 i 和基准物 s 的峰面积；

m_i，m_s——分别为组分 i 和基准物 s 的质量。

② 表示方法。当 m_i、m_s 用质量表示时，所得相对校正因子称为相对质量校正因子，用 f'_m 表示。当 m_i、m_s 用物质的量（单位为 mol）表示时，所得相对校正因子称为相对摩尔校正因子，用 f'_M表示。有些文献还以相对响应值（s'_i）形式表示。在采用相同的单位时，s'_i 和 f'_i 之间是倒数关系。

$$s'_i=\frac{1}{f'_i} \tag{9-9}$$

③ 测定方法。根据式(9-8)，只要准确称取一定量待测组分的

纯物质（m_i）和基准物（m_s），混匀后进样$\left(\frac{m_i}{m_s}一定\right)$，分别测量出相应的峰面积 A_i 和 A_s，即可求出组分 i 的相对校正因子 f'_i。相对校正因子具有普遍意义。在色谱文献中记载了前人测定的许多物质的相对校正因子或相对响应值数据，可以从分析化学手册中查到并应用于色谱定量分析。

四、定量分析方法

被测组分的进样量与它的峰面积成正比是定量分析的基本依据。实际应用时，根据样品情况和检测要求可采用不同的定量方法。

1. 归一化法

把所有出峰组分的质量分数之和按 1.00 计的定量方法称为归一化法。其计算式为

$$w_i=\frac{m_i}{m_1+m_2+\cdots+m_n}=\frac{f'_iA_i}{f'_1A_1+f'_2A_2+\cdots+f'_nA_n} \qquad (9\text{-}10)$$

式中 w_i——试样中组分 i 的质量分数；

m_1，m_2，…，m_n——各组分的质量；

A_1，A_2，…，A_n——各组分的峰面积；

f'_1，f'_2，…，f'_n——各组分的相对质量校正因子；

m_i，A_i，f'_i——试样中组分 i 的质量、峰面积和相对质量校正因子。

2. 内标法

将已知量的内标物（试样中没有的一种纯物质）加入到试样中，进样出峰后根据待测组分和内标物的峰面积及相对校正因子计算待测组分的含量。

设 m 为称取试样的质量；m_s 为加入内标物的质量；A_i、A_s 分别为待测组分和内标物的峰面积；f_i、f_s 分别为待测组分和内标物的校正因子。则

$$\frac{m_i}{m_s}=\frac{f_iA_i}{f_sA_s}$$

$$w_i=\frac{m_i}{m}=f'_{i/s}\frac{A_im_s}{A_sm} \qquad (9\text{-}11)$$

3. 外标法

（1）标准曲线法　与光度分析相似。利用待测组分的纯物质配成不同含量的标准样，取一定体积标准样进样分析，测绘峰面积对含量的校准曲线。分析试样时，在同样的操作条件下，注入相同体积的试样，根据待测组分的峰面积，在校准曲线上查出其含量。也可以利用校准曲线回归方程进行计算。

（2）比较法（单点校正法）　即配制一个和被测组分含量接近的标准样，分别准确进样，根据所得峰面积直接计算被测组分的含量。

$$w_i=\frac{A_i}{A_i'}\times w_i' \tag{9-12}$$

式中　w_i，w_i'——分别为试样和标样中待测组分的含量；

A_i，A_i'——分别为试样和标样中待测组分的峰面积。

各种定量分析方法比较见表 9-2。

表 9-2　各种定量分析方法比较

项　目	归一化法	内标法	外标法
计算公式	$w_i=\frac{f_i'A_i}{f_1'A_1+f_2'A_2+\cdots+f_n'A_n}$	$w_i=\frac{m_i}{m}=f_{i/s}'\frac{A_i m_s}{A_s m}$	$w_i=\frac{A_i}{A_i'}w_i'$ 或从标准曲线查找
称样配样	不需要	需要	不需要
进样量	不需要准确	不需要准确	必须准确
操作条件要求	一次分析过程条件稳定	一次分析过程条件稳定	所有分析过程条件稳定
校正因子	需要全部组分的	需要待测组分和内标物的	不需要校正因子
对组分出峰要求	所有组分全出峰	待测组分和内标物出峰	待测组分出峰
适用测定对象	中控分析、成品和原料分析	成品和原料分析	生产控制分析

五、技能训练环节

1. 启动热导气相色谱仪，调控到指定的实验条件。

① 制备气固色谱柱（GDX-104）。

② 气体钢瓶的使用。

③ 调节和测定载气流速。

④ 调控温度、桥电流等其他参数。

⑤ 使用六通阀进行气体进样。

⑥ 关机。

2. 启动氢焰气相色谱仪，调控到指定的实验条件。

① 制备气液色谱柱（角鲨烷柱）。

② 调节和测定载气、氢气和空气流速。

③ 点火、调控温度等其他参数。

④ 使用微量注射器进行液体进样。

⑤ 关机。

3. 以纯物质为对照，按保留值初步定性。

4. 设置色谱数据处理机的计算参数，并打印分析结果。

① 熟悉键盘各键功能和作用。

② 用数据处理机进行归一化法定量分析。

③ 用数据处理机进行内标法定量分析。

5. 查阅和测定相对校正因子，计算和报告分析结果。

例题解析

【例 9-1】 欲用气相色谱法测定下列物质，试选择固定相、检测器和定量分析方法。

（1）有机物中微量水分；（2）汽油中各组分；（3）乙醇中微量甲醇；（4）甲苯、二甲苯、乙苯混合物。

解题思路 根据“相似性”原则选择固定相，根据组分含量和检测要求选择检测器和定量分析方法。

解

测定对象	选择固定相	检测器	定量分析方法
有机物中微量水分	GDX	TCD	内标或外标
汽油中各组分	角鲨烷	TCD 或 FID	归一化
乙醇中微量甲醇	聚乙二醇	FID	内标或外标
甲苯、二甲苯、乙苯混合物	邻苯二甲酸二壬酯	FID 或 TCD	归一化

【例 9-2】 用一根 3m 长色谱柱，测定某样品得到如图 9-2 所示谱图及数据。

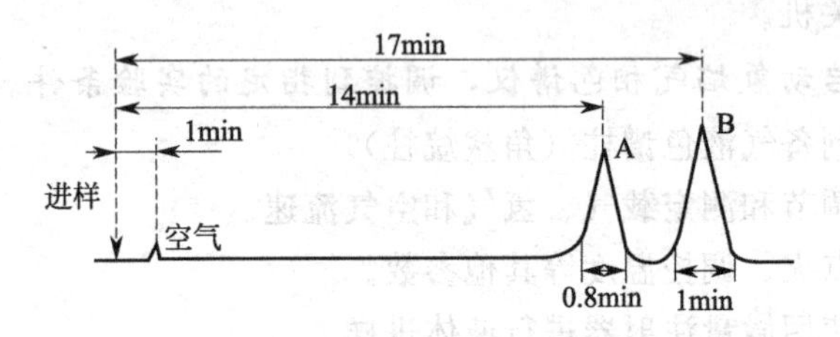

图 9-2 【例 9-2】色谱图

求：(1) 调整保留时间 t'_{R_A}、t'_{R_B} 及相对保留值 $\gamma_{B,A}$；

(2) 组分 A、B 之间的分离度。

解题思路 正确理解色谱术语的概念，然后代入相关公式。

解 通过色谱图得到 $t_M=1\text{min}$，$t_{R_A}=14\text{min}$，$t_{R_B}=17\text{min}$

$$t'_{R_A}=14-1=13\text{min},\quad t'_{R_B}=17-1=16\text{min}$$

$$\gamma_{B,A}=\frac{t'_{R_B}}{t'_{R_A}}=\frac{16}{13}=1.23$$

$$R=\frac{t_{R_B}-t_{R_A}}{\frac{1}{2}(Y_A+Y_B)}=\frac{17-14}{\frac{1}{2}\times(0.8+1.0)}=3.3$$

【例 9-3】 色谱法分离某组分时测得峰底宽度是 0.2min，保留时间是 4.0min，空气峰的保留时间是 1.0min。试计算该色谱柱的 $n_{理论}$ 和 $n_{有效}$ 分别是多少？

解题思路 正确区分 $n_{理论}$ 和 $n_{有效}$ 的不同点，把实验数据代入相应公式进行计算。

解 把 $Y_b=0.2\text{min}$，$t_R=4.0\text{min}$ 代入式(9-4) 得

$$n_{理论}=16\times\left(\frac{4.0}{0.2}\right)^2=6400$$

把 $Y_b=0.2\text{min}$，$t'_R=4.0-1.0=3.0$ 代入式(9-5) 得

$$n_{有效}=16\times\left(\frac{3.0}{0.2}\right)^2=3600$$

【例 9-4】 试样中两组分在 1m 长色谱柱上的分离度是 0.75，

要使两组分完全分开，需要柱长多少米？

解题思路　分离度与$\sqrt{n_{有效}}$成正比，$n_{有效}$与柱长成正比，找出分离度与柱长关系即可求出所需柱长。

解　因为$R \propto \sqrt{n_{有效}} \Rightarrow R \propto \sqrt{L}$

所以$\dfrac{R_1}{R_2}=\dfrac{\sqrt{L_1}}{\sqrt{L_2}}$　若使两组分完全分开$R=1.5$

$\dfrac{0.75}{1.5}=\dfrac{\sqrt{1}}{\sqrt{L_2}}$　$L_2=4\text{m}$

【例 9-5】　测定工业丙烯酸中丙烯醛、糠醛和苯甲醛相对癸二酸二甲酯的质量校正因子。在预先称量的 100mL 容量瓶中加入适量丙烯醛、糠醛、苯甲醛和癸二酸二甲酯，其加入量要分别称量，并均精确至 0.0002g。再用试剂丙烯酸稀释至刻度，充分摇匀，配制成与工业样品中各组分含量相近的校准用标准样品。将混合物和作为稀释剂的丙烯酸分别进行色谱分析，重复测定三次，测得各组分及内标物的平均峰面积。测得数据如下：

项　　目	丙烯醛	糠醛	苯甲醛	癸二酸二甲酯
称取纯品质量/g	0.01005	0.01200	0.00995	0.00950
混合物中各组分峰面积/cm^2	4.51	5.57	6.46	4.00
稀释剂丙烯酸中各组分峰面积/cm^2	0.01	0.02	0.01	0.00

求丙烯醛、糠醛和苯甲醛相对癸二酸二甲酯的质量校正因子。

解题思路　稀释剂中也含有微量待测组分，计算相对校正因子时要扣除稀释剂的影响。

解　在测得的峰面积中减去稀释剂含有的丙烯醛、糠醛和苯甲醛所产生的峰面积，再代入式(9-8) 即可求出相对质量校正因子。

$$f'_{丙烯醛}=\frac{0.01005\times4.00}{0.00950\times(4.51-0.01)}=0.94$$

$$f'_{糠醛}=\frac{0.01200\times4.00}{0.00950\times(5.57-0.02)}=0.91$$

$$f'_{苯甲醛}=\frac{0.00995\times4.00}{0.00950\times(6.46-0.01)}=0.65$$

【例 9-6】 某混合物含有乙醇、正庚烷、苯和乙酸乙酯。用气相色谱（TCD）分析得到各组分的峰面积分别为：乙醇 5.0cm²；正庚烷 9.0cm²；苯 4.0cm²；乙酸乙酯 7.0cm²。求试样中各组分的质量分数。

解题思路 混合物中 4 个组分全出峰，可用归一化法定量。需要查出相对质量校正因子，代入公式。

解 由《化工分析》第三版附录查出有关组分在热导检测器上的相对质量校正因子：

$$f'_{乙醇}=0.82，f'_{正庚烷}=0.89，f'_{苯}=1.00，f'_{乙酸乙酯}=1.01$$

$$\sum f'_{m}A=0.82\times5.0+0.89\times9.0+1.00\times4.0+1.01\times7.0=23.18$$

试样中各组分的质量分数分别为

$$w_{乙醇}=\frac{0.82\times5.0}{23.18}=0.1769$$

$$w_{正庚烷}=\frac{0.89\times9.0}{23.18}=0.3456$$

$$w_{正庚烷}=\frac{1.00\times4.00}{23.18}=0.1726$$

$$w_{乙酸乙酯}=\frac{1.01\times7.0}{23.18}=0.3050$$

【例 9-7】 某试样含有甲酸、乙酸、丙酸、水和苯等物质。称取试样 1.055g，加入内标物环己酮 0.1907g。混匀后吸取 3μL 进样，得到下列峰面积数据。测定相对质量校正因子时，称取一定量甲酸、乙酸、丙酸和环己酮纯品，混匀后吸取 1μL 进样，称样量和测得的峰面积如下：

项　目	甲酸	乙酸	环己酮	丙酸
称取纯品质量/g	15.5248	14.4852	16.6430	15.4766
纯品各组分峰面积/cm²	2.56	5.13	10.50	9.13
试样中各组分峰面积/cm²	1.48	7.26	13.3	4.24

求：(1) 甲酸、乙酸、丙酸的相对质量校正因子。

(2) 试样中甲酸、乙酸、丙酸的质量分数。

解题思路 以环己酮为内标物，用纯品测得数据计算相对质量校正因子，再用内标法计算试样中各组分含量。

解 (1) 计算相对校正因子 把各组分的质量、峰面积和内标物（环己酮）的质量及峰面积代入计算相对校正因子公式。

$$f'_{甲酸}=\frac{m_{甲酸}A_{环己酮}}{m_{环己酮}A_{甲酸}}=\frac{15.5248\times 10.50}{16.6430\times 2.56}=3.83$$

$$f'_{乙酸}=\frac{m_{乙酸}A_{环己酮}}{m_{环己酮}A_{乙酸}}=\frac{14.4852\times 10.50}{16.6430\times 5.13}=1.78$$

$$f'_{丙酸}=\frac{m_{丙酸}A_{环己酮}}{m_{环己酮}A_{丙酸}}=\frac{15.4766\times 10.50}{16.6430\times 9.13}=1.07$$

(2) 用内标法求各组分质量分数

$$w_{甲酸}=f'_{甲酸/环己酮}\frac{A_{甲酸}m_{环己酮}}{A_{环己酮}m_{样}}=3.83\times\frac{1.48\times 0.1907}{13.3\times 1.055}=0.077$$

$$w_{乙酸}=f'_{乙酸/环己酮}\frac{A_{乙酸}m_{环己酮}}{A_{环己酮}m_{样}}=1.78\times\frac{7.26\times 0.1907}{13.3\times 1.055}=0.176$$

$$w_{丙酸}=f'_{丙酸/环己酮}\frac{A_{丙酸}m_{环己酮}}{A_{环己酮}m_{样}}=1.07\times\frac{4.24\times 0.1907}{13.3\times 1.055}=0.062$$

【例 9-8】 用内标法测定环氧丙烷中的水分含量，称取 0.0115g 甲醇作内标物，加到 2.2679g 样品中，进行两次色谱分析得到下列数据：

分析序次	水峰高/mm	甲醇峰高/mm
1	150.0	174.0
2	148.8	172.3

已知水和内标物甲醇的峰高相对质量校正因子分别为 0.55 和 0.58，计算试样中水分的质量分数。

解题思路 先按内标法计算单次测定的水分质量分数，再计算平均值。

解

$$w_{水1}=f'_{水/甲醇}\frac{A_{水}\ m_{甲醇}}{A_{甲醇}m_{样}}=\frac{0.55}{0.58}\times\frac{150\times 0.0115}{174\times 2.2679}\times 100\%=0.41\%$$

$$w_{水2}=f'_{水/甲醇}\frac{A_水\ m_{甲醇}}{A_{甲醇}m_样}=\frac{0.55}{0.58}\times\frac{148.8\times0.0115}{172.3\times2.2679}\times100\%=0.42\%$$

$$\overline{w}_水=\frac{0.41\%+0.42\%}{2}=0.42\%$$

【例 9-9】 已知标样气体中 $\varphi(CO_2)=20\%$，取 1.0mL 注入色谱仪，测得 CO_2 峰高 30mm，求绝对校正因子 f_{CO_2}。在相同条件下注入含 CO_2 的试样气体 1.0mL，测得峰高 45mm。求试样中 CO_2 的体积分数。

解题思路 用峰高绝对校正因子或比较法求出试样中 CO_2 含量。

解 （1）求峰高绝对校正因子

$$f_{CO_2}=\frac{\varphi'_{CO_2}}{h'_{CO_2}}=\frac{20\%}{30}=0.67\%$$

（2）试样中 CO_2 的体积分数

$$\varphi_{CO_2}=f_{CO_2}h_{CO_2}=0.67\%\times45=30\%$$

或者 $$\varphi_{CO_2}=\frac{h_{CO_2}}{A'_{CO_2}}\varphi'_{CO_2}=\frac{45}{30}\times20\%=30\%$$

【例 9-10】 分别取 1μL 不同浓度的苯胺标准溶液，注入色谱仪测得苯胺峰峰高如下表。测定水样中苯胺含量时，先将水样富集 50 倍，取所得浓缩液 1μL 注入色谱仪，测得苯胺峰峰高为 2.7cm，已知富集的回收率为 90%。

求：（1）手工绘制标准曲线，查出苯胺的含量，再计算出水样中苯胺含量；

（2）计算回归方程，求出相关系数和水样中苯胺含量。

苯胺含量/(mg/mL)	0.00	0.02	0.1	0.2	0.3	0.4
苯胺峰高/cm	0.00	0.3	1.7	3.7	5.3	7.3

解题思路 （1）先绘制标准曲线，从曲线查出苯胺含量，再计算原水样中苯胺含量。

（2）参照第八章【例 8-3】计算回归方程。

解 （1）以标准溶液浓度为横坐标，以峰高为纵坐标绘制标准曲线（图 9-3）。

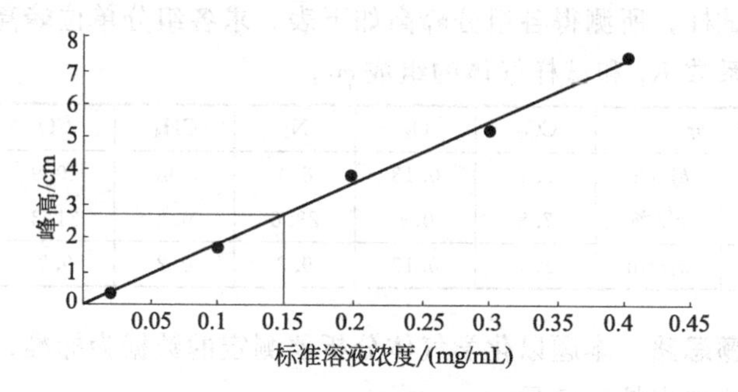

图 9-3 【例 9-10】标准曲线

从曲线上查出苯胺含量是 0.15mg/mL

原试样中苯胺含量 $=\dfrac{0.15}{90\%\times 50}=0.0033$ (mg/mL)

(2) 求回归方程和相关系数　设直线回归方程为 $y=bx+a$。由实验数据得到：

$$\sum(x_i-\bar{x})(y_i-\bar{y})=3.87 \quad \sum(x_i-\bar{x})^2=0.214 \quad \sum(y_i-\bar{y})^2=70.16$$

$$\bar{y}=3.66 \quad \bar{x}=0.204$$

代入式(8-6)～式(8-8) 计算 a、b、r 值：

$$b=\frac{3.87}{0.214}=18.1$$

$$a=3.66-18.1\times 0.204=-0.032$$

$$r=18.1\sqrt{\frac{0.214}{70.16}}=0.9996$$

于是得到直线回归方程　$y=18.1x-0.032$

利用回归方程求出苯胺含量 $x=\dfrac{y-a}{b}=\dfrac{2.7+0.032}{18.11}=0.15$(mg/mL)

原试样中苯胺含量 $=\dfrac{0.15}{90\%\times 50}=0.0033$ (mg/mL)

【例 9-11】 用气固色谱法（TCD）分析半水煤气。先取一半水煤气样品，进样 1.0mL，测得各组分峰高；同时用化学气体分析器测定该气样中各组分含量作为标准数据。在同样条件下测定半水煤气试样，所测得各组分峰高如下表。求各组分单位峰高百分含量校正系数 K_i 和试样气体的组成 φ_i。

成分		CO_2	O_2	N_2	CH_4	CO	H_2
标样	h_i'/cm	3.1	0.13	8.4	0.06	10.9	
	φ_i'/%	7.8	0.4	23.8	0.2	31.3	36.5
试样	h_i/cm	3.4	0.10	9.2	0.2	9.7	

解题思路 本题以化学气体分析器测定的数据为标准，实质也是外标法单点校正定量。

解 (1) 求各组分峰高校正系数 K_i

$$K_{CO_2}=\frac{7.8}{3.1}=2.5 \qquad K_{O_2}=\frac{0.4}{0.13}=3.1$$

$$K_{N_2}=\frac{23.8}{8.4}=2.8 \qquad K_{CH_4}=\frac{0.2}{0.06}=3.3$$

$$K_{CO}=\frac{31.3}{10.9}=2.9$$

(2) 计算试样气体的组成 φ_i

$$\varphi_{CO_2}(\%)=K_{CO_2}h_{CO_2}=2.5\times3.4=8.5$$

$$\varphi_{O_2}(\%)=K_{O_2}h_{O_2}=3.1\times0.10=0.3$$

$$\varphi_{N_2}(\%)=K_{N_2}h_{CO_2}=2.8\times9.2=25.8$$

$$\varphi_{CH_4}(\%)=K_{CH_4}h_{CH_4}=3.3\times0.2=0.7$$

$$\varphi_{CO}(\%)=K_{CO}h_{CO}=2.9\times9.7=28.1$$

$$\varphi_{H_2}(\%)=100-\varphi_{CO_2}-\varphi_{O_2}-\varphi_{N_2}-\varphi_{CH_4}-\varphi_{CO}$$

$$=100-8.5-0.3-25.8-0.7-28.1=36.6$$

习题荟萃

一、填空题

1. 气相色谱是以________为流动相，按固定相和分离原理不同，气相色谱可分为________和________。

2. 气固色谱的固定相是________，其分离原理是固定相对不同组分________能力不同；气液色谱固定相由载体和________组成，其分离原理是样品不同组分在两相中的________不同。

3. 气液色谱选择固定液的原则是________原理，极性混合物分离选择________固定液；出峰顺序按________大小出峰，________小的组分先出峰。非极性组分混合物分离选择________固定液，出峰按________高低出峰，________低的组分先出峰。

4. 分离汽油中各组分可采用________固定液，涂在________硅藻土载体上；分离有机物中水分通常选择 GDX 固定相。

5. 增加色谱柱柱长可以提高________，但是________增长。

6. TCD 检测器一般选择________作载气，FID 检测器一般选择________作载气。

7. 气相色谱仪一般由载气系统、________系统、________系统、________系统、数据记录及数据处理系统和________系统组成。

8. 使用 TCD 检测器开机时必须先通________，后通________；关机时先关____，后关____。

9. 热导池检测器的________越大，________越高。

10. 氢火焰检测器是一种高________的检测器，只对________有响应，适用于________化合物测定。

11. 对于被测组分多、________的混合物分离，柱温一般选择________。

12. 色谱分析进样量________、进样时间________，都会使色谱峰________或变形。通常要求进样量适当，进样________要快。

13. 提高载气流速可以________分析时间，分离度________；降低载气流速可以提高________，但是分析时间________。载气流速太低，分离度________，所以必有一个________载气流速。

14. 对于填充柱一般使用线速度为________；毛细管柱使用线速度为________。

15. 分离度（R）指相邻两个组分色谱峰________之差与两个组分色谱峰________总和之半的比值。

16. 升高柱温，________下降，可以缩短________。但是，柱温不能高于固定液的________温度。降低柱温，可以提高________，但是延长________、色谱峰变宽。

17. 塔板理论把色谱分离混合物比作________，假想色谱柱内有许多________。

18. 色谱峰越窄，理论塔板数越多，理论塔板高度越________，柱效能越________。

19. 绝对校正因子（f_i）是单位________所代表的组分 i 的________，表达式为 $f_i=\dfrac{m_i}{A_i}$。绝对校正因子受________影响，很难测准。

20. 相对校正因子（f'_i）是某组分的绝对校正因子（f_i）与一种________的绝对校正因子（f_s）之比。相对校正因子不受________影响，能够测准。

21. 获得相对校正因子（f'_i）的数据，可以通过________和________两种方式。

22. 气相色谱定性的依据是不同物质________不同，色谱定量分析的依据是组分的峰面积与________成正比。

23. 气相色谱常用的定量分析方法有：________、________、________。

24. 归一化法定量分析要求所有组分必须________，对进样量和操作条件微小变化________测定结果。

25. 内标法定量不要求________必须单独出峰，只要求________和________单独出峰。

26. 外标法只要求________单独出峰，进样量和操作条件微小变化对测定结果影响________，所以要________测定条件。

二、选择题

1. 可以作为固定液的物质是（　　）。

A. GDX　　B. 乙二醇　　C. 乙酸乙酯　　D. 角鲨烷

2. 在气液色谱固定相中载体的作用是（　　）。

A. 提供大的表面支撑固定液　　B. 吸附样品

C. 分离样品　　　　　　　　　D. 脱附样品

3. 可用作定性的参数是（　　）。

A. 保留时间　　B. 峰高　　C. 半峰宽　　D. 峰面积

4. 气-液色谱柱中，与分离度无关的操作是（　　）。

A. 增加柱长　　　　　　　　　B. 升高检测器温度

C. 增加流速　　　　　　　　　D. 降低柱温

5. 气相色谱检测器的温度必须保证样品组分不出现（　　）现象。

A. 汽化　　B. 升华　　C. 分解　　D. 冷凝

6. 不能作载气的气体是（　　）。

A. CO　　B. H_2　　C. N_2　　D. He

7. 色谱柱使用的上限温度取决于（　　）。

A. 试样中各组分的平均沸点

B. 试样中沸点最高的组分的沸点

C. 固定液的沸点

D. 固定液的最高使用温度

8. 毛细管色谱柱比填充色谱柱的优点是（　　）。

A. 气路简单化　　　　　　　　B. 灵敏度高

C. 适用范围广　　　　　　　　D. 分离效果好

9. 气相色谱仪中没有（　　）。

A. 载气系统　　　　　　　　　B. 分光系统

C. 色谱柱　　　　　　　　　　D. 检测器

10. 以下关于TCD检测器桥电流的说法，正确的是（　　）。

A. 桥流越大，灵敏度越高，因此要尽可能增大桥流

B. 桥流越小，TCD线性范围越宽，因此设置桥流要尽可能小

C. 只要能保证灵敏度，桥流的大小无所谓

D. 在能保证灵敏度的条件下，桥流应尽量小一些

11. 分析下列物质不能使用氢火焰检测器的是（　　）。

A. 污水中微量苯　　　　　　　B. 有机物中水分

C. 汽油中各组分　　　　　　　　D. 乙烯中微量乙炔

12. 用色谱法只要求对复杂样品中某一个特殊组分进行定量分析时，不宜选用（　　）。

A. 归一化法　　　　　　　　　B. 标准曲线法

C. 外标法　　　　　　　　　　D. 内标法

13. 用气相色谱法定量分析样品组分时，分离度应至少为（　　）。

A. 0.5　　　　B. 0.75　　　　C. 1.5　　　　D. 1.0

14. 色谱柱制备后，固定相老化的目的是（　　）。

A. 除去表面吸附的溶剂

B. 除去固定相中残余的溶剂及其他挥发性物质

C. 除去固定相中的水分

D. 使固定液涂得更均匀

15. 相对校正因子是物质（i）与基准物质（s）的（　　）之比。

A. 保留值　　　　　　　　　　B. 绝对校正因子

C. 峰面积　　　　　　　　　　D. 峰宽

16. 在气-固色谱中，首先流出色谱柱的是（　　）。

A. 吸附能力小的组分　　　　　B. 吸附能力大的组分

C. 溶解能力大的组分　　　　　D. 极性大的组分

17. 气相色谱法进行定量分析时，严格要求操作条件的定量方法是（　　）。

A. 标准加入法　　　　　　　　B. 内标法

C. 标准曲线法　　　　　　　　D. 归一化法

18. 涂渍固定液时，为了尽快使溶剂蒸发可采用（　　）。

A. 炒干　　　　　　　　　　　B. 烘箱烤

C. 红外线灯照　　　　　　　　D. 快速搅拌

19. 同一物质在不同 TCD 检测器上的相对校正因子（　　）。

A. 仅在载气相同的 TCD 检测器上基本相同

B. 仅在操作条件相似的情况下基本相同

C. 仅在结构相同的 TCD 检测器上基本相同

D. 各种情况下都基本相同

20. 从开始进样到组分出峰最大值的时间与惰性组分流出时间的差值，被称为（ ）。

A. 保留时间　　B. 相对保留时间

C. 调整保留时间　　D. 绝对保留时间

21. 当载气（N_2）和氢气的流量设定到合适值后，从最小的空气流量逐渐增加，FID 的响应值的变化趋势是（ ）。

A. 先增大，然后基本不变　　B. 逐渐增大

C. 逐渐减小　　D. 先增大，后减小

22. 对于 FID 来说，燃烧产生的水分在收集极凝结将严重影响信号质量和寿命，因此使用温度不能低于（ ）℃，且略高于柱箱的最高温度。

A. 50　　B. 100　　C. 200　　D. 400

23. 下面最适宜用程序升温色谱法来分析的是（ ）。

A. 常量组分　　B. 高沸点物质

C. 痕量组分分析　　D. 宽沸程样品分析

24. 测定色谱柱中载气流速的最佳位置是（ ）。

A. 压力或流量控制阀的出口　　B. 进样口与色谱柱的接口处

C. 色谱柱与检测器的接口处　　D. 检测器后

三、判断题

1. 气相色谱法只能测定气体试样。（ ）

2. 气液色谱固定相是由液体和载体构成。（ ）

3. 气固色谱用固体吸附剂作固定相，常用的固体吸附剂有活性炭、氧化铝、硅胶、分子筛和高分子微球。（ ）

4. 分离非极性组分混合物时，一般选择极性固定液，各组分按沸点由低到高的顺序流出。（ ）

5. 气体在液相中溶解度小，一般不选择气液色谱柱。（ ）

6. 毛细管色谱柱分离效能高，比填充柱更适合于结构、性质相似的组分的分离。（ ）

7. 分离羟基化合物应选择非极性固定液才能避免拖尾使峰形

对称。(　　)

8. 最先从色谱柱中流出的物质是最难溶解或吸附的组分。(　　)

9. 色谱柱寿命与使用操作条件有关，分离度下降说明柱子失效。(　　)

10. 毛细色谱分离能力特别强，可以分离所用混合物。(　　)

11. 色谱法测定有机物水分通常选择GDX固定相，为了提高灵敏度可以选择氢火焰检测器。(　　)

12. 气相色谱分析中，混合物能否完全分离取决于色谱柱，分离后的组分能否准确检测出来，取决于检测器。(　　)

13. 氢火焰检测使用温度不应该超过100℃，否则减少检测器使用寿命。(　　)

14. 气液色谱汽化室温度要高于柱温，检测器温度一般与柱温相同或略高于柱温。(　　)

15. TCD检测器属于通用型检测器，对所有化合物均有响应。(　　)

16. 控制载气流速是调节分离度的重要手段，降低载气流速，柱效增加，当载气流速降到最小时，柱效最高，但分析时间较长。(　　)

17. 堵住色谱柱出口，流量计不下降到零，说明气路不泄漏。(　　)

18. 色谱分析中，噪声和漂移产生的原因主要有检测器不稳定、检测器和数据处理方面的机械和电噪声、载气不纯或压力控制不稳、色谱柱的污染等。(　　)

19. 色谱定量时，用峰高乘以半峰宽为峰面积，则半峰宽是指峰底宽度的一半。(　　)

20. 色谱定量分析时，外标法不需要被测组分的相对校正因子，但要求进样量特别准确。(　　)

21. 相对保留值仅与柱温、固定相性质有关，与操作条件无关。(　　)

22. 峰鉴定表（ID表）是色谱数据处理机进行色谱峰定性和

定量的依据。(　　)

23. 气相色谱分析开机时先通载气后给电，关机时先关载气再关闭总电源。(　　)

24. 相对校正因子与检测器类型和操作条件无关。(　　)

25. 归一化法定量分析只要求所有组分单独出峰，不需要校正因子。(　　)

26. 外标法定量分析要求严格控制进样量和测定条件，不需要校正因子。(　　)

四、问答题

1. 气相色谱法能够测定哪些物质？特别适宜什么组分的测定？

2. 气液色谱法对固定液有什么要求？常用固定液有哪几类？

3. 气液色谱法对载体有什么要求？常用载体有哪些？

4. 选择气液色谱固定液的原则是什么？举例说明。

5. 如何选择色谱分析操作条件？怎样通过实验确定柱温和载气流速？

6. 什么是理论塔板数？它与峰底宽度和保留时间有什么关系？

7. 什么是分离度？提高分离度的途径有哪些？

8. 什么是有效塔板数？它与分离度、柱长关系如何？

9. 气相色谱仪由哪几个系统组成？各系统有何作用？

10. 画出双柱双气路氢火焰检测器色谱仪的流程图。说明色谱仪的工作过程。

11. 简述 TCD 检测器工作原理和特点。

12. 简述 FID 检测器工作原理和特点。

13. 什么是相对校正因子？怎样测定相对校正因子？

14. 什么是相对响应值？它与相对校正因子关系如何？

15. 色谱法定性依据是什么？如何进行定性分析？

16. 如何选择色谱定量分析方法？说明使用各种方法的条件是什么？

17. 怎么制备气液色谱柱？如何老化色谱柱？

18. 如何启动氢焰气相色谱仪？

19. 如何启动热导池气相色谱仪？

20. 色谱仪汽化室有什么作用？如何选择汽化室温度？

21. 如何设置色谱数据处理机的计算参数？试设置归一化法定量分析的 ID 表。

22. 气固色谱常用的固定相有哪些？各适宜什么样品的分析？

23. 进样量多少对气相色谱分析有何影响？什么方式进样可以使色谱峰形变窄？

24. 如何检查色谱仪气路是否漏气？

25. 通过查找相关资料，试拟定用内标法测定工业丙烯酸中丙烯醛、糠醛和苯甲醛质量分数的分析方案（要求指出固定相、检测器、测定条件、定性方法、内标物、测定校正因子方法和结果计算）。

五、计算题

1. 气相色谱分析得如下数据：

$Y_1=1.4\text{min}$，$Y_2=1.1\text{min}$，$t_M=1.0\text{min}$，$t_{R_1}=3.3\text{min}$，$t_{R_2}=5.6\text{min}$。

求：(1) 调整保留时间 t'_{R_1}、t'_{R_2} 及相对保留值 $\gamma_{2,1}$；

(2) 组分 1、2 之间的分离度。

2. 已知两个组分的相对保留 $\gamma_{2,1}=1.20$，若使两组分完全分开（$R=1.5$），所需有效塔板数（$n_{有效}$）为多少？假设有效塔板高度（$H_{有效}$）是 0.05cm，最少需使用多长的色谱柱？

3. 用 2.0m 长色谱柱分离试样中某组分测得峰底宽度是 0.5min，保留时间是 5.0min，空气的保留时间是 1min。试计算 $n_{理论}$、$n_{有效}$ 和 $H_{理论}$、$H_{有效}$ 分别是多少。

4. 已知物质 A 和 B 在一根 30.0cm 长的柱上的保留时间分别为 16.40min 和 17.63min，不被保留组分通过该柱的时间为 1.30min，峰底宽为 1.11min 和 1.21min，试计算：(1) 柱的分离度；(2) 柱的平均理论塔板数；(3) 理论塔板高度；(4) 柱的平均有效塔板数；(5) 有效塔板高度；(6) $R=1.5$ 时所需柱长。

5. 测定乙酸乙酯、乙酸丙酯、乙酸丁酯相对苯的校正因子，分别称取一定量的纯乙酸乙酯、乙酸丙酯、乙酸丁酯和苯，混匀后吸取1μL进样，测得数据如下：

项　　目	乙酸乙酯	乙酸丙酯	乙酸丁酯	苯
称取纯品质量/g	12.2450	13.1456	10.4650	15.0060
纯品中各组分峰面积/cm²	7.27	7.30	5.71	9.00

求乙酸乙酯、乙酸丙酯、乙酸丁酯的相对质量校正因子。

6. 测定工业丙烯酸中丙烯醛、糠醛和苯甲醛相对癸二酸二甲酯的相对质量校正因子。在预先称量的100mL容量瓶中加入适量丙烯醛、糠醛、苯甲醛和癸二酸二甲酯，其加入量要分别称量，并均精确至0.0002g。再用试剂丙烯酸稀释至刻度，充分摇匀，配制成与样品中各组分含量相近的校准用标准样品。将混合物和作为稀释剂的丙烯酸分别进行色谱分析，重复测定三次，测得各组分及内标物的平均峰面积。测得数据如下：

项　　目	丙烯醛	糠醛	苯甲醛	癸二酸二甲酯
称取纯品质量(填充柱)/g	0.02005	0.02200	0.01995	0.01960
混合物中各组分峰面积/cm²	2.95	3.79	5.10	5.00
丙烯酸中各组分峰面积/cm²	0.01	0.02	0.01	0.00

求：(1) 丙烯醛、糠醛和苯甲醛相对癸二酸二甲酯的相对质量校正因子；

(2) 相对癸二酸二甲酯的质量响应值。

7. 测定甲醇、乙醇、正丙醇、正丁醇在氢火焰和热导池检测器上相对苯的校正因子，分别称取一定量的甲醇、乙醇、正丙醇、正丁醇和苯，混匀后分别在热导池和氢火焰检测器色谱仪进行分析，测得数据如下：

项　　目	甲醇	乙醇	正丙醇	正丁醇	苯
称取纯品质量/g	12.2450	10.5648	13.1456	10.4650	14.5025
在TCD上峰面积/cm²	5.85	4.62	5.12	3.75	5.20
在FID上峰面积/cm²	1.84	3.12	5.10	4.44	10.40

求：(1) 甲醇、乙醇、正丙醇、正丁醇在热导池检测器的相对质量校正因子；

(2) 甲醇、乙醇、正丙醇、正丁醇在氢火焰检测器的相对质量校正因子。

8. 某涂料稀释剂由丙酮、甲苯和乙酸丁酯组成。利用气相色谱（TCD）分析得到数据如下，求该试样中各组分的质量分数。

物质名称	丙酮	甲苯	乙酸丁酯
峰面积/cm^2	6.25	5.30	10.50
相对质量校正因子 f'	0.87	1.02	1.10

9. 气相色谱法测定丙烷、丁烷和戊烷混合物，采用角鲨烷固定相，氢火焰检测器。测得峰面积分别是 5.00cm^2、3.50cm^2 和 1.50cm^2，通过查文献可知它们的相对质量校正因子相同。试计算混合物中各组分质量分数。

10. 某混合物只含有甲醇、正己烷、甲苯和苯。用气相色谱（TCD）分析得到各组分的峰面积分别为甲醇 4.0cm^2，正己烷 5.0cm^2，甲苯 4.0cm^2，苯 7.0cm^2。求试样中各组分的质量分数。(可从《化工分析》第三版查得相对校正因子)

11. 有一试样含有水、甲酸、乙酸和丙酸，用卡尔·费休法测得水的质量分数是 0.34%，用微量注射器取 1μL 试样进行色谱分析，在氢火焰检测器上测得数据如下。求试样中各组分的质量分数。

组分	甲酸	乙酸	丙酸
峰面积$\times 10^{-5}/\mu V \cdot s$	1.48	7.26	4.23
相对质量校正因子 f'	3.83	1.78	1.07

12. 已知混合物中只含有甲醇和乙醇，在氢火焰色谱仪上进行分析，测得的峰面积都是 5.00cm^2，求混合物中甲醇和乙醇的质量分数。

13. 内标法测定试样中二氯乙烷含量时，以甲苯为内标物，甲苯与样品的配比为 1∶10。进样后测到甲苯和二氯乙烷的峰面积分别为 0.92 和 1.40。如果已知甲苯相对于二氯乙烷的相对响应值为

1.15，那么，原来样品中二氯乙烷的质量分数是多少？

14. 测定乙酸丁酯中正丁醇和水含量时，已知标液中含水0.005mg/mL；含正丁醇0.02mg/mL。分别取1μL标液和试液进行色谱分析，测得数据如下：

进　样	正丁醇峰面积/cm^2	水峰面积/cm^2
标液	4.50	3.25
试液	4.20	2.50

求试液中正丁醇和水的含量（mg/mL）。

15. 气相色谱法测定工业乙醛中丁烯醛含量。称取0.05000g丁烯醛，加入50g冰乙酸中混匀。取此溶液1.5mL于50.00mL容量瓶中，用冰乙酸稀释至刻度。采用聚乙二醇20000/6201色谱柱，氢焰检测器。分别取2.0μL标液和工业乙醛试液进行色谱分析，测得峰面积是0.20cm^2和0.15cm^2，求试样中丁烯醛的质量分数。

16. 在气相色谱分析中，用外标法定量测定三羟甲基丙烷，称取0.0273g纯三羟甲基丙烷，用适量水溶解，定容于25mL容量瓶中。试样中三羟甲基丙烷质量分数约为12%，同样定容25mL容量瓶中，应大约称取试样多少克？

17. 用色谱法测定试样中氧的体积分数，进样5mL测得峰面积是1000μV·s，进样1mL标样［$\varphi(O_2)=1.00\%$］，测得峰面积是400μV·s，求未知试样中氧的体积分数。

18. 已知标准CO_2气体的体积分数分别为80%、60%、40%、20%、10%，在相同条件下测得CO_2峰高分别为100mm、75.0mm、50.0mm、25.0mm、12.5mm。试绘制标准曲线。试样气体在相同条件下测得CO_2峰高是40.0mm，求试样中CO_2的体积分数是多少。

19. 用外标法测定工业丙烯酸中水分，已知标样中含水分别是0.05%、0.10%、0.15%、0.20%、0.25%和0.30%，测得峰高分别是1.12、2.20、3.35、4.52、5.55、6.70（cm），试样在相同条件下测得峰高3.00cm。

试：(1) 手工绘制标准曲线，从曲线上查出试样中水的质量分数；

(2) 用科学（工程）计算器计算回归方程、相关系数和试样中水的质量分数；

(3) 用 Excel 软件计算回归方程、相关系数和试样中水的质量分数。

技能测试

一、测试项目　丁醇异构体混合物的GC分析（归一化法定量）

1. 测试要求

本次测试在 2h 内完成，并递交完整报告。

2. 操作步骤

① 开机并按下列条件调试到工作状态。载气流量 20～30mL/min；柱温 90℃；汽化室温度 160℃；氢火焰离子化检测器温度 140℃；H_2 流量 30mL/min（相应压力为 0.1MPa）；空气流量 200mL/min（相应压力 0.02MPa）（注：实际气相色谱操作条件视具体情况可作相应调整）。

② 打开色谱工作站，设置方法、保存路径及文件名等。

③ 待仪器电路和气路系统达到平衡，用 10μL 清洗过的微量注射器，吸取丁醇混合试样 1μL 进样，分析测定，记录分析结果。

④ 按上述方法重复进样测定两次，记录分析结果。

⑤ 实验完成后，清洗进样器，按通常步骤关机，并清理仪器台面，填写仪器使用记录。

二、技能评分

细目		评分要素	分值	说　明	扣分	得分
开机、调试	（28分）	开机与关机步骤	4	不会开关机器或程序不对每项扣 2 分		
		钢瓶减压阀使用	4	不会使用扣 2 分		
		系统试漏	2	不试漏扣 2 分		

续表

细目	评分要素	分值	说明	扣分	得分
开机、调试(28分)	载气流量调节与测定	4	要求会调节、测定，每错一项扣2分		
	柱箱温度调节	2			
	汽化室温度调节	2			
	检测器温度调节	2			
	空气、氢气流量调节与测定	2			
	点火前调燃气、助燃气比例	2	点不着火扣4分		
	点火操作	4			
测定操作(15分)	样品处理	3	配样方法不正确扣3分		
	注射器使用前处理	4	不正确使用注射器扣4分		
	抽样、进样操作	4			
	色谱工作站的使用	4	不会使用扣4分		
数据记录与数据处理(22分)	完整、及时	3	记录不及时、不完整扣3分		
	清晰、规范	5	转抄数据扣5分		
	真实、无涂改	2	不按要求每项扣2分		
	计算公式正确	4	每错一项扣4分		
	数字计算正确	4			
	有效数字正确	4			
结果精密度(15分)	相对平均偏差<1%	15	不扣分		
	相对平均偏差1%～2%	10	扣5分		
	相对平均偏差2%～5%	5	扣10分		
	相对平均偏差>5%	0	扣15分		
结果准确度(10分)	<2%	10	不扣分		
	2%～5%	5	扣5分		
	>5%	0	扣10分		
报告与结论(6分)	完整、合理、明确、规范	6	缺报告扣6分		
分析时间(4分)	开始时间	4	每超5min扣1分		
	结束时间				
	分析时间				
总分		100			

第十章　化工产品质量检验

内容提要

学习本章，要了解分析检验中质量管理和质量保证的意义及内涵；掌握技术标准的种类、编号和资料来源。学会检索化工产品的质量标准及标准分析方法。能够解读一般化工产品的标准分析方法，并应用于产品质量检验。能够综合运用所学知识和技能，完成典型化工产品的质量检验和品级鉴定。

一、质量管理和质量保证

1. 质量管理

分析检验在全面质量管理中占有重要地位，是企业生产和管理系统的重要组成部分。在质量管理过程中，广泛采用的是 ISO 2000 标准。

(1) 质量管理体系　按国际标准的要求建立质量管理体系，形成文件，加以实施和保持，并持续改进其有效性。

(2) 质量管理体系的工作方法　质量管理体系按 PDCA 循环对质量目标进行控制。

P——策划：建立质量目标，确定对实现质量目标有影响的过程，建立过程的运作方式和要求；

D——实施：实施并运作过程；

C——检查：对质量目标的实现状况进行监视和测量并报告结果；

A——行动：发现偏差采取必要的改进措施。

2. 质量保证

质量保证是对某一产品或服务能满足规定的质量要求，提供适当信任所必需的全部有计划、有系统的活动。分析检验中的质量保证包括质量控制和质量评定两个方面。

（1）质量控制　要求采用技术标准中规定的检验方法，符合要求的仪器设备和工作环境，合格的试剂和材料，具备一定的分析化学知识并经过专门培训的分析人员。

（2）质量评定

① 实验室内部质量评定，如用重复测定评价方法的精密度；用标准物质或内部参照标准物作平行测定，以评价方法的系统误差；交换仪器设备、交换操作者等。

② 实验室外部质量评定，如不同实验室之间共同检验一个试样、实验室间交换试样，以及检验从其他实验室得到的标准物质或质量控制样品；与权威的方法比较测定结果等。

二、技术标准及其检索

1. 标准的内容和种类

标准是对重复性事物和概念所做的统一规定。按标准使用范围分，有国际标准、区域性标准、国家标准、行业标准、地方标准和企业标准等。标准的本质是统一。不同级别的标准是在不同范围内进行统一。

（1）国家标准　需要在全国范围内统一技术要求而制定的标准为国家标准。分为强制性标准和推荐性标准。强制性国家标准代号为“GB”，推荐性国家标准代号为“GB/T”。

国家标准的编号由国家标准代号、类目和标准顺序号、发布年号及标准名称构成。如工业氢氧化钠国家标准为“GB 209—2006 工业用氢氧化钠”。

（2）行业标准　属于没有国家标准而又需要在全国某个行业范围内统一的技术标准。行业标准也分为强制性标准和推荐性标准，其编号方式类似国家标准，只是标准代号不同，如“HG”代表化工行业，“SY”代表石油天然气行业。

（3）地方标准　属于没有国家标准和行业标准而又需要在省、

自治区、直辖市范围内统一的技术标准。地方标准也分为强制性标准和推荐性标准，例如吉林省强制性地方标准代号为“DB22”。

(4) 企业标准 属企业范围内需要协调、统一的技术标准。企业标准的代号为“QB”加斜线“/”再加企业代号组成。

(5) 国外标准 化工标准中经常涉及的国外标准代号介绍如下：

ISO 国际标准化组织标准

WHO 世界卫生组织标准

ANSI 美国国家标准

ASTM 美国材料和试验协会标准

CEN 欧洲标准化委员会标准

EEC 欧盟标准

JIS 日本工业标准

2. 化工技术标准的检索

(1) 利用互联网搜索 网上搜索是当今检索标准资料最快捷的方式，进入以下网站就可以查到你所需要的标准编号，继之购买该标准全文的单行本或电子版标准。

http://www. cssn. net. cn/(中国标准服务网)

http://www. china-cas. org/ (中国标准化信息网)

http://www. cnsis. info/(上海标准化服务信息网)

http://www. bzcbs. com. cn(中国标准出版社)

检索操作过程（以在中国标准出版社网为例）介绍如下。

登录 http: //www. bzcbs. com. cn 网站进入中国标准出版社网页。在首页“智能搜索”栏下输入要查找标准的关键词，然后点击“搜索”（不要点击高级搜索）即可查找到相关标准。也可以在“智能搜索”栏下边的标准分类栏点击“化工”，出现与智能搜索相同的对话框，输入关键词即可。

(2) 利用工具书检索 利用工具书时，首先查阅最新版的《中华人民共和国国家标准目录及信息总汇》，在第一部分国家标准专业分类目录“G. 化工”中找到“无机化工”或“有机化工”单元，在相应的单元下检索到你所需要的标准编号。根据标准编号，就可以从标准汇编中查到该标准的全文。

如果在《中华人民共和国国家标准目录及信息总汇》中没有查到此项内容，再查《中华人民共和国强制性地方标准和行业标准目录》，方法与查《中华人民共和国国家标准目录及信息总汇》相同。

三、产品检验和品级鉴定

1. 产品检验

要严格按照技术标准的规定进行。熟悉国家（行业）标准→明确技术要求→解读检验规程→逐项进行试验。

标准分析规程文字简练、严谨，主要讲述如何操作，原理方面叙述不多。查阅到化工产品的质量标准和检验规程以后，切不可盲目“照方抓药”急于测定试样，应该深刻理解检验规程内涵（解读方法原理）和对分析工作者的技能要求，认真做好各项准备工作，方可应用于实际产品检验。

2. 品级鉴定

将检测结果与技术要求对照，确定产品的质量等级［优等品、一等品或合格品（现在市场需要也有精品）］，完成检验报告。若产品质量达不到现行标准，则为废品或等外品。

在确定产品质量等级时，要注意检验报告测定值的取舍和修约问题。

① 实验结果数据应与技术要求量值的有效数字位数一致（小数点后位数一致）。

② 分析人员报出的数据位数可比标准指标的有效数字多一位。

③ 界限值的修约表示及判断。在没有特殊说明的情况下，应该用全数值比较判断产品等级，不得随意使用修约值。从下列浓硝酸产品的检测数据可以看出取值方法不同对评价产品质量等级的影响。

项目	标准规定值	测定值或计算值	全数值表示	全数值比较	修约值表示	修约值比较
$w(HNO_3)$	≥97.0%	96.99%	(－)97.0%	不合格	97.0%	合格
灰分	≤0.02%	0.021%	(＋)0.02%	不合格	0.02%	合格

四、技能训练环节

① 通过互联网搜索化工产品技术标准和标准分析方法的编号，再从标准汇编中查到标准的全文。

② 综合运用所学知识解读标准中的分析检验规程，弄清方法原理、所需仪器与试剂，写出具体的操作步骤。

③ 根据标准的要求，独立完成产品标准中有代表性的2～3个指标的测定。

④ 检测结果与标准规定的指标对照，确认产品质量等级，书写检验报告。

例题解析

【例 10-1】 试说明从互联网上检索工业氢氧化钠最新国家标准的过程。

解题思路 选择要登录的网址，确定要搜索的“关键词”。上网后从搜索出来的国家标准年份判断最新版本。

解 登录 http：//www.bzcbs.com.cn 网站进入中国标准出版社网页。在首页左侧标准分类栏中点击“化工”，进入化工标准分类，再点击“无机化工”，出现智能搜索后在关键词栏输入要查找的标准“氢氧化钠”，在项目栏选择“标准”，然后点击搜索即可出现不同领域中多项氢氧化钠标准，共2页。

GB/T 22399—2008 摄影加工用化学品氢氧化钠

GB 5175—2008 食品添加剂氢氧化钠

……

GB/T 11213.1—89 化纤用氢氧化钠含量测定方法（甲法）（已作废）

GB/T 11213.3—89 化纤用氢氧化钠中氯化钠含量测定方法（分光光度法）（已作废）

……

GB 209—2006 工业用氢氧化钠

GB 209—93　工业用氢氧化钠（已作废）

GB/T 4348.1—2006　工业用氢氧化钠中氢氧化钠和碳酸钠含量测定

GB/T 4348.2—2006　工业用氢氧化钠中氯化钠含量测定　汞量法

GB/T 4348.3—2006　工业用氢氧化钠铁含量测定 1,10 邻二氮菲分光光度法

GB/T 7698—2003　工业用氢氧化钠中碳酸盐含量测定　滴定法

从中找到工业氢氧化钠国家标准编号 GB 209—2006 是最新版国家标准，它替代了 GB 209—93 工业用氢氧化钠。如果还要查找到全文，可直接在网上订购或进入数据库查找。

【例 10-2】 从互联网检索下列物质的最新国家标准。

工业氯磺酸、工业氢氟酸、对氨基苯甲醚、化学制剂　硅酸盐测定通用方法、工业三聚磷酸钠试验方法、工业基准试剂　氧化锌、第一基准试剂　乙二胺四乙酸二钠

解题思路　登录标准出版社的网址，从搜索出来的国家标准年份找出最新国家标准。

解　登录 http：//www.bzcbs.com.cn 网站进入中国标准出版社网页。在首页左侧下方标准分类项点击 G（化工），根据被检测标准的类别，分别点击相应的标准分类（无机化工、有机化工），最后输入关键词即可查出相应的最新标准。

工业氯磺酸	GB/T 13549—2008
工业氢氟酸	GB 7744—2008
对氨基苯甲醚	GB/T 7370—2008
化学制剂　硅酸盐测定通用方法	GB/T 9472—2008
工业三聚磷酸钠试验方法	GB/T 9984—2008
工业基准试剂　氧化锌	GB 1260—2008
第一基准试剂　乙二胺四乙酸二钠	GB 10734—2008

【例 10-3】 查找丙烯酸的国家标准原文，说明现行标准与早期标准 GB/T 175(29.1—30.1)—1998 有什么不同点。

解题思路　先查找标准编号，再查新、旧标准全文，以做比较。

解　在标准出版社网站查到丙烯酸最新标准编号是 GB/T 17529.1—2008 代替 GB/T 17529.1—1998、GB/T 17530.1—1998，再到数据库找到标准原文。

① 新标准以美国材料与试验协会标准 ASTM D 4416：2004《丙烯酸》标准为基础。为了满足市场需求产品分为精丙烯酸型和丙烯酸型，丙烯酸型分为优等品和一等品。增加了总醛的质量分数的要求和试验方法，更有利于产品质量的控制。

② 对产品质量要求更高。加了外观一章要求；丙烯酸型产品丙烯酸含量优等品指标由≥99.0%修改为≥99.2%，色度优等品指标由≤20 号（铂-钴色号）修改为≤15 号；试验方法中丙烯酸含量的测定增加了毛细管柱气相色谱法，色度的测定增加了色差计法，水分测定增加了气相色谱法。

【例 10-4】　解读 GB 210—92 工业碳酸钠产品中总碱量的检验规程这部分。标准原文如下。

操作步骤：称取 1.7g 样品，置于已称量质量的称量瓶中，放入烘箱内，开始时温度不能高于 100℃，打开称量瓶盖，使温度逐渐升高到 250～270℃，干燥至恒重。取出于干燥器内冷却至室温，称量（精确至 0.0002g），将药品倒入锥形瓶内再称得空瓶的质量。前后称量之差为样品的称量质量。

将称得的样品加 50mL 水溶解，加 10 滴溴甲酚绿-甲基红混合指示液，用盐酸标准滴定溶液 [$c(HCl)=1mol/L$] 滴定至溶液由绿色变为暗红色，煮沸 2min，冷却后继续滴定至暗红色为终点。同时做空白试验。

请回答下列问题：

① 试样为什么要做干燥处理？干燥过程会发生哪些变化？

② 称量试样采用哪种称量方法？为什么？

③ 采样溴甲酚绿-甲基红混合指示液有什么优点？变色点 pH 是多少？

④ 滴定终点前为什么要煮沸 2min？煮沸过程中会发生什么变化？

⑤ 同时做空白试验有什么意义？

解题思路 复习碳酸钠的性质和酸碱滴定知识，弄清方法原理，找出对操作的要求。

解 ① 工业碳酸钠中含有少量碳酸氢钠，干燥会使其转化为碳酸钠，以测定总碱量。

② 采用减量法称量，防止试样吸湿和吸收空气中二氧化碳。

③ 混合指示液变色范围窄，变色敏锐。变色点 pH 是 5.1。

④ 滴定反应产生 H_2CO_3 溶液，酸度较大，会使滴定终点提前。煮沸过程中分解 H_2CO_3 驱除 CO_2，保证指示液正确指示终点。

⑤ 做空白试验可消除试剂蒸馏水及操作过程带来的误差。

【例 10-5】 GB/T 17529—2008 规定工业丙烯酸应符合下表的技术要求，实际产品的测定值如下表所列，试判断该产品的等级。

<table>
<tr><th rowspan="3" colspan="2">项　　目</th><th colspan="3">指　　标</th><th rowspan="3">实际测定值</th></tr>
<tr><th rowspan="2">精丙烯酸型</th><th colspan="2">丙烯酸型</th></tr>
<tr><th>优等品</th><th>一等品</th></tr>
<tr><td>丙烯酸的质量分数/%</td><td>≥</td><td>99.5</td><td>99.2</td><td>98.0</td><td>99.60</td></tr>
<tr><td>色度(铂-钴色号)/Hazen 单位</td><td>≤</td><td>10</td><td>15</td><td>20</td><td>8</td></tr>
<tr><td>水的质量分数/%</td><td>≤</td><td>0.15</td><td>0.10</td><td>0.20</td><td>0.14</td></tr>
<tr><td>总醛的质量分数/%</td><td>≤</td><td>0.001</td><td colspan="2">—</td><td>0.0008</td></tr>
<tr><td colspan="2">阻聚剂[4-甲氧基苯酚(MEHQ)]的质量分数/10^{-6}</td><td colspan="3">200±20(可与用户协商制定)</td><td>190</td></tr>
</table>

解题思路 将实测值与标准技术指标比较来判断产品等级。

解 将产品的实际测定值逐项与标准规定指标对照，所有指标均符合精丙烯酸等级标准，故该产品为精丙烯酸型产品。

【例 10-6】 GB/T 1628—2008 工业冰乙酸标准应符合下表的技术要求，实际产品测定值如下表所列。试判断该产品的等级。

项　　目		指　　标			实际测定值
		优等品	一等品	合格品	
乙酸的质量分数/%	≥	99.8	99.5	98.5	99.79
色度(铂-钴色号)/Hazen 单位	≤	10	20	30	8
水的质量分数/%	≤	0.15	0.20	—	0.14
甲酸的质量分数/%	≤	0.05	0.10	0.30	0.02
乙醛的质量分数/%	≤	0.03	0.05	0.10	0.01
蒸发残渣质量分数/%	≤	0.01	0.02	0.03	0.005
铁的质量分数(以 Fe 计)/%	≤	0.00004	0.0002	0.0004	0.0003
高锰酸钾时间/min	≥	30	5	—	35

解题思路　将实测值与标准规定指标比较，注意界限值的修约和判断规则。

解　根据测定值与标准规定指标对照，其他指标均符合优等品，只有乙酸的质量分数处于临界值。按技术标准临界值判断规则，不能使用修约值（99.8）判断产品等级；应该用全数值比较 99.5<99.79<99.8，故该产品是一等品，而不是优等品。

【例 10-7】　按 GB/T 6818—93 工业辛醇标准实测结果和技术标准要求数据如下表，应该如何填写检测报告？

检验参数	标准规定指标	实测结果
2-乙基己醇的质量分数/%	≥99.0	99.8
色度(铂-钴色号)/Hazen 单位	≤10	5
水的质量分数/%	≤0.20	0.004
酸度(以乙酸计)的质量分数/%	≤0.01	0.002
羰基（以 2-乙基己醛计）的质量分数/%	≤0.04	0.0038
硫酸显色试验(铂-钴色号)	≤35	25

解题思路　按标准规定填写报告单，报出的数据位数可比标准指标的有效数字多一位。

解

检验参数	标准规定指标	实测结果	检测报告
2-乙基己醇的质量分数/%	≥99.0	99.8	99.8
色度(铂-钴色号)/Hazen单位	≤10	5	5
水的质量分数/%	≤0.20	0.004	0.01
酸度(以乙酸计)的质量分数/%	≤0.01	0.002	0.002
羰基(以2-乙基己醛计)的质量分数/%	≤0.1	0.038	0.04
硫酸显色试验(铂-钴色号)	≤35	25	25

习题荟萃

一、填空题

1. 在质量管理过程中，广泛采用的是________标准。

2. 质量管理体系按PDCA循环对质量目标进行控制。其含义P——________，D——________，C——________，A——________。

3. 质量保证是对某一产品或服务能满足规定的________要求，提供适当信任所必需的全部有________、有________的活动。分析检验中的质量保证包括质量控制和________两个方面。

4. 质量控制包含从试样的________、预处理、________到数据处理的全过程所遵循的步骤。

5. 质量控制的基本要素有人员、________、________、________、________和环境等。

6. 我国强制性国家标准代号是________，推荐性国家标准代号是________，化工行业标准代号是________。

7. 标准是对重复性事物和概念所做的________。按标准使用范围分，有________、区域性标准、________、________、________和企业标准等。

8. 标准的本质是________。不同级别的标准是在不同________进行统一。

9. 国际标准代号是________、美国国家标准代号是________、欧盟标准代号是________。

10. 检索化工标准方法有利用________和________两种方法。

11. 网上查找工业硫酸标准编号的步骤是________、选择标准分类中________类、在该类中选择________类、输入关键词________，点击搜索即可搜到工业硫酸标准编号。

12. 查找苯甲酸国家标准编号的步骤首先查最新的________________，在分类目录________中找到________，在相应的单元下检索到你所需要标准编号。

13. 查找最新标准原文最佳方法是从互联网搜索到________，根据标准编号从计算机________找到标准的原文，或直接从________函购。

14. 我国化工产品质量分为________、________和________三个等级。为了适应市场需要，有的产品还可以设________。

15. 分析人员报出的数据位数可比标准指标的有效数字________，测定结果数据应与技术要求量值的有效数字位数________。

16. 实测数据出现界限值时，通常________比较法判断产品等级。

二、选择题

1. 下列代号表示强制性国家标准的是（ ）。

A. ISO B. GB/T C. GB D. HG

2. 下列代号属于我国标准的是（ ）。

A. WHO B. ASTM C. BS D. HG

3. 不属于质量控制的基本要素是（ ）。

A. 人员 B. 标准检索 C. 方法 D. 仪器

4. 检验人员必须具备的条件是（ ）。

A. 大学学历 B. 大专学历 C. 普通工人

D. 具有分析化学知识并经过专门培训

5. 质量控制对实验室的仪器设备不作要求的是（ ）。

A. 越贵越先进越好　　　　　　B. 正确使用仪器

C. 经常保养　　　　　　　　　D. 定期进行校准

6. 标准编号中不包括的内容是（　）。

A. 标准代号　B. 标准顺序号　C. 发布年代　D. 标准分类

7. 标准是对（　）事物和概念所做的统一规定。

A. 单一　　　B. 复杂性　　　C. 综合性　　D. 重复性

8. 检索化工标准资料的检索工具书有（　　）。

A. 中国国家标准汇编　　　　　B. 化学工业标准汇编

C. 中华人民共和国国家标准目录及信息总汇

D. 中国强制性国家标准汇编

9. 按照我国“工业产品质量分等导则”的规定，工业产品质量水平划分为（　　）个级别。

A. 4　　　　B. 3　　　　　C. 5　　　　D. 2

10. 工业产品质量水平划分为（　　）

A. 优级品、一级品和合格品

B. 优级品、合格品和不合格品

C. 一级品、二级品和三级品

D. 一级品、合格品和不合格品

11. 认定某种产品等级的标准是（　　）。

A. 主要指标达到某等级要求

B. 各项指标皆符合某等级要求

C. 主要指标超过某等级要求

D. 允许一项指标低于某等级要求

12. 下列标准中必须制定为强制性标准的是（　　）

A. 分析方法标准　　　　　　B. 产品标准

C. 原料标准　　　　　　　　D. 食品卫生标准

13. 平行三次测定工业丙烯腈含量，质量分数分别为 99.6%、99.62%、99.622%。报告结果应该是（　　）。

A. 99.6　　　B. 99.62　　　C. 99.622　　D. 无法报告

14. 实测数据出现界限值通常用（　　）判断产品等级。

A. 平均值　B. 全数值　C. 修约值　D. 测定值

15. 分析人员报出的数据位数可比标准指标的有效数字(　)。

A. 多两位　B. 相等　C. 少一位　D. 多一位

16. 测定结果数据应与技术要求量值的有效数字位数(　)

A. 小数点后位数一致　B. 小数点前位数一致

C. 少一位　D. 多一位

三、判断题

1. 在质量管理过程中广泛采用的是强制性国家标准。(　)

2. 按国家要求，企业可以根据自己的实际情况建立质量管理体系。(　)

3. 分析检验中的质量保证包括质量控制和质量评定。(　)

4. 质量控制要求采用技术标准中规定的检验方法，对仪器、试剂、环境和人员没有具体要求。(　)

5. 两个实验室同时检测相同试样，结果不同，应该以实验室仪器最先进的检测结果为准。(　)

6. 实验室可以通过重复测定试样的方法来评价方法的精密度；用测定标准物质的方法来评价方法的系统误差。(　)

7. 实验室外部评定可以避免实验室内部的主观因素，但是不能消除仪器误差。(　)

8. 检验质量保证体系的基本要素包括检验过程质量保证，检验人员素质保证，检验仪器、设备、环境保证，检验质量申诉和检验事故处理。(　)

9. 标准编号由标准代号、标准顺序号、发布年代组成。(　)

10. 标准编号由标准代号、标准顺序号、发布年代和标准名称组成。(　)

11. 按标准使用范围分，我国标准可以分为国家标准、行业标准和企业标准。(　)

12. 产品的质量可以用一个或多个质量特性来表示，这里的特性只能定量不能定性。(　)

13. 我国企业产品质量检验可以采取国家标准、行业标准、国际标准或企业自行制定的标准。（ ）

14. 企业可以根据其具体情况制订适当低于国家或行业同种产品标准的企业标准。（ ）

15. 推荐性标准，不具有强制性，违反这类标准，不构成经济或法律方面的责任。（ ）

16. 在互联网上可以直接检索到最新国家标准编号和标准全文，不用再购买或查找标准全文。（ ）

17. 我国产品质量等级一般分为优等品、一等品及合格品，如果市场需要也可以设精品。（ ）

18. 检测结果出现界限值时，通常采用修约值判断产品等级。（ ）

四、问答题

1. 什么是质量管理？质量管理过程中广泛采用的标准是什么？

2. 什么是质量管理体系的PDCA循环？说明其主要内涵。

3. 质量评定的方法有几种？各有什么特点？

4. 质量控制对检验方法、使用仪器、试剂、环境和人员有什么要求？

5. 如何在实验室内部评价分析方法是否有系统误差？如果有系统误差如何消除？

6. 两个实验室检测同一样品，结果不一样。怎么判断哪个实验室测定结果准确？

7. 技术标准编号由哪几部分组成？举例说明。

8. 我国技术标准有几类？其适用范围如何？

9. 常用外国标准有哪几种？它们的标准代号是什么？

10. 如何通过互联网检索化工技术标准？欲查找标准全文有哪些方法？

11. 检索工业丙酮国家标准及其检验规程，解读各项指标的试验方法原理、所需仪器与试剂。

12. 在互联网上搜索下列物质的最新国家标准编号。

工业硝酸、工业盐酸、工业辛醇、工业丁醇、工业苯甲酸、工业苯酚

13. 化工产品通常分为几个等级？为了满足市场需要还可以增加什么等级？

14. 外国化工产品分为几级？如果市场需要还可以设什么等级？如何确定？

15. 检验报告测定值如何取舍和修约？对于界限值应如何处理？

16. 查找 GB 7717.1—2008 工业用丙烯腈国家标准，与替代 GB 7717.1—1994 工业用丙烯腈国家标准比较，在技术指标上有何不同？

17. 在中国标准服务网上搜索工业用丙烯酸美国材料和试验协会（ASTM）标准编号。

技能测试

一、测试项目　标准分析规程的检索和解读

1. 测试要求

用上网搜索和查阅工具书两种方式检索一种化工产品的国家标准或行业标准，解读其中某一项（由教师指定）指标的分析规程。本次测试在 4h 内完成，并递交检索和解读报告。

2. 操作步骤

① 接受任务，明确要检索标准的产品和要解读的分析项目。

② 利用互联网搜索（可不购买产品标准的全文）

③ 利用工具书查阅，要求查出产品标准的全文。

④ 解读指定项目的定量分析规程。在查阅教材或参考书之后，回答教师提出的问题。

⑤ 完成检索和解读报告。

二、技能评分

细目	评分要素	分值	说明	扣分	得分
上网检索（12分）	找到网址和关键词	4	找错一项扣2分		
	找出最新标准编号	4			
	索取原文途径	4	路径正确		
工具书检索（14分）	找到检索工具书	2	教师预先准备		
	查到分类目录	2			
	查到标准编号	4			
	查到标准全文	6			
规程解读（40分）	找到相关参考书	4	教师预先准备		
	明确分析方法原理	8			
	解读操作步骤（解答4～6个问题）	24	每回答错误一个问题扣4分		
	运用计算公式	4			
记录与报告（16分）	检索过程有记录	4	每一项不符合要求扣4分		
	解读报告层次清楚	4			
	文字书写工整、清晰	4			
	报告项目齐全	4			
测试时间（18分）	上网检索 30min	4	每超过10min扣2分		
	工具书检索 60min	4			
	解读规程 90mim	6			
	书写报告 60min	4			
总分	100				

附　录

附录一　习题参考答案

第一章

一、填空题

1. 采样与制样　进行定量测定　计算和报告分析结果

2. 化学分析　仪器分析

3. 酸碱滴定　氧化还原滴定　配位滴定

4. 电位分析　分光光度分析　气相色谱分析

5. 机械加码天平　电子天平

6. 检查和清洁天平　称量

7. 检查水平　预热　称皮质量　去皮

8. 称量物　砝码

9. 托起

10. 吸湿　吸收空气中的 CO_2

11. 0.1mg/格

12. 越小　越高

13. 误差　误差　越高

14. 偏差　偏差　越高

15. 符合程度　绝对误差　相对误差

16. 仪器误差　方法误差　操作误差　校正仪器　空白试验　对照试样　测量

17. 系统

18. 系统　过失

19. 0.2mg　0.2g

20. 实际能够测量到　4 位　4 位　4 位

21. 数量　准确性

22. w_B　φ_B　ρ_B

23. 平均值　平均值　平均偏差

24. 代表性　固体

25. 溶液　干扰

二、选择题

1. D　2. B　3. A　4. B　5. C
6. B　7. B　8. C　9. C　10. C
11. A　12. A　13. C　14. B　15. D
16. B　17. B　18. A　19. B　20. C
21. A　22. A　23. A　24. D　25. A

三、判断题

1. √　2. ×　3. ×　4. ×　5. ×
6. ×　7. ×　8. ×　9. √　10. √
11. ×　12. √　13. √　14. ×　15. √
16. √　17. √　18. ×　19. √　20. ×
21. ×　22. √　23. ×　24. √　25. √

四、问答题（略）

五、计算题

1. 灵敏度＝9.9 格/mg　分度值＝1/9.9＝0.1mg/格

2.

序号	测得值/%	真实值/%	平均值/%	绝对误差	相对误差/%	绝对偏差/%	相对偏差/%
1	98.65	98.63	98.62	+0.02	0.02	0.03	0.03
2	98.62			−0.01	−0.01	0.00	0.00
3	98.60			−0.03	−0.03	−0.02	−0.02

3. 4　5　4　2　2　4

4. 1.86　0.235　21.4　4.38　1.25　1.37

5. (1) 0.9507；(2) 1.7×10^{-3}；(3) 24.4

6. 50mg

7. 0.04%　0.06%

8. 0.03%　0.05%

9. 33.07%　应该舍去

10. 不应舍去　60.49　60.54

11. 取平均值报告结果

12. 不能　99.82%

13. 0.03%　0.05%　绝对误差相同　体积越大相对误差越小

14. 30.01%～30.39%

15. 0.099%　0.099%　0.20%　不符合要求

第二章

一、填空题

1. 标准溶液　化学计量点　滴定终点　终点误差

2. 化学计量　完全　快　滴定终点到达

3. 分析天平　体积　标准　被测物质　指示剂

4. 量出　量入

5. 检漏　赶气泡　调零

6. 凹液面下缘　三角交叉点处　液面两侧

7. 检漏　稀释　稀释

8. 单标线　分度　单标线　分度

9. 直接配制　间接配制

10. 高　化学式　稳定　大

11. 基准物　标定

12. 待测组分　滴定剂　必然相等　等物质的量

13. 被测物的质量

二、选择题

1. A　2. B　3. A　4. B　5. D

6. B　7. D　8. A　9. D　10. A

11. B　12. A　13. D　14. D　15. C

16. B　17. B　18. B

三、判断题

1. ×	2. ×	3. √	4. ×	5. ×
6. √	7. √	8. ×	9. ×	10. ×
11. √	12. √	13. √	14. ×	15. ×
16. √	17. √	18. √	19. ×	20. √

四、问答题（略）

五、计算题

1. （1）0.750mol/L；（2）0.0500mol/L；（3）0.187mol/L；（4）0.0500mol/L；（5）0.0200mol/L

2. （1）$\frac{1}{2}$，（2）$\frac{1}{2}$，（3）$\frac{1}{3}$；（4）$\frac{1}{2}$；（5）$\frac{1}{2}$；（6）$\frac{1}{2}$

3. （1）0.0500mol/L；（2）1.500mol/L；（3）0.04000mol/L；（4）0.1000mol/L

4. （1）9.5g NaCl 溶于 100mL 水中；（2）10g I_2 溶于 1000mL 乙醇中；（3）50g 葡萄糖溶于 450g 水中；（4）10g NH_4CNS 溶于 190g 水中；（5）60mL 水加乙醇 140mL 至 200mL

5. （1）34.2g；（2）2.075g；（3）23.445g；（4）0.641g；（5）80.6g

6. （1）3.48mol/L；（2）3.16mol/L；（3）3.08mol/L

7. 5.00mol/L

8. 8.4mL

9. 0.1001mol/L

10. 65mL

11. $T(CaO/HCl)=0.00421g/mL$，$T[Ca(OH)_2/HCl]=0.00556g/mL$，$T(Na_2O/HCl)=0.00468g/mL$，$T(NaOH/HCl)=0.00602g/mL$

12. $T(Fe_3O_4/K_2Cr_2O_7)=8.567mg/mL$

13. $T(BaO/EDTA)=15.3mg/mL$

14. $T(Fe_2O_3/KMnO_4)=20.0\ mg/mL$

15. 0.1010mol/L

16. 0.1113mol/L，4.452g/L

17. 0.16g

18. 0.61～0.82g

19. 1.4g

20. 26.0%；89.2%

21. 95.36%

22. 97.43%

23. 99.67%

第三章

一、填空题

1. 酸碱中和　H^+　OH^-　H_2O

2. 强酸　强碱　碱类　酸类　生成酸或碱

3. H^+　pH　pOH

4. 未离解　已离解

5. 弱　弱　pH　结构　颜色

6. 变色范围　$pK_a \pm 1$

7. 强度　浓度

8. pH 突跃　化学计量　指示剂

9. 直接滴定　间接滴定　返滴定

10. $\geqslant 10^{-8}$　$\geqslant 10^{-8}$

11. 硼砂　无水碳酸钠　酸性　酚酞

12. $V_{甲} > V_{酚}$

13. 安瓿球　硫酸

14. 0.1mol/L　0.5mol/L　1.0mol/L　准确

二、选择题

1. B	2. B	3. D	4. C	5. D
6. B	7. D	8. B	9. D	10. C
11. D	12. C	13. D	14. B	15. A
16. D	17. B	18. D	19. C	20. A
21. D				

三、判断题

1. ×	2. ×	3. √	4. √	5. √

6. × 7. × 8. √ 9. √ 10. ×
11. × 12. √ 13. × 14. × 15. ×

四、问答题（略）

五、计算题

1. (1) 2.40；(2) 12.60；(3) 3.37；(4) 10.63；(5) 4.98；(6) 4.42；(7) 9.56；(8) 4.75；(9) 10.26

2. 稀释前 pH 为 2.88；稀释后 pH 为 3.03

3. 51g

4. 50g

5. 8.26～10.26

6. 5.3mL，9.5mL，12.8mL

7. (1) 0.18g；(2) 0.53g；(3) 0.33g

8. $K_{HIn}=3.2\times10^{-6}$

9. (1) 加入 0.5000mol/L HNO_3 溶液 0.00mL 时 pH=11.48；(2) 10.00mL 时 pH=9.26；(3) 18.00mL 时 pH=8.30；(4) 19.80mL 时pH=7.26；(5) 19.98mL 时 pH=6.25；(6) 20.00mL 时 pH=4.92；(7) 20.02mL 时 pH=3.60；(8) 20.20mL 时pH=2.60；(9) 30.00mL 时 pH=1.00；等当点时 pH=4.92；突跃范围6.25～3.60，可选用甲基红为指示剂

10. 滴定前 pH=2.88；化学计量点时 pH=8.73；pH 突跃范围 7.76～9.70；酚酞

11. (1) 甲酸可以；(2) 氨水可以；(3) 氢氰酸不能；(4) NaF 不能；(5) NaAc 不能

12. 0.1215mol/L；0.06077mol/L

13. 95.10%

14. 96.12%

15. Na_2CO_3 为 71.61%；$NaHCO_3$ 为 9.11%

16. 0.29%

第四章

一、填空题

1. 多 H_4Y $Na_2H_2Y\cdot2H_2O$ EDTA

2. 1∶1

3. 高　大　复杂　稳定常数

4. H_6Y^{2+}、H_5Y^{+}、H_4Y、H_3Y^{-}、H_2Y^{2-}、HY^{3-}、Y^{4-}　七　Y^{4-}　酸度

5. 低　强

6. 低　干扰离子　酸度

7. 大　稳定　$\lg K_{MY}-\lg K_{NY}<5$

8. 稳定常数　溶液的酸度　被滴定金属离子的浓度

9. 有机染料　明显不同　小于

10. 掩蔽剂　返滴定法

11. 有机溶剂　加热

12. 8～10　蓝色　红色　<6　亮黄色　红色　12～13　蓝色　红色

13. 直接　返　置换　间接

14. $\Delta\lg K\geqslant5$　酸度　$\Delta\lg K<5$　掩蔽剂　解蔽剂

15. 铬黑T　10　钙指示剂　12

二、选择题

1. C	2. D	3. C	4. A	5. B
6. D	7. C	8. C	9. B	10. C
11. B	12. D	13. D	14. B	15. B
16. C	17. A	18. D	19. C	20. B
21. B				

三、判断题

1. √	2. √	3. ×	4. √	5. √
6. √	7. ×	8. ×	9. ×	10. √
11. √	12. ×	13. ×	14. √	15. ×
16. √				

四、问答题（略）

五、计算题

1. 约14g；用天平称取EDTA 14g，适当加热溶于2000mL水中，冷却摇匀。然后用锌标准溶液标定其准确浓度。

2. （1）0.01025mol/L；（2）0.0008341g/mL，0.0008184g/mL

3. 0.05015mol/L

4. 0.1017mol/L，0.01387g/mL

5. 98.00％

6. 105.2mg/L

7. 12.0mg/L

8. 6.99％

9. 0.03206

10. 6.04％

11. 28.9mg

12. 0.00844mol/L

13. 1.76％

14. 0.4724 mg/mL；0.5160mg/mL

15. 0.2900；0.1718

16. 0.6075；0.3506；0.03984

第五章

一、填空题

1. 还原剂　氧化剂　还原剂　氧化剂

2. 电子　氧化　电子　还原

3. 还原态　氧化态　氧化态　还原态

4. 电极电位　φ　V　电极电位　$\varphi^{\ominus}$　298K　1

5. $\varphi=\varphi^{\ominus}+\frac{0.059}{n}\lg\frac{c(\mathrm{Ox})}{c(\mathrm{Red})}$

6. 方向　次序　程度

7. 电子　氧化　氧化　还原　还原

8. 氧化　还原　强　强　弱　弱

9. 最大　次序

10. 增加反应物浓度　提高温度　使用催化剂

11. $>10^{6}$　$\Delta\varphi^{\ominus}\geqslant0.4\mathrm{V}$

12. 程度　速度

13. 间接　直接

14. 重铬酸钾　草酸钠

15. 淀粉　碘滴定法　蓝色　滴定碘法　蓝色

16. 近终点（溶液出现稻草黄色）　淀粉

17. Mn^{2+}　MnO_2　MnO_4^{2-}

18. I^-被空气氧化　I_2挥发　KI

19. 间接　$K_2Cr_2O_7$　KI　I_2

20. 自身　二苯胺磺酸钠　淀粉溶液

21. 慢　快　65～75　粉红色　30s

二、选择题

1. D	2. B	3. C	4. C	5. B
6. C	7. D	8. A	9. A	10. B
11. D	12. A	13. B	14. B	15. A
16. A	17. D	18. D	19. B	20. C
21. D				

三、判断题

1. √	2. √	3. ×	4. √	5. ×
6. ×	7. ×	8. √	9. ×	10. ×
11. √	12. ×	13. ×	14. √	15. ×
16. √	17. ×	18. √	19. ×	20. ×
21. √				

四、问答题（略）

五、计算题

1. （1）0.095V；（2）0.124V；（3）0.154V；（4）0.184V；（5）0.213V

2. 1.34V

3. （1）向右；（2）向右；（3）向右；（4）向左；（5）向右；（6）向左；（7）向右

4. （1）$K=1.6\times10^{11}$，向右；（2）$K=3.2\times10^{-30}$，向左；（3）$K=4.6\times10^{55}$，向右

5. (1) 1，$\frac{1}{2}$；(2) $\frac{1}{2}$，1；(3) $\frac{1}{2}$，$\frac{1}{5}$；(4) $\frac{1}{2}$，$\frac{1}{3}$；(5) $\frac{1}{6}$，1；(6) $\frac{1}{2}$，$\frac{1}{2}$；

6. 0.01000mol/L；0.05000mol/L

7. 2.4515g

8. 9.5g；3.4g

9. (1) 0.2000mol/L；(2) 0.01597g/mL

10. (1) 0.008757g/mL；(2) 0.04359g/mL；(3) 0.06148g/mL

11. 0.06006mol/L

12. 0.1172mol/L

13. 0.14g

14. 0.1036mol/L

15. 260.2g/L

16. 63.55%

17. 73.25%

18. 37.78%

19. 4.99%

20. 0.21g

21. 3.07mg/mL；2.70mg/mL

22. 25.00mL

23. 37.64%

24. 88.29%

25. 10.19%

第六章

一、填空题

1. 溶解　沉淀　乘积　溶度积　K_{sp}

2. ≥　过饱和　沉淀　≤　未饱和　溶解

3. $K_{sp} \leqslant 10^{-10}$　快　指示剂

4. 溶度积　沉淀剂　少

5. 相对大小　大　小

6. 6.5～10.5　高

7. $[Ag(NH_3)_2]^+$　高

8. K_2CrO_4　提前　小

9. 白　砖红　白　红

10. 酸性　铁铵矾　NH_4SCN

11. 直接　间接

12. 负　正

13. 荧光黄　曙红

14. 见光　光线照射

15. 沉淀　过滤　洗涤

16. 稀　热　搅　陈

17. 大　小　化学组成

二、选择题

1. B	2. B	3. A	4. A	5. C A
6. D	7. C	8. B	9. B	10. A
11. B	12. B	13. D	14. B	15. D
16. D	17. C	18. C	19. B	20. A
21. C				

三、判断题

1. ✓	2. ✓	3. ×	4. ×	5. ×
6. ×	7. ×	8. ×	9. ×	10. ×
11. ×	12. ✓	13. ×	14. ✓	15. ✓
16. ×	17. ×	18. ×	19. ✓	20. ✓

四、问答题（略）

五、计算题

1. 1.3×10^{-16}

2. 溶解度：$CaF_2 > Ag_2CrO_4 > AgCl$

3. （1）1.1×10^{-4} mol/L，pH＝10.3；（2）5×10^{-8} mol/L；（3）1.1×10^{-5} mol/L

4. 4.0×10^{-16} mol/L

5. 12.3

6. 损失的沉淀 4.9×10^{-4} g；沉淀剂 Ba^{2+} 过量时损失沉淀 5.1×10^{-7} g

7. $BaCrO_4$

8. 12050 倍

9. AgI 先沉淀；$[Cl^-]/[I^-]=2.2\times10^6$

10. AgCl 先沉淀；5.4×10^{-5} mol/L

11. $[Cl^-]/[SCN^-]$ 为 180

12. 6.55g/L

13. 40.84%

14. 0.1000mol/L；0.005845g/mL

15. 0.2718g

16. 0.9723

17. 85.58%

18. KIO_3

19. 0.9819

20. 0.16g

21. 27mL

22. 10.96%；29.46%

23. 0.2912

24. 0.42%

25. 65.84%

第七章

一、填空题

1. 电动势　直接电位法　电位滴定法

2. 能斯特方程　$\varphi=\varphi^{\ominus}+\frac{0.059}{n}\lg\frac{[Ox]}{[Red]}$

3. 59.2　29.6

4. 基本恒定　饱和甘汞电极

5. 敏感膜　内参比电极　内参比溶液　敏感膜　内参比溶液

6. 离子浓度　玻璃电极

7. 损坏　内参比　蒸馏水浸泡

8. 充满　气泡　断路

9. 微量　指示　参比　电动势

10. pH玻璃电极　饱和甘汞电极　pH计　pH标准缓冲溶液

11. 两点定位法　温度　斜率　定位　一点定位法　温度定位

12. 0.05mol/L邻苯二甲酸氢钾　0.01mol/L硼砂　4.01　9.22

13. 酸度　离子强度　TISAB

14. 电动势E　$\lg c$

15. 饱和甘汞　$K+0.059\lg[F^-]$　标准曲线法

16. 指示剂　较小　有色　浑浊　合适

17. 指示电极　pH玻璃　铂　银

18. 少量　滴定终点　计算法　计算法

19. 导电能力　电阻　电阻率

20. $1cm^2$　1cm　电导

二、选择题

1. B	2. C	3. D	4. A	5. D
6. D	7. C	8. A	9. D	10. B
11. A	12. B	13. A	14. A	15. B
16. C	17. D	18. B	19. A	20. B
21. C	22. B	23. C		

三、判断题

1. ✓	2. ✓	3. ×	4. ✓	5. ✓
6. ✓	7. ×	8. ×	9. ×	10. ✓
11. ×	12. ×	13. ✓	14. ×	15. ✓
16. ×	17. ×	18. ×	19. ×	20. ✓

四、问答题（略）

五、计算题

1. 0.3418V　0.2828V　0.2448V

2. 5.57

3. $c(F^-)=0.0001$mol/L

4. 略　$w=0.54\%$

5. $c(Ca^{2+})=3.61\times10^{-4}$mol/L

6. 2.6×10^{-3}mol/L

7. 0.458V　0.511V　0.564V

8. 14.95mL

9. 0.9800

10. (1) 略；(2) 15.65mL；(3) 0.0313mol/L；(4) 8.57

11. (1) 略；(2) 略；(3) $V_{ep}(I^-)=2.45$mL；(4) $V_{ep}(Cl^-)=$ 3.61mL　$\rho(Cl^-)=1.28$mg/mL　$\rho(I^-)=3.11$mg/mL

12. 0.110S/m

13. (1) 1.45；(2) 7.25×10^{-4}S/cm

第八章

一、填空题

1. 可见光　380～780nm　200～380nm　200～780nm

2. 有色　无色　显色

3. 共轭

4. 高　微量杂质

5. 一定波长　复合光

6. 光栅　色散　白光　互补光　三色

7. 不同　吸收　吸收光谱　最大　λ_{max}

8. 吸收光谱曲线　吸收光谱曲线　吸收程度　λ_{max}

9. 朗伯-比耳定律　$A=\lg\frac{\Phi_0}{\Phi_{tr}}=\varepsilon bc$　单色光　浓度 c　液层厚度 b

10. 越大　越高

11. L/(cm·mol)　ε　$A=\varepsilon bc$

12. 不变　不变

13. $A=-\lg\tau=2-\lg\tau(\%)$

14. 单色光　稀溶液

15. 溶液颜色深浅

16. 光源　单色器　吸收池　检测器

17. 光电管　光信号　电信号

18. 棱镜　光栅　复合光　单色光

19. 选择波长　调零　调百

20. 0.2～0.8　液层厚度　溶液浓度

21. 0.5%

22. 波长值　指示值　氢灯　钨灯

23. 石英　玻璃

24. 氢灯　钨灯

25. 相关系数　0.999

二、选择题

1. C	2. B	3. D	4. A	5. A
6. B	7. B	8. D	9. D	10. D
11. A	12. B	13. C	14. A	15. C
16. C	17. A	18. D	19. D	20. B
21. A	22. A	23. B	24. A	25. C

三、判断题

1. ×	2. ×	3. √	4. √	5. ×
6. ×	7. ×	8. √	9. ×	10. ×
11. √	12. ×	13. ×	14. √	15. ×
16. √	17. ×	18. √ × √	19. ×	20. √

四、问答题（略）

五、计算题

1.（1）75.9%；（2）31.6%；（3）10.0%

2.（1）0.00；（2）0.30；（3）∞

3. 0.291 51.2%

4. 70.7% 35.4%

5. 3cm，72.9%，0.137

6. 0.15 70.8%

7. 4.2×10^4 L/(mol·cm)

8. 1.14×10^4 L/(mol·cm)

9. 6.70×10^3 L/(mol·cm)

10. 0.456 0.180 9.9×10^{-3} mol/L

11. 261L/(cm·g)

12. $w_x(Fe)=0.50\%$

13. 131.5g/mol

14. 10% 0.301

15.（1）4400μg/mL；（2）4.4μg/mL；（3）$A=0.01224m+0.0026$；（4）3.91×10^{-6}

16.（1）100μg/mL；（2）10μg/mL；（3）$A=5.41m+0.003$；（4）1.14×10^{-5}

17. 5.88μg/mL

18. $y=0.048x+0.0004$ 108.2μg/mL $r=0.99999$

19. $y=0.058x+0.0026$ 55.7μg/mL $r=0.9997$

第九章

一、填空题

1. 气体 气固色谱 气液色谱

2. 吸附剂 吸附 固定液 溶解度

3. 相似互溶 极性 极性 极性 非极性 沸点 沸点

4. 角鲨烷 红色

5. 分离度 分析时间

6. 氢气 氮气

7. 进样 分离 检测 温度控制

8. 气　电　电　气　　　9. 桥流　灵敏度

10. 灵敏度　有机物　微量有机

11. 沸程宽　程序升温

12. 过大　过长　变宽　速度

13. 缩短　下降　分离度　延长　下降　最佳

14. 10～20cm/s　10～12cm/s

15. 保留值　峰底宽度

16. 分离度　分析时间　最高使用　分离度　分析时间

17. 精馏塔　理论塔板　　18. 小　高

19. 峰面积　进样量　操作条件

20. 基准物　操作条件　　21. 查阅文献　自行测定

22. 保留时间　进样量　　23. 归一化法　内标法　外标法

24. 单独出峰　不影响　　25. 所有组分　内标物　待测组分

26. 待测组分　很大　严格控制

二、选择题

1. D	2. A	3. A	4. B	5. D
6. A	7. D	8. D	9. B	10. D
11. B	12. A	13. C	14. B	15. B
16. A	17. C	18. C	19. C	20. C
21. A	22. B	23. D	24. C	

三、判断题

1. ×	2. ×	3. √	4. ×	5. √
6. √	7. ×	8. √	9. √	10. ×
11. ×	12. √	13. ×	14. √	15. √
16. ×	17. ×	18. √	19. ×	20. √
21. √	22. √	23. ×	24. ×	25. ×
26. √				

四、问答题（略）

五、计算题

1. （1）2.3min　4.6min　2.0；（2）1.8

2. $n_{有效}$ =1269　0.64m

3. $n_{理论}$ =1600　$n_{有效}$ =1024　$H_{理论}$ =1.2mm　$H_{有效}$ =2.0mm

4. (1) R=1.06；(2) $\bar{n}_{理论}$ =3445；(3) $H_{理论}$ =0.087mm；(4) $\bar{n}_{有效}$ =3312；(5) $H_{有效}$ =0.090mm；(6) L=60cm

5. 1.01　1.08　1.10

6. (1) 1.74，1.49，1.00；(2) 0.57，0.67，1.00

7. (1) 0.75，0.82，0.92，1.00；(2) 4.76，2.43，1.85，1.69

8. 24.29%　22.26%　51.59%

9. 0.500　0.350　0.150

10. 甲醇 16.19%　正己烷 24.02%　甲苯 22.18%　苯 37.78%

11. 甲酸 24.44%　乙酸 55.71%　丙酸 19.51

12. w(甲醇)=66.20%　w(乙醇)=33.80%

13. 17.5%

14. 正丁醇 0.019mg/mL　水 0.0038mg/mL

15. 0.0022%　　16. 0.23g

17. 0.500%　　18. 略　32%

19. (1) 略　w(水)=0.13%；(2) y=22.33x+0.002　r=0.99988　w(水)=0.13%；(3) y=22.33x+0.002　r=0.99988　w(水)=0.13%

第十章

一、填空题

1. ISO 2000

2. 策划　实施　检查　行动

3. 质量　计划　系统　质量评定

4. 采集　分析测试

5. 仪器　方法　试样　试剂

6. GB　GB/T　HG

7. 统一规定　国际标准　国家标准　行业标准　地方标准

8. 统一　范围内

9. ISO　ANSI　EEC

10. 工具书　网上搜索

11. 登录网站　化工　无机　硫酸

12.《中华人民共和国国家标准目录及信息总汇》　“G. 化工”　“有机化工”

13. 标准编号　数据库出版社

14. 优等品　一等品　合格品　精品

15. 多一位　一致

16. 用全数值

二、选择题

1. C　2. D　3. B　4. D　5. A
6. D　7. D　8. C　9. B　10. A
11. B　12. D　13. A　14. B　15. D
16. A

三、判断题

1. ×　2. ×　3. √　4. ×　5. ×
6. √　7. ×　8. √　9. ×　10. √
11. ×　12. ×　13. √　14. ×　15. √
16. ×　17. √　18. ×

四、问答题（略）

附录二　弱酸和弱碱的离解常数（25℃）

名　称	化学式	$K_{a(b)}$	$pK_{a(b)}$
硼酸	H_3BO_3	$5.8\times10^{-10}(K_{a1})$	9.24
碳酸	H_2CO_3	$4.5\times10^{-7}(K_{a1})$	6.35
		$4.7\times10^{-11}(K_{a2})$	10.33
砷酸	H_3AsO_3	$6.3\times10^{-3}(K_{a1})$	2.20
		$1.0\times10^{-7}(K_{a2})$	7.00
		$3.2\times10^{-12}(K_{a3})$	11.50
亚砷酸	$HAsO_2$	6.0×10^{-10}	9.22
氢氰酸	HCN	6.2×10^{-10}	9.21

续表

名　　称	化 学 式	$K_{a(b)}$	$pK_{a(b)}$
铬　酸	$HCrO_4^-$	$3.2\times10^{-7}(K_{a2})$	6.50
氢氟酸	HF	7.2×10^{-4}	3.14
亚硝酸	HNO_2	5.1×10^{-4}	3.29
磷酸	H_3PO_4	$7.6\times10^{-3}(K_{a1})$	2.12
		$6.3\times10^{-8}(K_{a2})$	7.20
		$4.4\times10^{-13}(K_{a3})$	12.36
亚磷酸	H_3PO_3	$5.0\times10^{-2}(K_{a1})$	1.30
		$2.5\times10^{-7}(K_{a2})$	6.60
氢硫酸	H_2S	$5.7\times10^{-8}(K_{a1})$	7.24
		$1.2\times10^{-15}(K_{a2})$	14.92
硫酸	HSO_4^-	$1.2\times10^{-2}(K_{a2})$	1.99
亚硫酸	H_2SO_3	$1.3\times10^{-2}(K_{a1})$	1.90
		$6.3\times10^{-8}(K_{a2})$	7.20
硫氰酸	$HSCN$	1.4×10^{-1}	0.85
偏硅酸	H_2SiO_3	$1.7\times10^{-10}(K_{a1})$	9.77
		$1.6\times10^{-12}(K_{a2})$	11.80
甲酸(蚁酸)	$HCOOH$	1.77×10^{-4}	3.75
乙酸(醋酸)	CH_3COOH	1.75×10^{-5}	4.76
丙　酸	C_2H_5COOH	1.3×10^{-5}	4.89
一氯乙酸	$CH_2ClCOOH$	1.4×10^{-3}	2.86
二氯乙酸	$CHCl_2COOH$	5.0×10^{-2}	1.30
三氯乙酸	CCl_3COOH	0.23	0.64
乳酸	$CH_3CHOHCOOH$	1.4×10^{-4}	3.86
苯甲酸	C_6H_5COOH	6.2×10^{-5}	4.21
邻苯二甲酸	$C_6H_4(COOH)_2$	$1.1\times10^{-3}(K_{a1})$	2.96
		$3.9\times10^{-6}(K_{a2})$	5.41
草酸	$H_2C_2O_4$	$5.9\times10^{-2}(K_{a1})$	1.22
		$6.4\times10^{-5}(K_{a2})$	4.19
苯酚	C_6H_5OH	1.1×10^{-10}	9.95
水杨酸	$C_6H_4OHCOOH$	$1.0\times10^{-3}(K_{a1})$	3.00
		$4.2\times10^{-13}(K_{a2})$	12.38
磺基水杨酸	$C_6H_3SO_3HOHCOOH$	$4.7\times10^{-3}(K_{a1})$	2.33
		$4.8\times10^{-12}(K_{a2})$	11.32

续表

名　称	化学式	$K_{a(b)}$	$pK_{a(b)}$
乙二胺四乙酸(EDTA)	H_6Y^{2+}	$0.1(K_{a1})$	0.90
	H_5Y^+	$3.0\times10^{-2}(K_{a2})$	1.60
	H_4Y	$1.0\times10^{-2}(K_{a3})$	2.00
	H_3Y^-	$2.1\times10^{-3}(K_{a4})$	2.67
	H_2Y^{2-}	$6.9\times10^{-7}(K_{a5})$	6.16
	HY^{3-}	$5.5\times10^{-11}(K_{a6})$	10.26
硫代硫酸	$H_2S_2O_3$	$5.0\times10^{-1}(K_{a1})$	0.30
		$1.0\times10^{-2}(K_{a2})$	2.00
苦味酸	$HOC_6H_2(NO_2)_3$	4.2×10^{-1}	0.38
乙酰丙酮	$CH_3COCH_2COCH_3$	1.0×10^{-9}	9.00
邻二氮菲	$C_{12}H_8N_2$	1.1×10^{-5}	4.96
8-羟基喹啉	C_9H_6NOH	$9.6\times10^{-6}(K_{a1})$	5.02
		$1.55\times10^{-10}(K_{a2})$	9.81
邻硝基苯甲酸	$C_6H_4NO_2COOH$	6.71×10^{-3}	2.17
氨水	$NH_3\cdot H_2O$	1.8×10^{-5}	4.74
联氨	H_2NNH_2	$3.0\times10^{-6}(K_{b1})$	5.52
		$7.6\times10^{-15}(K_{b2})$	14.12
苯胺	$C_6H_5NH_2$	4.2×10^{-10}	9.38
羟胺	NH_2OH	9.1×10^{-9}	8.04
甲胺	CH_3NH_2	4.2×10^{-4}	3.38
乙胺	$C_2H_5NH_2$	5.6×10^{-4}	3.25
二甲胺	$(CH_3)_2NH$	1.2×10^{-4}	3.93
二乙胺	$(C_2H_5)_2NH$	1.3×10^{-3}	2.89
乙醇胺	$HOCH_2CH_2NH_2$	3.2×10^{-5}	4.50
三乙醇胺	$(HOCH_2CH_2)_3N$	5.8×10^{-7}	6.24
六亚甲基四胺	$(CH_2)_6N_4$	1.4×10^{-9}	8.85
乙二胺	$H_2NCH_2CH_2NH_2$	$8.5\times10^{-5}(K_{b1})$	4.07
		$7.1\times10^{-8}(K_{b2})$	7.15
吡啶	C_6H_5N	1.7×10^{-9}	8.77
喹啉	C_9H_7N	6.3×10^{-10}	9.20
尿素	$CO(NH_2)_2$	1.5×10^{-14}	13.82

附录三　氧化还原半反应的标准电位

半　反　应	$\varphi^{\ominus}$/V
$Li^{+}+e \rightleftharpoons Li$	-3.0401
$K^{+}+e \rightleftharpoons K$	-2.931
$Cs^{+}+e \rightleftharpoons Cs$	-3.026
$Ba^{2+}+2e \rightleftharpoons Ba$	-2.912
$Sr^{2+}+2e \rightleftharpoons Sr$	-2.899
$Ca^{2+}+2e \rightleftharpoons Ca$	-2.868
$Na^{+}+e \rightleftharpoons Na$	-2.71
$Mg^{2+}+2e \rightleftharpoons Mg$	-2.372
$\frac{1}{2}H_2+e \rightleftharpoons H^{-}$	-2.230
$Be^{2+}+2e \rightleftharpoons Be$	-1.847
$Al^{3+}+3e \rightleftharpoons Al$(0.1mol/L NaOH)	-1.706
$Mn(OH)_2+2e \rightleftharpoons Mn+2OH^{-}$	-1.56
$ZnO_2^{2-}+2H_2O+2e \rightleftharpoons Zn+4OH^{-}$	-1.215
$Mn^{2+}+2e \rightleftharpoons Mn$	-1.185
$Sn(OH)_6^{2-}+2e \rightleftharpoons HSnO_2^{-}+3OH^{-}+H_2O$	-0.93
$2H_2O+2e \rightleftharpoons H_2+2OH^{-}$	-0.8277
$Zn^{2+}+2e \rightleftharpoons Zn$	-0.7618
$Cr^{3+}+3e \rightleftharpoons Cr$	-0.744
$Ni(OH)_2+2e \rightleftharpoons Ni+2OH^{-}$	-0.720
$Fe(OH)_3+e \rightleftharpoons Fe(OH)_2+OH^{-}$	-0.560
$2CO_2+2H^{+}+2e \rightleftharpoons H_2C_2O_4$	-0.490
$NO_2^{-}+H_2O+e \rightleftharpoons NO+2OH^{-}$	-0.460
$Cr^{3+}+e \rightleftharpoons Cr^{2+}$	-0.407
$Fe^{2+}+2e \rightleftharpoons Fe$	-0.447
$Cd(OH)_2+2e \rightleftharpoons Cd+2OH^{-}$	-0.40
$Ni^{2+}+2e \rightleftharpoons Ni$	-0.257
$2SO_4^{2-}+4H^{+}+2e \rightleftharpoons S_2O_6^{2-}+2H_2O$	-0.22
$Sn^{2+}+2e \rightleftharpoons Sn$	-0.1375
$Pb^{2+}+2e \rightleftharpoons Pb$	-0.1262

续表

半反应	$\varphi^{\ominus}$/V
$MnO_2+2H_2O+2e \rightleftharpoons Mn(OH)_2+2OH^-$	−0.05
$Fe^{3+}+3e \rightleftharpoons Fe$	−0.037
$AgCN+e \rightleftharpoons Ag+CN^-$	−0.017
$2H^++2e \rightleftharpoons H_2$	0.0000
$AgBr+e \rightleftharpoons Ag+Br^-$	0.07133
$S_4O_6^{2-}+2e \rightleftharpoons 2S_2O_3^{2-}$	0.08
$S+2H^++2e \rightleftharpoons H_2S$	0.14
$Sn^{4+}+2e \rightleftharpoons Sn^{2+}$	0.151
$Cu^{2+}+e \rightleftharpoons Cu^+$	0.153
$ClO_4^-+H_2O+2e \rightleftharpoons ClO_3^-+2OH^-$	0.36
$SO_4^{2-}+4H^++2e \rightleftharpoons H_2SO_3+H_2O$	0.172
$AgCl+e \rightleftharpoons Ag+Cl^-$	0.22233
$Cu^{2+}+2e \rightleftharpoons Cu$	0.3419
$Ag_2O+H_2O+2e \rightleftharpoons 2Ag+2OH^-$	0.342
$ClO_3^-+H_2O+2e \rightleftharpoons ClO_2^-+2OH^-$	0.33
$O_2+2H_2O+4e \rightleftharpoons 4OH^-$	0.401
$[Fe(CN)_6]^{3-}+e \rightleftharpoons [Fe(CN)_6]^{4-}$	0.358
$Cd^{2+}+2e \rightleftharpoons Cd$	0.44
$NiO_2+2H_2O+2e \rightleftharpoons Ni(OH)_2+2OH^-$	0.490
$Cu^++e \rightleftharpoons Cu$	0.521
$I_2+2e \rightleftharpoons 2I^-$	0.5355
$AsO_4^{3-}+2H^++2e \rightleftharpoons AsO_3^{3-}+H_2O$	0.557
$IO_3^-+2H_2O+4e \rightleftharpoons IO^-+4OH^-$	0.56
$MnO_4^-+e \rightleftharpoons MnO_4^{2-}$	0.564
$MnO_4^-+2H_2O+3e \rightleftharpoons MnO_2+4OH^-$	0.595
$O_2+2H^++2e \rightleftharpoons H_2O_2$	0.695
$[Fe(CN)_6]^{3-}+e \rightleftharpoons [Fe(CN)_6]^{4-}$ (1mol/L H_2SO_4)	0.690
$FeO_4^{2-}+2H_2O+3e \rightleftharpoons FeO_2^-+4OH^-$	0.72
$Fe^{3+}+e \rightleftharpoons Fe^{2+}$	0.771
$Hg_2^{2+}+2e \rightleftharpoons 2Hg$	0.7973
$Ag^++e \rightleftharpoons Ag$	0.7996
$2NO_3^-+4H^++2e \rightleftharpoons N_2O_4+2H_2O$	0.803
$\frac{1}{2}O_2+2H^+(10^{-7}mol/L)+2e \rightleftharpoons H_2O$	0.815
$Hg^{2+}+2e \rightleftharpoons Hg$	0.851
$ClO^-+H_2O+2e \rightleftharpoons Cl^-+2OH^-$	0.81
$2Hg^{2+}+2e \rightleftharpoons Hg_2^{2+}$	0.920
$NO_3^-+3H^++2e \rightleftharpoons HNO_2+H_2O$	0.934
$NO_3^-+4H^++3e \rightleftharpoons NO+2H_2O$	0.957
$Br_2(l)+2e \rightleftharpoons 2Br^-$	1.066

续表

半反应	$\varphi^{\ominus}$/V
$Br_2(aq) + 2e \rightleftharpoons 2Br^-$	1.0873
$2IO_3^- + 12H^+ + 10e \rightleftharpoons I_2 + 6H_2O$	1.19
$O_2 + 4H^+ + 4e \rightleftharpoons 2H_2O$	1.229
$MnO_2 + 4H^+ + 2e \rightleftharpoons Mn^{2+} + 2H_2O$	1.224
$Cr_2O_7^{2-} + 14H^+ + 6e \rightleftharpoons 2Cr^{3+} + 7H_2O$	1.33
$Cl_2(g) + 2e \rightleftharpoons 2Cl^-$	1.35827
$ClO_4^- + 8H^+ + 8e \rightleftharpoons Cl^- + 4H_2O$	1.389
$BrO_3^- + 6H^+ + 6e \rightleftharpoons Br^- + 3H_2O$	1.44
$ClO_3^- + 6H^+ + 6e \rightleftharpoons Cl^- + 3H_2O$	1.451
$ClO_3^- + 6H^+ + 5e \rightleftharpoons \frac{1}{2}Cl_2 + 3H_2O$	1.47
$MnO_4^- + 8H^+ + 5e \rightleftharpoons Mn^{2+} + 4H_2O$	1.507
$Mn^{3+} + e \rightleftharpoons Mn^{2+}$	1.5415
$Ce^{4+} + e \rightleftharpoons Ce^{3+}$	1.61
$MnO_4^- + 4H^+ + 3e \rightleftharpoons MnO_2 + 2H_2O$	1.679
$Au^+ + e \rightleftharpoons Au$	1.692
$H_2O_2 + 2H^+ + 2e \rightleftharpoons 2H_2O$	1.776
$S_2O_8^{2-} + 2e \rightleftharpoons 2SO_4^{2-}$	2.010
$O_3 + 2H^+ + 2e \rightleftharpoons O_2 + H_2O$	2.076
$F_2 + 2e \rightleftharpoons 2F^-$	2.866

附录四 相对原子质量（2005 年）

原子序数	元素名称	符号	相对原子质量	原子序数	元素名称	符号	相对原子质量
1	氢	H	1.00794	10	氖	Ne	20.1797
2	氦	He	4.002602	11	钠	Na	22.98976928
3	锂	Li	6.941	12	镁	Mg	24.3050
4	铍	Be	9.012182	13	铝	Al	26.9815386
5	硼	B	10.811	14	硅	Si	28.0855
6	碳	C	12.0107	15	磷	P	30.973762
7	氮	N	14.0067	16	硫	S	32.065
8	氧	O	15.9994	17	氯	Cl	35.453
9	氟	F	18.9984032	18	氩	Ar	39.948

续表

原子序数	元素名称	符号	相对原子质量	原子序数	元素名称	符号	相对原子质量
19	钾	K	39.0983	56	钡	Ba	137.327
20	钙	Ca	40.078	57	镧	La	138.90547
21	钪	Sc	44.955912	58	铈	Ce	140.116
22	钛	Ti	47.867	59	镨	Pr	140.90765
23	钒	V	50.9415	60	钕	Nd	144.242
24	铬	Cr	51.9961	61	钷	Pm	144.91
25	锰	Mn	54.938045	62	钐	Sm	150.36
26	铁	Fe	55.847	63	铕	Eu	151.964
27	钴	Co	58.933199	64	钆	Gd	157.25
28	镍	Ni	58.6934	65	铽	Tb	158.92535
29	铜	Cu	63.546	66	镝	Dy	162.500
30	锌	Zn	65.409	67	钬	Ho	164.93032
31	镓	Ga	69.723	68	铒	Er	167.259
32	锗	Ge	72.61	69	铥	Tm	168.9342
33	砷	As	74.92160	70	镱	Yb	173.04
34	硒	Se	78.96	71	镥	Lu	174.967
35	溴	Br	79.904	72	铪	Hf	178.49
36	氪	Kr	83.798	73	钽	Ta	180.94788
37	铷	Rb	85.4678	74	钨	W	183.84
38	锶	Sr	87.62	75	铼	Re	186.207
39	钇	Y	88.90585	76	锇	Os	190.23
40	锆	Zr	91.224	77	铱	Ir	192.217
41	铌	Nb	92.90638	78	铂	Pt	195.084
42	钼	Mo	95.94	79	金	Au	196.966569
43	锝	Tc	98.9062	80	汞	Hg	200.59
44	钌	Ru	101.07	81	铊	Tl	204.3833
45	铑	Rh	102.90550	82	铅	Pb	207.2
46	钯	Pd	106.42	83	铋	Bi	208.98040
47	银	Ag	107.8682	84	钋	Po	208.98
48	镉	Cd	112.411	85	砹	At	209.99
49	铟	In	114.818	86	氡	Rn	222.02
50	锡	Sn	118.710	87	钫	Fr	223.02
51	锑	Sb	121.760	88	镭	Ra	226.03
52	碲	Te	127.60	89	锕	Ac	227.0278
53	碘	I	126.90447	90	钍	Th	232.03806
54	氙	Xe	131.29	91	镤	Pa	231.03588
55	铯	Cs	132.9054519	92	铀	U	238.028913

附录五　分析化学中常用的量及其单位

量的名称	量的符号	法定单位及符号	
		单位名称	单位符号
长度	L	米 厘米 毫米 纳米	m cm mm nm
面积	$A(S)$	平方米 平方厘米 平方毫米	m^2 cm^2 mm^2
体积　容积	V	立方米 立方分米，升 立方厘米，毫升 立方毫米，微升	m^3 dm^3，L cm^3，mL mm^3，μL
时间	t	秒 分 小时 天（日）	s min h d
物质的量	n	摩尔 毫摩尔 微摩尔	mol mmol μmol
摩尔质量	M	千克每摩（尔） 克每摩（尔）	kg/mol g/mol
元素相对原子质量	A_r	无量纲	
相对分子质量	M_r	无量纲	
摩尔体积	V_m	立方米每摩（尔） 升每摩（尔）	m^3/mol L/mol
密度	ρ	千克每立方米 克每立方厘米 （克每毫升）	kg/m^3 g/cm^3 (g/mL)
物质的质量	m	千克 克 毫克 微克	kg g mg μg

续表

量的名称	量的符号	法定单位及符号	
		单位名称	单位符号
物质B的质量分数	w_B	无量纲	
物质B的质量浓度	ρ_B	克每升 克每毫升 毫克每毫升 微克每毫升	g/L g/mL mg/mL μg/mL
物质B的体积分数	φ_B	无量纲	
物质B的物质的量浓度	c_B	摩(尔)每立方米 摩(尔)每升	mol/m^3 mol/L
热力学温度	T	开(尔文)	K
摄氏温度	t	摄氏度	℃
摩尔吸光系数	ε	升每摩尔厘米	L/(mol·cm)
压力、压强	p	帕(斯卡) 千帕	Pa kPa

附录六　Excel软件在仪器分析中的应用

在仪器分析实验中，经常涉及绘制校准曲线，求回归方程或者绘制滴定曲线等问题。靠手工做这些工作十分麻烦。利用Excel软件在计算机上完成非常方便。

1. *建立回归方程*

在Excel相应的栏内编排有关计算公式，把实验数据输入指定的位置，则回归方程、相关系数和试样分析结果就会自动生成。下面以测定邻二氮菲-亚铁显色液的吸光度为例，说明利用Excel软件求回归方程的具体步骤。设回归方程为 $y=bx+a$，式中 x 代表标准溶液浓度，y 代表相应的吸光度。

试液编号	1	2	3	4	5	6	试液		
Fe^{2+}/(μg/mL)	0.00	0.40	0.80	1.20	1.60	2.00			
A	0.000	0.159	0.320	0.480	0.650	0.810	0.450	0.450	0.450

(1) 输入数据 打开 Excel 界面

在第 1 行依次输入：试液编号（A1）、1（B1）、2（C1）、3（D1）、4（E1）、5（F1）、6（G1）。

在第 2 行依次输入：标准溶液浓度（A2）、0.00（B2）、0.40（C2）、0.80（D2）、1.20（E2）、1.60（F2）、2.00（G2）。

在第 3 行依次输入：吸光度（A3）、0.000（B3）、0.159（C3）、0.320（D3）、0.480（E3）、0.650（F3）、0.810（G3）。

在第 4 行依次输入：试液吸光度（A4）、0.450（B4）、0.450（C4）、0.450（D4）。如图所示。

Microsoft Excel - Book1

文件(F) 编辑(E) 视图(V) 插入(I) 格式(O) 工具(T) 数据(D) 窗口(W) 帮助(H)

宋体 12

F7 fx

	A	B	C	D	E	F	G
1	序号	1	2	3	4	5	6
2	X[标准溶液浓度/(μg/mL)]	0.00	0.40	0.80	1.20	1.60	2.00
3	Y（测得标准溶液吸光度）	0.000	0.159	0.320	0.480	0.650	0.810
4	测得试液吸光度	0.450	0.450	0.450			

(2) 输入公式 在第 2 行计算标准溶液平均浓度（$\bar{x}$）。选中"H2"栏，再点击"工具栏"选择→插入→函数→常用函数→AVERAGE→选择区间（B2：G2）。

在第 3 行计算标准溶液吸光度平均值（$\bar{y}$）。选中"H3"栏，再点击"工具栏"选择→插入→函数→常用函数→AVERAGE→选择区间（B3：G3）。

在第 4 行计算试液吸光度平均值。选中"H4"栏，再点击"工具栏"选择→插入→函数→常用函数→AVERAGE→选择区间（B4：D4）。

在第 5 行计算 $\sum_{i=1}^{n}(x_i-\bar{x})(y_i-\bar{y})$。在"A5"栏输入

$\sum_{i=1}^{n}(x_i-\bar{x})(y_i-\bar{y})$；选“C5”，编辑公式（再点击公式编辑栏输入编辑公式）：＝(B2－H2)＊(B3－H3)＋(C2－H2)＊(C3－H3)＋(D2－H2)＊(D3－H3)＋(E2－H2)＊(E3－H3)＋(F2－H2)＊(F3－H3)＋(G2－H2)＊(G3－H3)，按回车键或单击编辑栏中的“√”确认。得到下图。同理编制其他公式。

Microsoft Excel - Book1

文件(F) 编辑(E) 视图(V) 插入(I) 格式(O) 工具(T) 数据(D) 窗口(W) 帮助(H)

C5 =(B2-H2)*(B3-H3)+(C2-H2)*(C3-H3)+(D2-H2)*(D3-H3)+(E2-H2)*(E3-H3)+(F2-H2)*(F3-H3)+(G2-H2)*(G3-H3)

	A	B	C	D	E	F	G	H	I	J	K
1	序号	1	2	3	4	5	6				
2	X[标准溶液浓度/(μg/mL)]	0.00	0.40	0.80	1.20	1.60	2.00	1.00			
3	Y（测得标准溶液吸光度）	0.000	0.159	0.320	0.480	0.650	0.810	0.403			
4	测得试液吸光度	0.450	0.450	0.450				0.450			
5	$\sum(x-\bar{x})(y-\bar{y})$		1.1366								

在第6行计算 $\sum_{i=1}^{n}(x_i-\bar{x})^2$。在“A6”栏输入 $\sum_{i=1}^{n}(x_i-\bar{x})^2$；在“C6”编辑公式：＝(B2－H2)＊(B2－H2)＋(C2－H2)＊(C2－H2)＋(D2－H2)＊(D2－H2)＋(E2－H2)＊(E2－H2)＋(F2－H2)＊(F2－H2)＋(G2－H2)＊(G2－H2)，单击编辑栏中的“√”确认。

在第7行计算 b 值。在“A7”栏输入 b；在“C7”栏编辑公式：＝C5/C6

在第8行计算 $r=b\sqrt{\dfrac{\sum_{i=1}^{n}(x_i-\bar{x})^2}{\sum_{i=1}^{n}(y_i-\bar{y})^2}}$。选中“C8”栏，编辑公式：＝CORREL（B2：G2，B3：G3），单击编辑栏中的“√”确认。

在第9行计算 $\boxed{a=\bar{y}-b\bar{x}}$。在“A9”栏输入 $\boxed{a=\bar{y}-b\bar{x}}$；在“C9”栏编辑公式：＝H3－C7＊H2，单击编辑栏中的“√”确认。

在第10行计算 $c_x=\dfrac{y-a}{b}$。在“C10”栏输入 $c_x=\dfrac{y-a}{b}$；在

"C10"栏编辑公式：=(H4−C9)/C7，单击编辑栏中的"√"确认。结果可以自动得到回归方程中 a、b、r、和 c_x，如图所示。

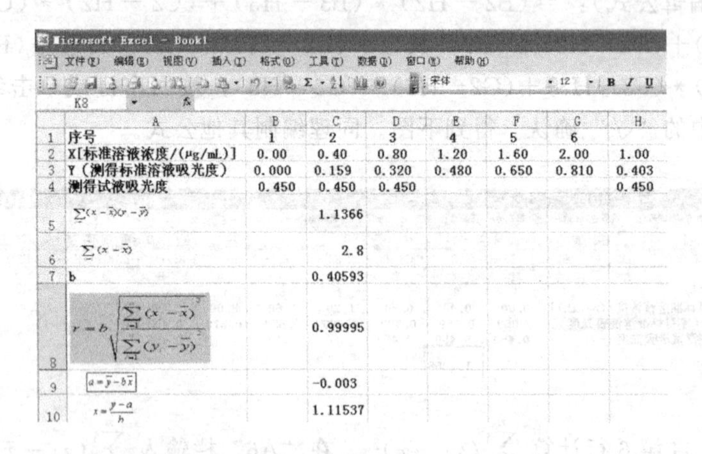

	A	B	C	D	E	F	G	H
1	序号	1	2	3	4	5	6	
2	X[标准溶液浓度/(μg/mL)]	0.00	0.40	0.80	1.20	1.60	2.00	1.00
3	Y（测得标准溶液吸光度）	0.000	0.159	0.320	0.480	0.650	0.810	0.403
4	测得试液吸光度	0.450	0.450	0.450				0.450
5	$\sum(x-\bar{x})(y-\bar{y})$		1.1366					
6	$\sum(x-\bar{x})$		2.8					
7	b		0.40593					
8	$r=b\sqrt{\frac{\sum(x-\bar{x})^2}{\sum(y-\bar{y})^2}}$		0.99995					
9	$a=\bar{y}-b\bar{x}$		-0.003					
10	$x=\frac{y-a}{b}$		1.11537					

2. 绘制校准曲线

利用 Excel 软件绘制图表功能，按以下步骤可将上例数据绘制成理想的校准曲线（标准曲线）。

（1）选择图表类型　启动"图表向导"。单击工具栏中"图表

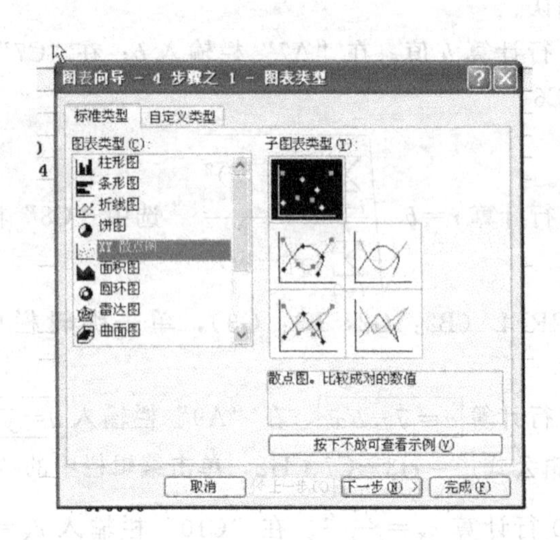

向导”按钮，出现“图表向导-4 步骤之 1-图表类型”。单击“XY 散点图”命令，在子图表类型选择“比较成对的数值”，这时鼠标按在“按下不放可以查看示例（V）”可看到你要绘制的基本图形。

（2）选定输入数据　单击“下一步”按钮，出现“图表向导-4 步骤之 2-图表源数据”，用鼠标选定输入数据区域；在“系列产生”选项下选择“行”。

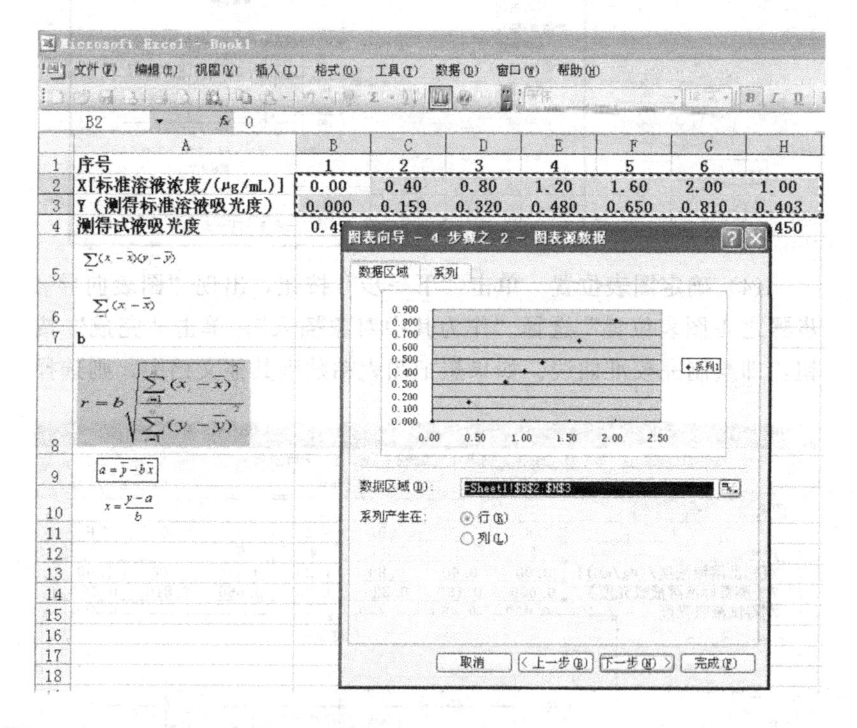

（3）设置图表选项　单击“下一步”，出现“图表向导-4 步骤之 3-图表选项”。单击“标题”输入曲线名称（校准曲线）、纵坐标（吸光度）和横坐标（标准溶液浓度 μg/mL）名称和单位；单击“网格线”分别选择数轴（Y）和数轴（X）“主网格线”；单击“图例”取消“显示图例”。

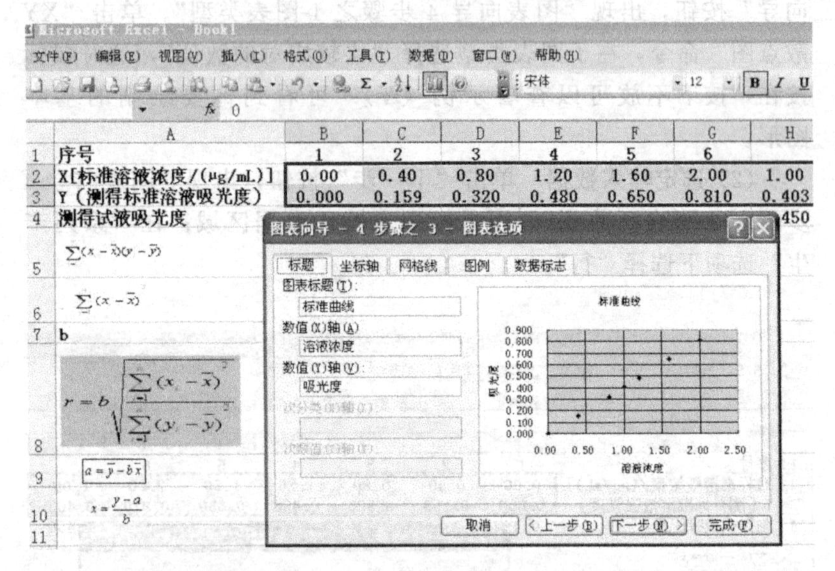

（4）确定图表位置　单击“下一步”按钮，出现“图表向导-4步骤之4-图表位置”选择“作为其中对象插入”。单击“完成”按钮，即绘制完校准曲线。如果想把图表粘贴到其他文档中，则选择

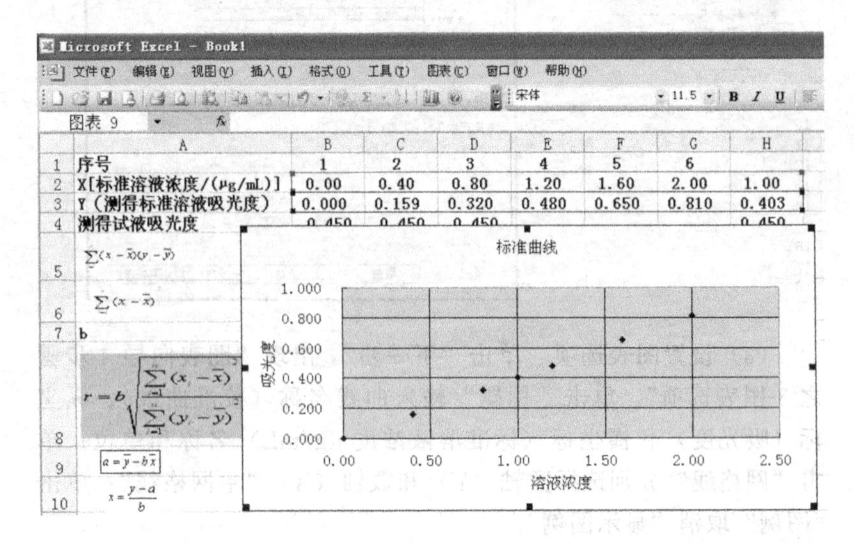

"作为新工作表格插入"，即可。

(5) 图表修饰

① 添加趋势线　单击工具栏中"图表"，选择"添加趋势线"，单击"类型"按钮，选择"线性"。如下图所示。

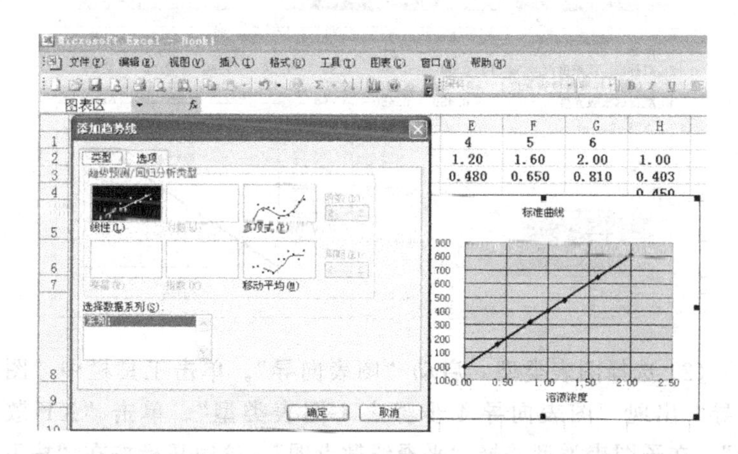

② 添加公式　单击工具栏中"图表"，选择"添加趋势线"，单击"选项"按钮，选择"添加公式"。

③ 标题的修饰　选取"格式"菜单中的"图表标题"命令，出现图表标题对话框，可以对题目进行颜色、边框、字体、字形、字号、对齐方式进行修饰。例如将"标准曲线"改为"校准曲线"。用同样方法对坐标轴标题的格式进行设置。

④ 图表区的修饰　选择图表区域，选取"格式"菜单中的"图表区"命令，出现"图表区"对话框，可以对图表区颜色、边框、字体、字形、字号进行修饰。

⑤ 坐标轴的修饰　单击坐标轴，选取"格式"菜单中的"坐标轴"命令，出现"坐标轴"对话框，可以分别对横坐标轴和纵坐标轴的图案、刻度、字体、数字、对齐方式进行设定。下图为修饰过的校准曲线。

3. 绘制滴定曲线

(1) 输入数据　打开 Excel 表格，输入数据。以 0.1165mol/L

NaOH 溶液电位滴定含某一元弱酸-溶液为例。在 A 列依次输入加入 NaOH 溶液体积（mL），在 B 列输入对应测得的 pH。

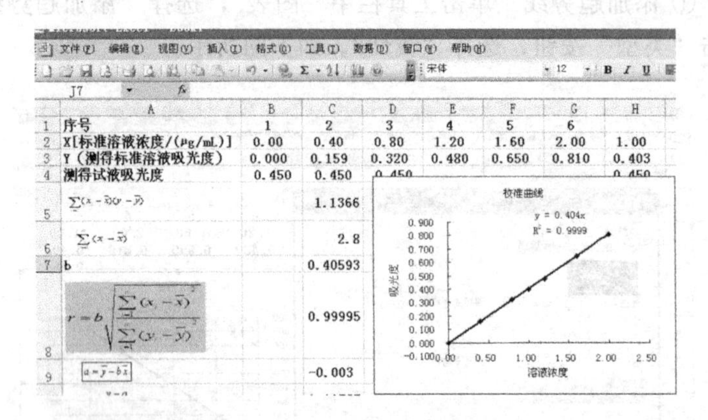

(2) 选择图表类型　启动“图表向导”。单击工具栏中“图表向导”出现“图表向导-4 步骤之 1-图表类型”。单击“*XY* 散点图”，在子图表类型选择“平滑线散点图”，这时鼠标按在“按下不放可以查看示例（V）”可看到你要绘制的基本图形。

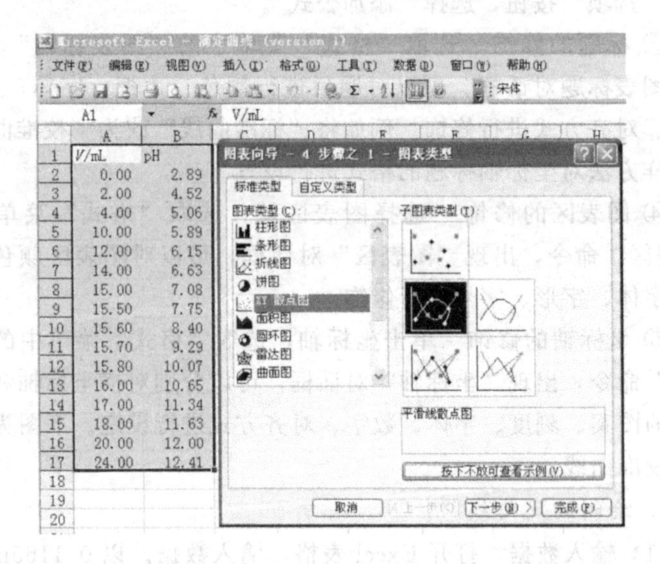

(3) 选定输入数据　单击“下一步”按钮，出现“图表向导-4步骤之 2-图表源数据”，用鼠标选定输入数据区域；在“系列产生”选项下选择“列”。

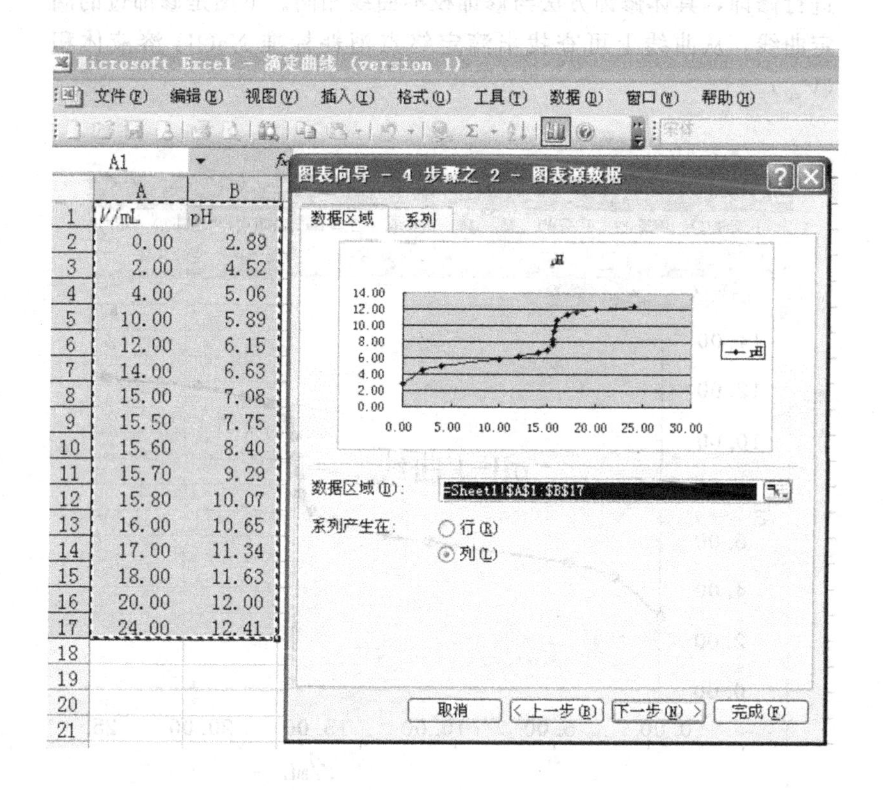

(4) 设置图表选项　单击“下一步”出现“图表向导-4 步骤之 3-图表选项”。单击“标题”输入曲线名称（滴定曲线）、纵坐标（pH）和横坐标（V/mL）名称和单位；单击“网格线”（可根据情况决定是否选择网格线）。单击“图例”取消“显示图例”。

(5) 确定图表位置　单击“下一步”按钮，出现“图表向导-4 步骤之 4-图表位置”选择“作为其中对象插入”。单击“完成”按钮，即绘制完滴定曲线。如果想把图表粘贴到其他文档中，则选择“作为新工作表格插入”，即可。

（6）图表修饰　根据需要决定是否对标题、图表区和坐标轴等进行修饰，具体修饰方法与修饰校准曲线相同。下图是修饰过的滴定曲线。从曲线上可查找出滴定终点消耗标准 NaOH 溶液体积（V_{ep}）。

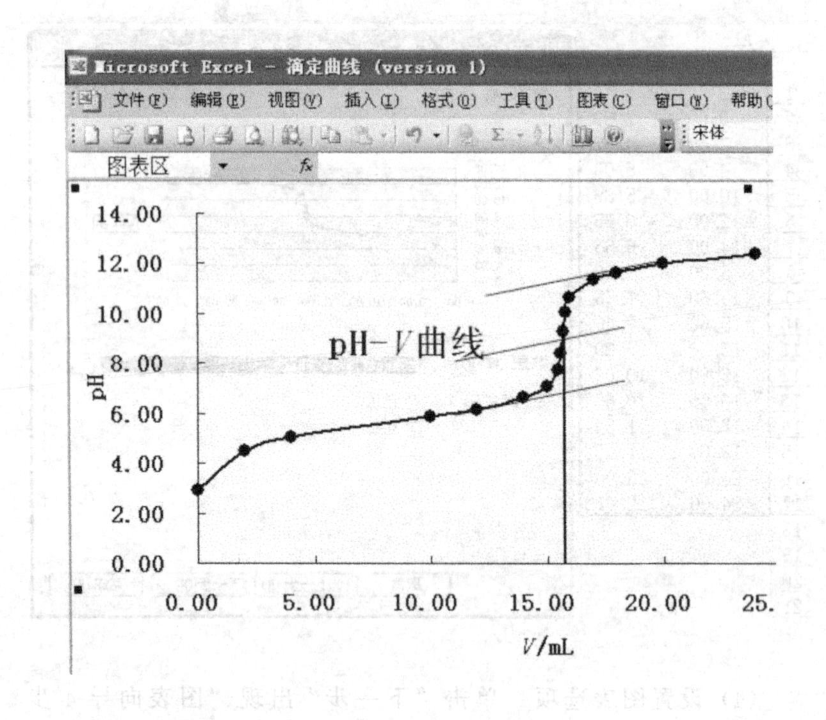

按照同样方法还可以绘制一阶微商和二阶微商曲线。在上述数据基础上编辑相应的计算公式，分别计算和输入 ΔpH、ΔV、$\Delta pH/\Delta V$、$\overline{V}$ 和 $\Delta^2 pH/\Delta V^2$，然后按 Excel 软件绘制图表方法即可绘制出（$\Delta pH/\Delta V$）-$\overline{V}$ 曲线和（$\Delta^2 pH/\Delta V^2$）-V 曲线，如下图所示。从而更方便、准确地确定滴定终点（V_{ep}）。

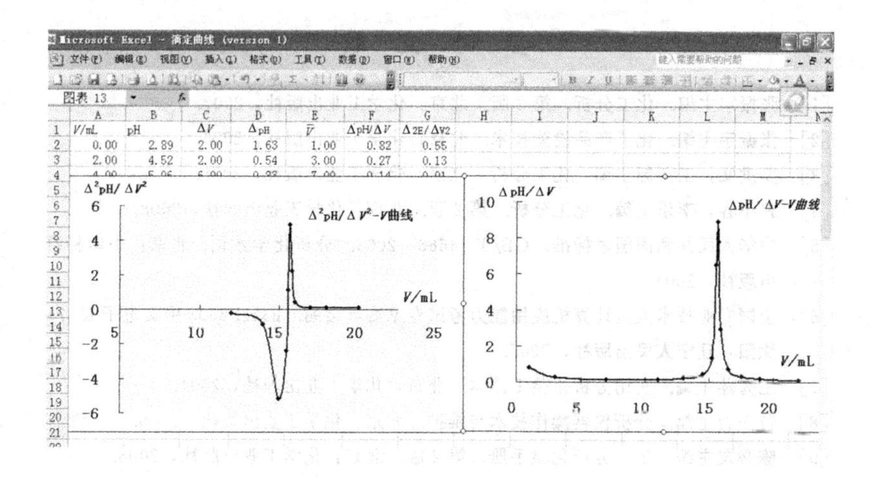
Microsoft Excel - 滴定曲线 (version 1)
文件(F) 编辑(E) 视图(V) 插入(I) 格式(O) 工具(T) 数据(D) 窗口(W) 帮助(H)
图表 13
V/mL pH ΔV ΔpH V̄ ΔpH/ΔV Δ2E/ΔV2
0.00 2.89 2.00 1.63 1.00 0.82 0.55
2.00 4.52 2.00 0.54 3.00 0.27 0.13
Δ²pH/ΔV²
Δ²pH/ΔV²-V曲线
V/mL
ΔpH/ΔV
ΔpH/ΔV-V曲线
V/mL

参 考 文 献

[1] 张振宇主编. 化工分析. 第3版. 北京：化学工业出版社，2007.

[2] 张振宇主编. 化工产品检验技术. 北京：化学工业出版社，2005.

[3] 姜洪文，王英健主编. 化工分析. 北京：化学工业出版社，2008.

[4] 郭小容，李乐主编. 化工分析. 第2版. 北京：化学工业出版社，2008.

[5] 中华人民共和国国家标准. GB/T 14666—2003. 分析化学术语. 北京：中国标准出版社，2004.

[6] 全国专业技术人员计算机应用能力考试专家委员会编. Excel 2003中文电子表格. 沈阳：辽宁人民出版社，2005.

[7] 王秀萍主编. 实用分析化验工读本. 北京：化学工业出版社，2004.

[8] 黄一石主编. 分析仪器操作技术与维护. 北京：化学工业出版社，2005.

[9] 陈必友主编. 工厂分析化验手册. 第2版. 北京：化学工业出版社，2008.

[10] 刘瑞雪主编. 化验员习题集. 第2版. 北京：化学工业出版社，2006.

[11] 刘珍主编. 化验员读本. 第4版. 北京：化学工业出版社，2004.

[12] 胡伟光，张文英主编. 定量化学分析实验. 第2版. 北京：化学工业出版社，2009.

[13] 中国石油化工集团公司职业技能鉴定指导中心编. 化工分析工. 北京：中国石油出版社，2006.

[14] 丁敬敏，杨小林主编. 化学检验工理论知识试题集. 北京：化学工业出版社，2008.

[15] 季剑波，凌昌都主编. 定量化学分析例题与习题. 第2版. 北京：化学工业出版社，2009.